Visual Atlas of
Oral and Dental Pathologies
in Cats

猫口腔和牙科病理图谱

（西）哈维尔·科拉多斯·索托 | 著
（Javier Collados Soto）

沈瑶琴 | 主译

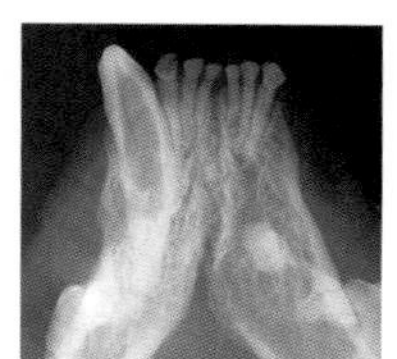

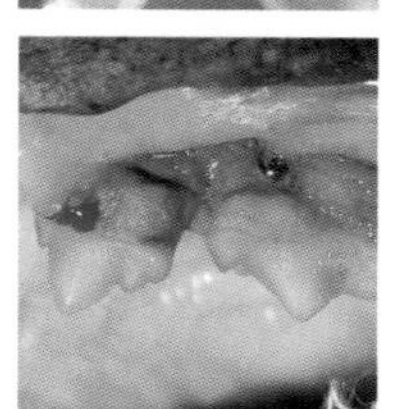

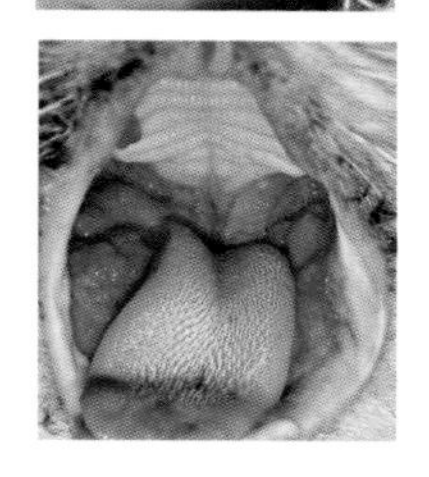

化学工业出版社

·北京·

Visual Atlas of Oral and Dental Pathologies in Cats, by Javier Collados Soto
ISBN 9788417225094

图书在版编目（CIP）数据

猫口腔和牙科病理图谱/（西）哈维尔·科拉多斯·索托（Javier Collados Soto）著；沈瑶琴主译. —北京：化学工业出版社，2021.2
书名原文：Visual Atlas of Oral and Dental Pathologies in Cats
ISBN 978-7-122-38157-6

Ⅰ.①猫… Ⅱ.①哈…②沈… Ⅲ.①猫病-口腔科学-病理学-图谱 Ⅳ.①S858.293-64

中国版本图书馆CIP数据核字（2020）第243818号

责任编辑：邵桂林　　装帧设计：韩　飞
责任校对：王　静

出版发行：化学工业出版社（北京市东城区青年湖南街13号　邮政编码100011）
印　　装：北京缤索印刷有限公司
787mm×1092mm　1/16　印张$9^1/_2$　字数154千字　2021年5月北京第1版第1次印刷

购书咨询：010-64518888　　售后服务：010-64518899
网　　址：http://www.cip.com.cn
凡购买本书，如有缺损质量问题，本社销售中心负责调换。

定　　价：150.00元

翻译人员名单

主　译：沈瑶琴

副主译：黄宗昊

参　译（排名不分先后）

吴　聪

徐　政

郑泽中

谨以此书献给我的女儿玛塔。

你是我过去的美好回忆、当下最美好的时刻以及对未来的美好祝愿。

致谢

感谢我的父母卡洛斯（Carlos）和皮拉尔（Pilar），是他们的支持使我能实现我的兽医梦想，并让我锻炼兽医技能。感谢我的哥哥大卫，是他一直与我分享人医牙科的知识，从而使我在专业领域得到发展。

感谢我的同事Nacho, Belén, Yolanda, Javier, Ramón, Sergio, Bea和Buzz，是他们向我展示了成为一名优秀兽医需要的品质。尤其是Luis，至今都给我留下了深刻的印象，他是展示兽医职业尊严的生动例子。

感谢Mª Esther，他向我展示了动物福利的例子，并且很好地展示了宠物主人责任这一个理念。

感谢本书所有的杰出合作者——Antonio, Beatriz, Carlos, Carmen, Manuel, María Paz, María, Valentina，尤其是Vittorio，他们的努力更使得这项工作对我来说非常重要。

感谢Elena F提供的非凡的组织病理学诊断。

感谢过去十三年来一直支持我从事兽医牙科的每位同事，我没有在此列出每一位同事的名字，是因为担心遗漏任何一位的名字。这本书为他们而创作。

感谢Tao, Ciro, Brenda, Lis, Athia, Arnold，以及其他许多自发的合作者，是他们成就了真正的我。

感谢Servet，尤其是Yolanda和Carlos，感谢他们的耐心和出色的敬业精神。我希望他们和我一样为这项工作感到自豪。

感谢Frank，我将始终视他为我的导师，并在此向他表示最诚挚的谢意。

Javier Collados

关于作者

哈维尔·科拉多斯·索托（Javier Collados Soto）于1994年毕业于马德里Complutense大学（UCM）的兽医专业。他专门研究兽医学和口腔外科，在西班牙的许多兽医院和医院工作，专注于马德里的服务。他负责马德里塞拉利昂兽医院的牙科和口腔外科服务。他曾是马德里阿方索十世萨比奥大学动物医学系动物牙科的讲师和学科负责人。

他一直对自己的专业表现出浓厚的兴趣，他曾多次在美国加利福尼亚大学兽医教学医院的牙科和口腔外科服务部门工作。

自1999年以来，他一直是欧洲兽医牙科协会（EVDS）的成员，并且还是西班牙兽医实验牙科和颌面外科协会（SEOVE, *Sociedad Española de Odontología-Cirugía Maxilofacial Veterinaria y Experimental*）的创始人之一。

他已经发表了许多有关该专业的文章，并作为演讲者参加了兽医牙科领域的代表大会以及国家和国际课程。

合作者

玛丽亚·帕兹·格拉西亚（MaríaPaz Gracia）注射兽医师马拉加湾兽医转诊中心。阿尔豪林德拉托里，劳罗托雷商业街25号（西班牙，马拉加湾）。第45页、46页的文本和图像。

卡门·洛伦特·门德斯（Carmen LorenteMéndez）动物医学与外科学系。实验与健康科学学院，卡德纳尔·埃雷拉大学。蒙卡达（西班牙，巴伦西亚）。第39页的文本和图像。

序言

本书为兽医牙科文献提供了新的有价值的贡献。这不是教科书，而是使用各种组织良好的视觉材料来清楚地解释猫的不同口腔和牙齿疾病的图集。

本书作者选择了一些知名的国际合作者，这些合作者为包括160多页的400多幅图片在内的各种高质量视觉材料做出了贡献。这些章节和页面以清晰有趣的方式展示，可以有效地传达信息并保持读者的兴趣。

在探究病因学时，临床诊断特征以及标记良好的图表和插图，可以使读者快速深入研究所需要的任何细节。特别是，不同视觉格式的并置提供了多维视角。例如，精选的临床照片和相匹配的X射线照片突出了X射线照片在诊断中的价值。

本书的编写既是一个很好的想法，也是一个执行良好的项目。本书涵盖了猫的口腔和牙齿疾病，涵盖面广，因此它构成了任何兽医图书馆中独一无二的宝贵补充。

Cecilia Gorrel

BSc, MA, Vet MB, DDS, MRCVS, Hon FAVD, Dipl EVDC

前言

“我越往前走，离开的路越长。”

随着我对兽医牙科和口腔外科领域的兴趣开始增长，我开始希望能有一部可视的口腔和牙齿综合病理图谱，这样就不需要去不停地翻阅不同的书籍和期刊了。我是真的非常希望“看见”所有的疾病图谱。我一直希望可以有可视书籍作为参考，来支持兽医牙科领域已经发现的疾病。

尽管如此，那时我从来没有想到，在我开始从事这一专业的十多年后，我会被赋予这项艰巨的任务。

我一直认为，“一幅图片值得一千个词语”这一前提是对兽医专业学生和兽医进行实践培训的关键，因为他们必须面对一个他们并不完全熟悉的专业的临床案例。当我向兽医学的高年级学生讲授“动物牙科”主题时，或者当我教培训课程时，我一直试图用可视的方法来展示我的临床经验，使用高质量的图像简单清晰地鉴定口腔疾病。即使我只能与一位同事做到这一点，那也是值得的。这是本书的目标。

在本书中，我试图包括进去最能代表我所擅长的病理学的图像。通过清晰的图示和这些病理图像以及诊断测试以突出显示其中许多结构，我希望传达出它们的视觉识别的关键点，并指导读者进行精确的诊断和治疗。我也希望本书可以作为快速诊断的参考，帮助普通兽医从业者在日常工作中以及兽医专业学生在其学位课程的最后几年中识别和更好地了解猫的口腔和牙齿病状。

在医学中我们始终需要牢记，“并非所有的疾病都在书本中列举了，而是书中列举了它可以列举的所有疾病”这一假说。本书之所以可以成功，需要归功于数百名愿意将他们的患者交给我的同事。本书同时也展现了我的同事们非凡且专业的精神，他们将宝贵的个人时间用于加强专业领域的学习，最终目的是改善每一名患者的口腔健康。

我从来没有想过要编写教科书；在人医和兽医学牙科中已经有非凡、综合并且高质量的书籍了，后者得到了欧洲和美国牙科协会的支持，这些兽医牙科书籍既令人着迷又富含完整的科学内容。我的目标始终是收集图像以更好地理解这些文字。如果我可以实现这个目标，我会以所有直接或间接参加此书创作的人为豪，并为此感激不已。如果有人对这本书不满意，这将成为我们继续努力的动力，我们会虚心接受所有批评，并且修订后出新的版本。

如果这400多张图像中有一张永远保留在您的视网膜上，也将远远超出我的目标，说明出版本书就是有价值的。我希望这项工作会鼓励您扩大专业领域的知识储备，并引起您的兴趣，以便更好地接受兽医牙科和口腔外科领域的培训。

Javier Collados

目录

引言

猫口腔和牙科病理学

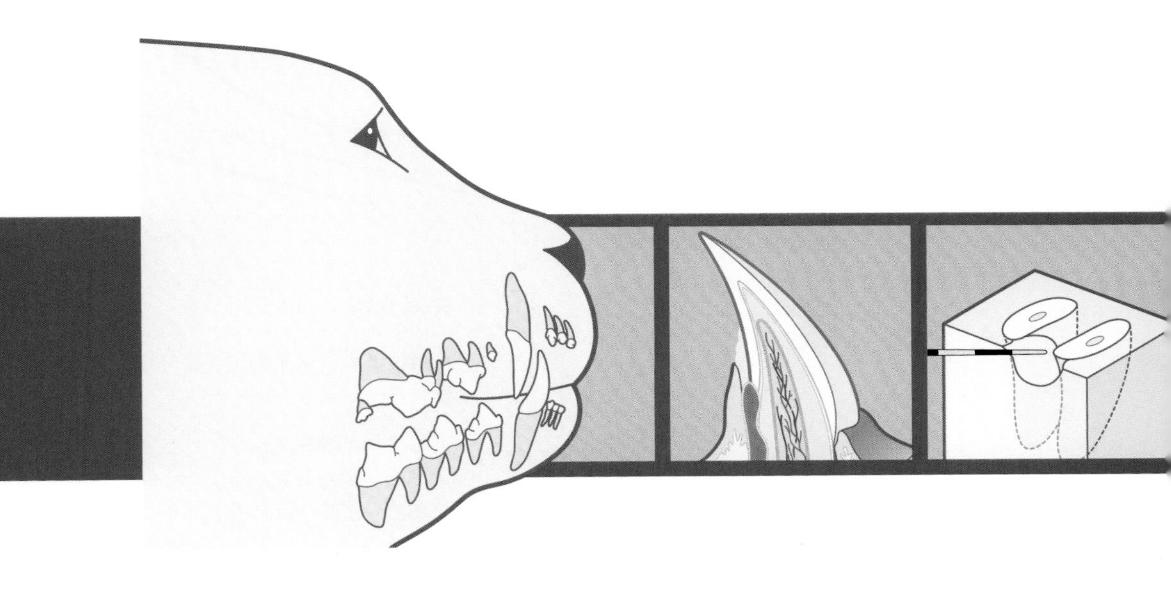

引言

牙方位专业名词

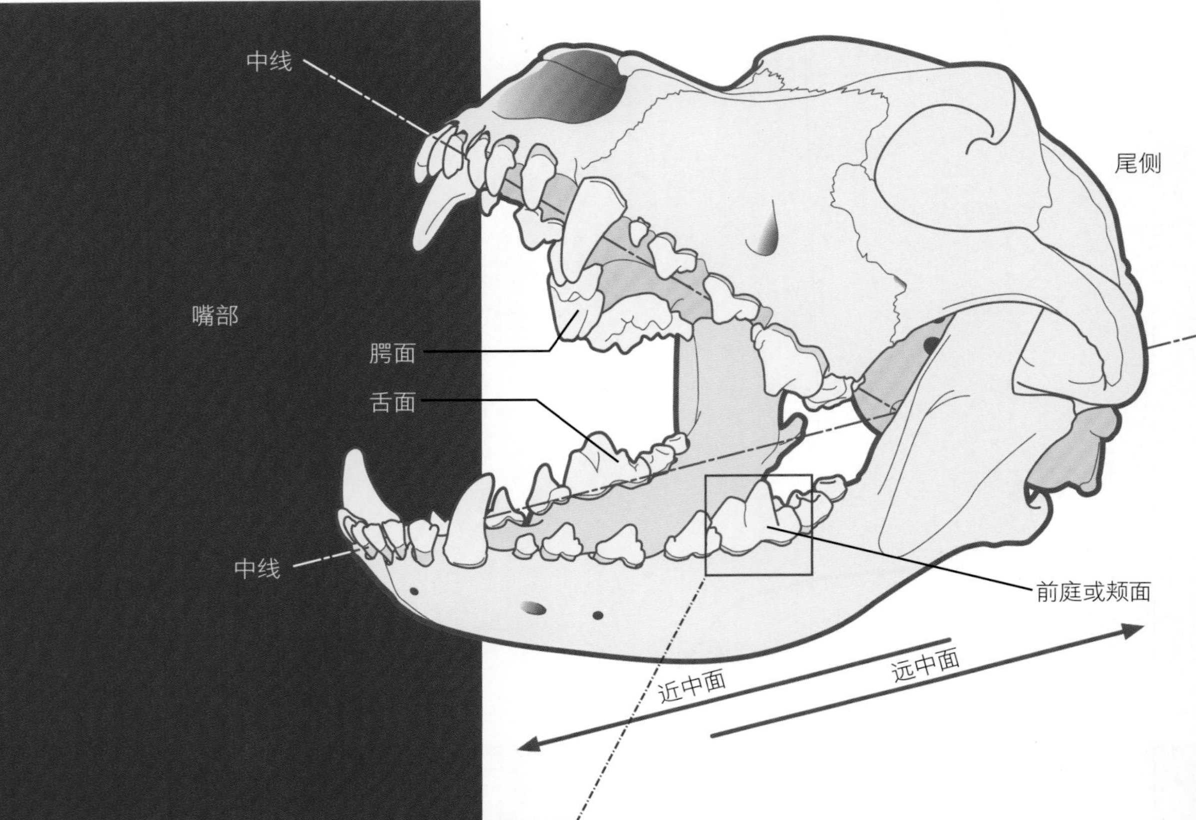

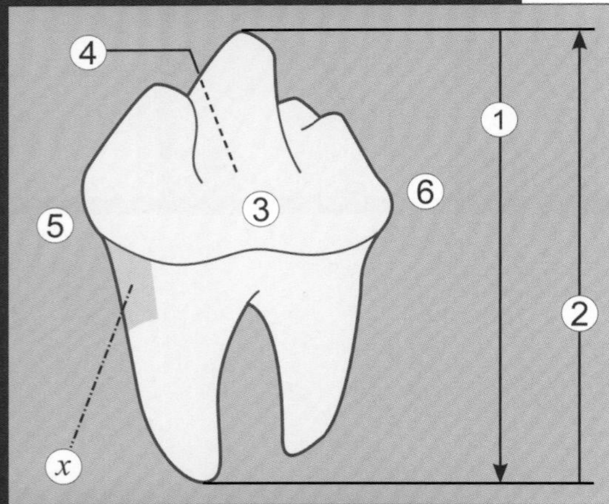

牙科术语

牙科位置术语用于确定每个牙齿或齿列的不同表面的位置和方向:

①根尖：朝向根尖。
②牙冠：朝向牙冠。
③前庭–颊面–脸面–唇面：面向前庭或嘴唇的牙齿表面。
④面（下颌骨）/腭面（上颌骨）：面向舌头（下颌骨）或上颚（上颌骨）的牙齿表面。
⑤近中面：牙齿表面朝向第一颗门牙。
⑥远中面：牙齿表面远离第一颗门牙。

牙间隙：牙齿之间的相邻表面。
切端：门牙的咬面。
合面：前臼齿和臼齿的咀嚼面。

该术语可以在不同牙齿解剖区域中组合，从而在牙齿中定位确切的解剖位点。例如，用字母x表示的区域是下颌第一臼齿近中牙根靠牙冠部1/3的近中表面。

犬猫牙齿组织学结构

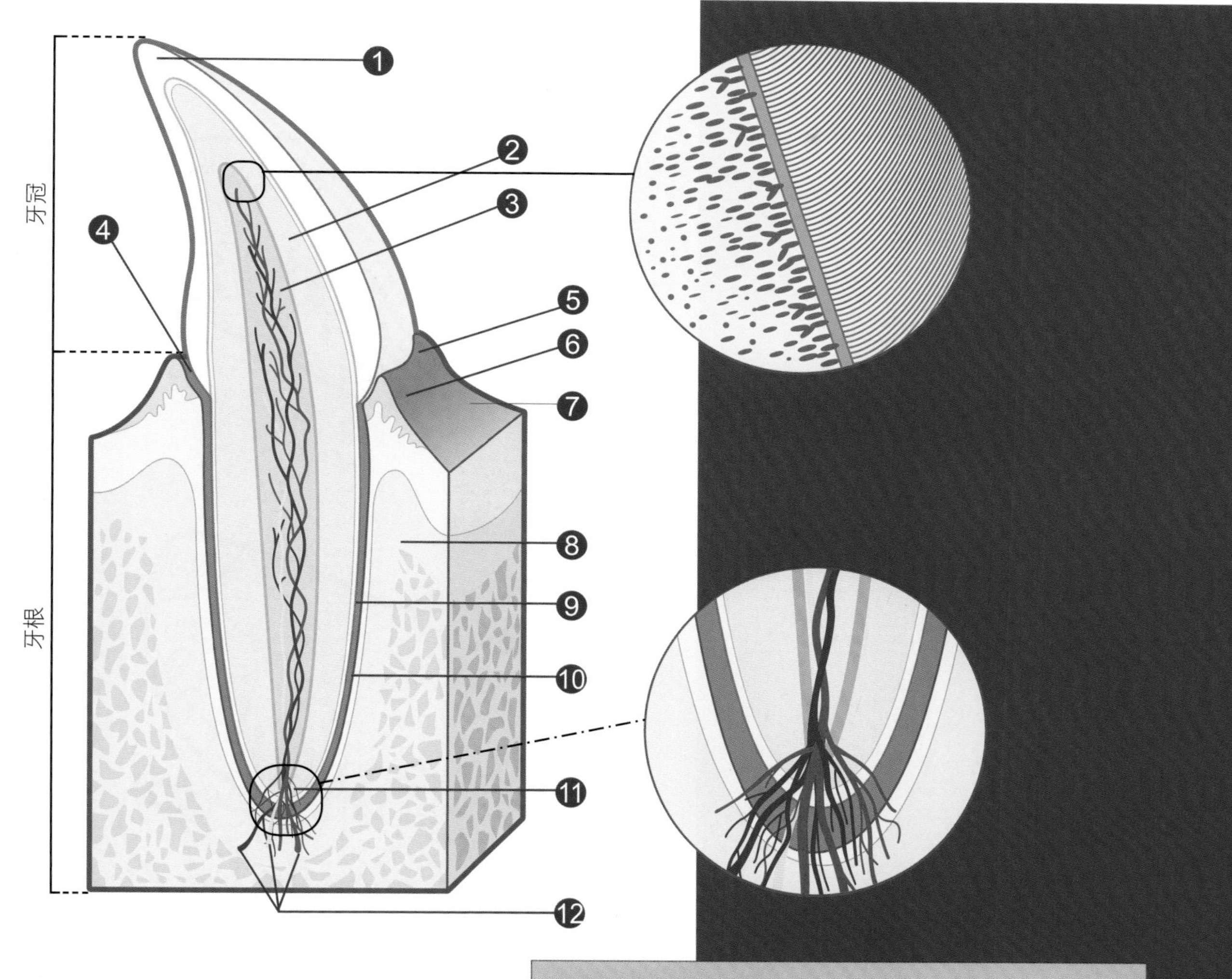

❶ 牙釉质
❷ 牙本质
❸ 牙髓腔与牙髓
❹ 牙龈沟
❺ 游离龈
❻ 附着龈
❼ 牙槽黏膜
❽ 牙槽骨
❾ 牙骨质
❿ 牙周韧带
⓫ 顶端三角区
⓬ 牙齿血管化和神经支配

牙齿组织学结构（图）

成釉细胞产生的牙釉质是生物体中矿化程度最高的表面。牙本质在牙冠牙根中占据大部分成熟牙齿，并且由成牙本质细胞产生。

在牙本质中发现的牙本质小管在牙髓附近变宽，并且在牙本质-牙釉质接合处附近变窄。

牙髓是具有神经纤维、血液和淋巴管以及结缔组织的血管结构。牙髓位于牙髓腔内部（牙槽腔位于牙冠内，根管位于牙根中）。

牙周膜是一种神经支配的纤维结缔组织，富含细胞和血管，其中有成为Sharpey纤维的胶原纤维，可连接牙骨质和牙槽骨。该牙周膜是负责将牙齿保持在牙槽中的结构。

犬猫齿系图谱

犬的恒齿列命名法

犬上颚		
右	左	
RmaxI1 (101)	LmaxI1 (201)	a
RmaxI2 (102)	LmaxI2 (202)	b
RmaxI3 (103)	LmaxI3 (203)	c
RmaxC (104)	LmaxC (204)	d
RmaxP1 (105)	LmaxP1 (205)	e
RmaxP2 (106)	LmaxP2 (206)	f
RmaxP3 (107)	LmaxP3 (207)	g
RmaxP4 (108)	LmaxP4 (208)	h
RmaxM1 (109)	LmaxM1 (209)	i
RmaxM2 (110)	LmaxM2 (210)	j

犬下颚		
右	左	
RmandI1 (401)	LmandI1 (301)	k
RmandI2 (402)	LmandI2 (302)	l
RmandI3 (403)	LmandI3 (303)	m
RmandC (404)	LmandC (304)	n
RmandP1 (405)	LmandP1 (305)	o
RmandP2 (406)	LmandP2 (306)	p
RmandP3 (407)	LmandP3 (307)	q
RmandP4 (408)	LmandP4 (308)	r
RmandM1 (409)	LmandM1 (309)	s
RmandM2 (410)	LmandM2 (310)	t
RmandM3 (411)	LmandM3 (311)	u

犬：乳齿

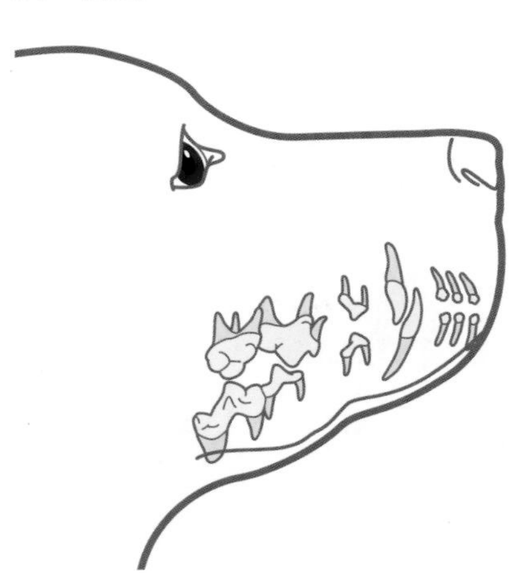

犬：恒齿

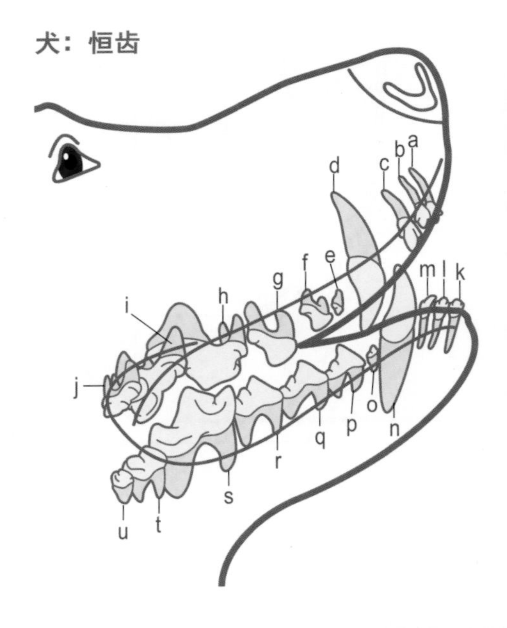

牙科命名法

为了更好地理解本文，将使用两种牙科命名法：

■**解剖缩写。**该缩写系统分为三个部分。在第一部分中，我们用R(右)或L(左)表示受影响/相关牙齿的一侧的缩写。在第二部分中，我们表示它是属于“max”（上颌）还是属于“mand”（下颌）。最后，第三部分是指牙齿本身，由I（切牙）、C（犬齿）、P（前臼齿）或M（臼齿）表示，其后是与每颗牙齿相对应的数字（如果适用）。根据该缩写系统，例如，RmaxP2指的是右上第二前臼齿。仅使用该系统足以完全理解本书。

猫：乳齿

猫：恒齿

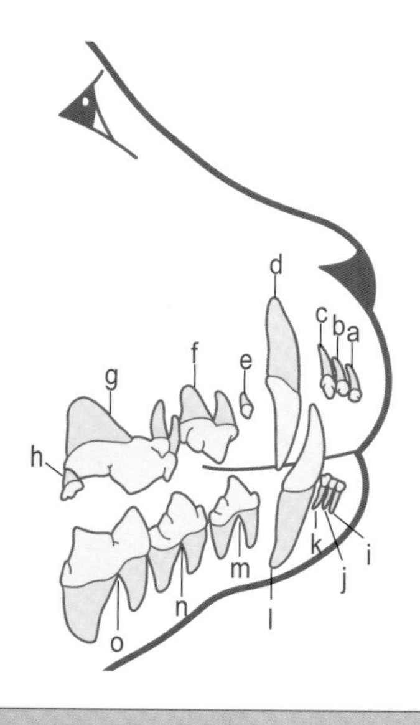

■**改良的Triadan系统。**该系统是兽医牙科系统的首选系统。它是一种用于人类牙科中牙齿编号和识别的特定系统，适用于动物牙齿的解剖学差异。为了给理解本书以及熟悉该命名法的人员提供方便，每颗牙齿解剖缩写后的括号中，将会使用这种术语作为参考。**例如，RmaxP2（106）。**

猫的恒齿列命名法

猫上颚		
右	左	
RmaxI1 (101)	LmaxI1 (201)	a
RmaxI2 (102)	LmaxI2 (202)	b
RmaxI3 (103)	LmaxI3 (203)	c
RmaxC (104)	LmaxC (204)	d
RmaxP2 (106)	LmaxP2 (206)	e
RmaxP3 (107)	LmaxP3 (207)	f
RmaxP4 (108)	LmaxP4 (208)	g
RmaxM1 (109)	LmaxM1 (209)	h

猫下颚		
右	左	
RmandI1 (401)	LmandI1 (301)	i
RmandI2 (402)	LmandI2 (302)	j
RmandI3 (403)	LmandI3 (303)	k
RmandC (404)	LmandC (304)	l
RmandP3 (407)	LmandP3 (307)	m
RmandP4 (408)	LmandP4 (308)	n
RmandM1 (409)	LmandM1 (309)	o

牙周探查图例

在牙周探查中，在牙龈沟中可以插入1 ~ 3mm的牙周探针（取决于所研究的物种和牙齿）是正常的生理发现。在大多数情况下，当我们将牙周探针插入4mm或更大的深度时，意味着该区域以及与牙骨质紧密连接的牙周膜的骨质丢失。

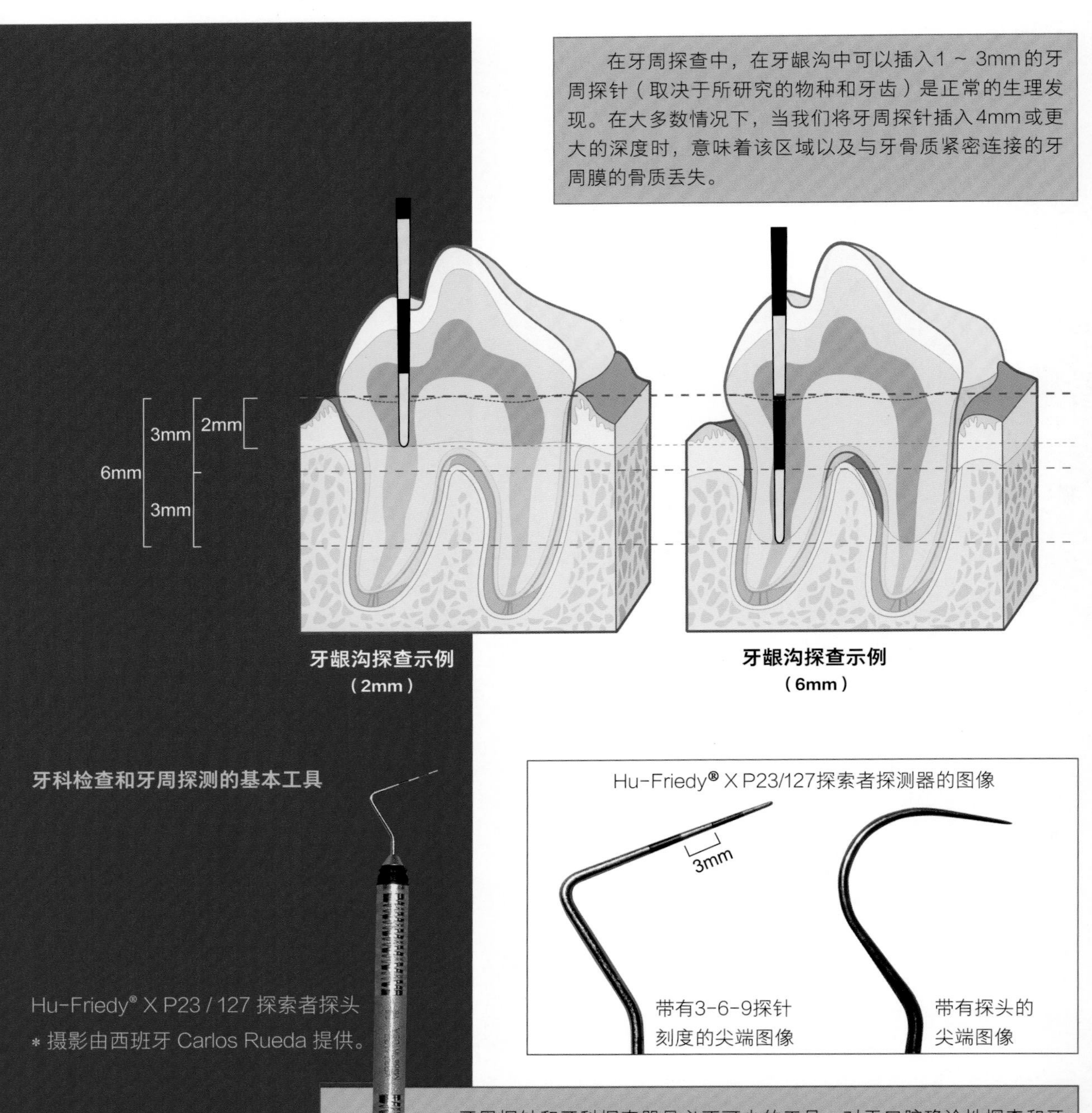

牙龈沟探查示例（2mm）

牙龈沟探查示例（6mm）

牙科检查和牙周探测的基本工具

Hu-Friedy® X P23 / 127 探索者探头
* 摄影由西班牙 Carlos Rueda 提供。

牙周探针和牙科探查器是必不可少的工具，对于口腔确诊性探查和牙齿探测至关重要。Hu- Friedy® Explorer探针XP23/127非常有用。该器械的尖端带有一个3-6-9-12牙周探针，每种颜色代表3mm的距离。这不仅对牙龈沟、牙周袋和牙龈增生的距离测量非常有用，而且对口腔肿瘤、龋齿、再吸收和牙齿骨折的测量以及检测分叉情况所处的阶段非常有用。在仪器的另一端有一个牙探器，它对于检测骨折和龋齿，尤其是猫的牙齿颈部中的猫牙牙质吸收性病变（FORL）——牙齿吸收是必不可少的。

牙周病分级（AVDC, 2007）

牙周疾病的严重程度是针对某一颗牙齿而言。在同一个口腔中，不同的牙齿可能会受到牙周疾病不同阶段的影响。

- **正常。**临床正常，临床上无牙龈发炎或牙周炎。
- **第一阶段。**仅牙龈炎，无附着损伤。牙槽边缘的高度和结构正常。
- **第二阶段。**早期牙周炎，少于或等于25%的附着损伤，多根牙齿有1阶段分叉。有牙周炎的早期放射学特征。通过临床附着水平的探测或通过X射线法测定牙槽骨缘距牙釉质-牙釉质连接点的距离（相对于牙根的长度），可以测量到牙周附着的损伤小于25%。
- **第三阶段。**中度牙周炎，通过临床附着水平的探测，X射线确定牙骨质与牙釉质结合处的牙根边缘相对于牙根长度的距离，测量出附着损伤25%～50%，或者存在多根牙齿的第二阶段分叉。
- **第四阶段。**晚期牙周炎，超过50%的附着损伤，可以通过临床附着水平的检测，或通过X射线确定牙槽骨缘距牙釉质-牙釉质连接点相对于牙根长度的距离，或是存在多根牙齿的第3阶段分叉。

牙垢和牙结石分级（Logan 和 Boyce, 1994）

牙垢指数（根据Logan和Boyce，1994年修改）

- 指数0。无可检测的牙垢。
- 指数1。牙垢覆盖牙冠的1%～25%。
- 指数2。牙垢覆盖牙冠的25%～50%。
- 指数3。牙垢覆盖牙冠的50%～75%。
- 指数4。牙垢覆盖牙冠的75%～100%。

牙结石指数（根据Logan和Boyce，1994年修改）

- 指数0。无可检测的牙结石。
- 指数1。牙结石覆盖牙冠的1%～25%。
- 指数2。牙结石覆盖牙冠的25%～50%。
- 指数3。牙结石覆盖牙冠的50%～75%。
- 指数4。牙结石覆盖牙冠的75%～100%。

牙龈指数（Wolf 等，2005）

■指数0。正常的牙龈，没有炎症，没有变色，没有出血。

■指数1。轻度炎症，轻度变色，牙龈表面轻度改变，无出血。

■指数2。探查或施加压力时出现中度炎症，红斑，肿胀，出血。

■指数3。严重的炎症，严重的红斑和肿胀，自发性出血倾向，部分溃疡。

牙活动程度（AVDC, 2007）

■第0阶段。生理迁移率最大为0.2mm。

■第一阶段。迁移率沿轴向以外的任何方向增加，约0.2～0.5mm。

■第二阶段。迁移率在除轴向以外的任何方向上增加，范围超过0.5mm，最大至1.0mm。

■第三阶段。沿轴向以外的任何方向超过1.0mm的距离或任何轴向运动，都会使得迁移率增加。

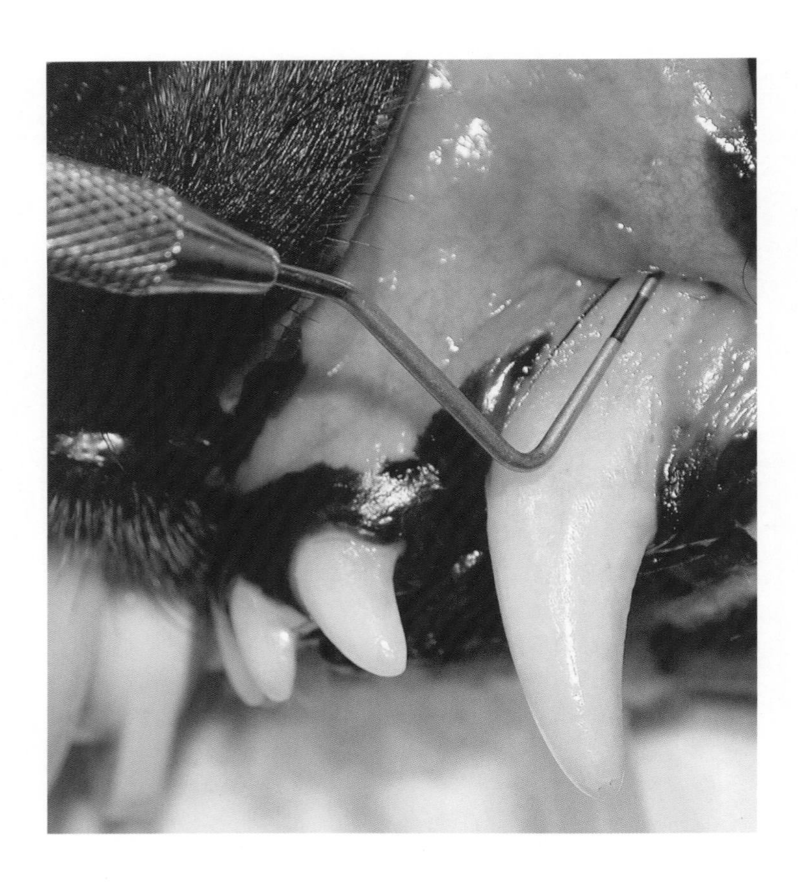

根分叉病变 / 暴露分级（AVDC, 2007）

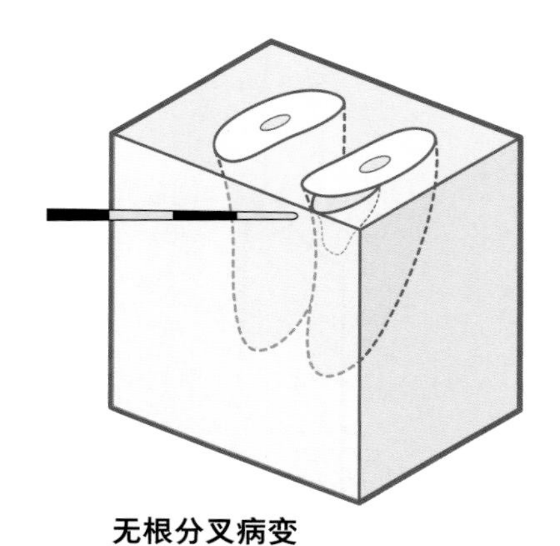

无根分叉病变

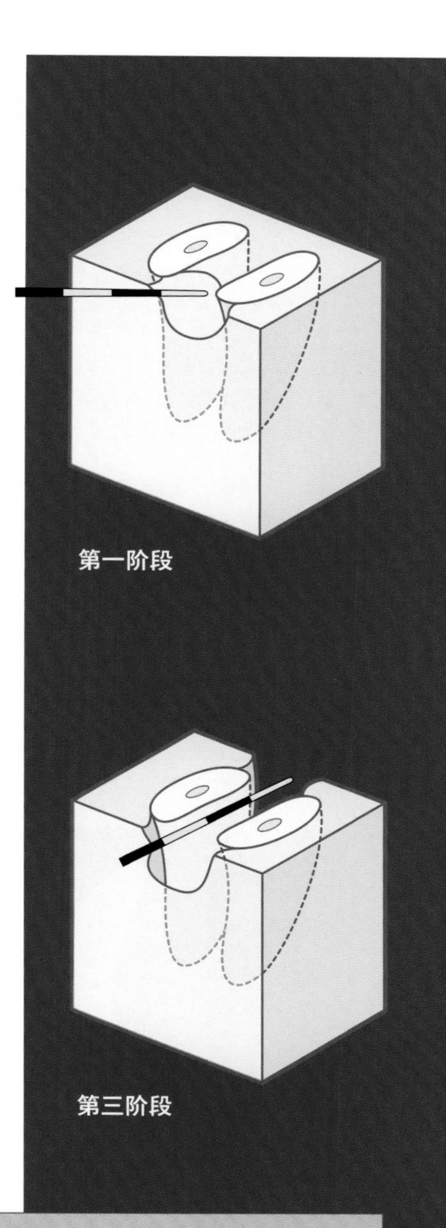

第一阶段

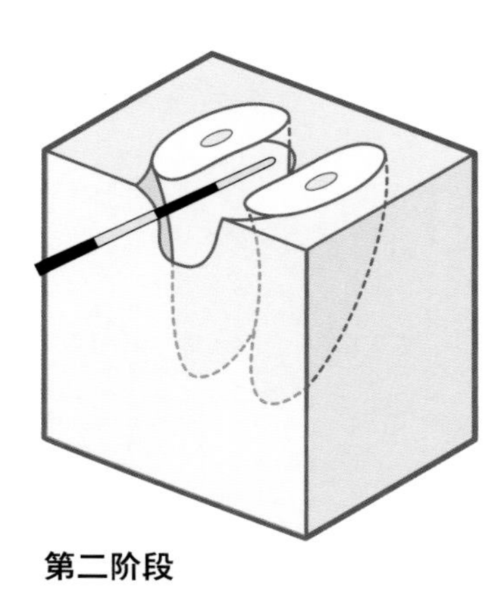

第二阶段

第三阶段

根分叉病变/暴露程度（美国兽医牙科学院, 2007）

- ■第0阶段。不涉及根分叉。
- ■第一阶段。分叉病变，在多根牙的任何方向上，牙周探针在牙冠下方延伸不到一半，并伴有附着损伤。
- ■第二阶段。分叉病变，牙周探针在多根齿冠下方延伸超过一半，并有附着损伤，但没有穿透。
- ■第三阶段。分叉暴露，即牙周探针在多根牙齿的冠部下方延伸，并从分叉的一侧穿透到另一侧。

牙齿断裂分类（AVDC, 2007）

除那些引发的粗糙表面可引起相邻软组织损伤的病变外，其他方面的病变和牙釉质断裂的临床意义均有限。

由于牙本质小管的暴露可引起牙齿过敏，因此预防牙冠断裂非常重要。

在复杂的牙冠断裂中，牙髓暴露会导致牙髓发炎发生。没有适当的治疗（牙髓治疗或拔牙），可能导致牙髓坏死的出现，并逐渐发展到根尖，最终导致根尖病变。

在复杂的冠根断裂中，由于断裂引起的细菌斑块沉积较大，在断裂影响的牙龈区域，牙周疾病的风险更大，这使得情况变得复杂。

根部断裂通常需要拔牙，尤其是在牙根靠冠部的三分之一处断裂。猫应采取特殊预防措施，以区分具有严格根部结构（少见且通常来自创伤或医源性原因）的牙齿吸收的晚期阶段（常见病状）。

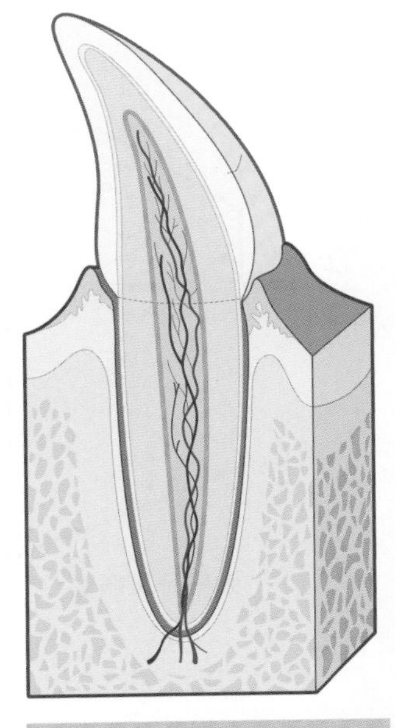

牙釉质的破坏：牙釉质的不完全断裂（“裂纹”），无牙齿物质的损失。

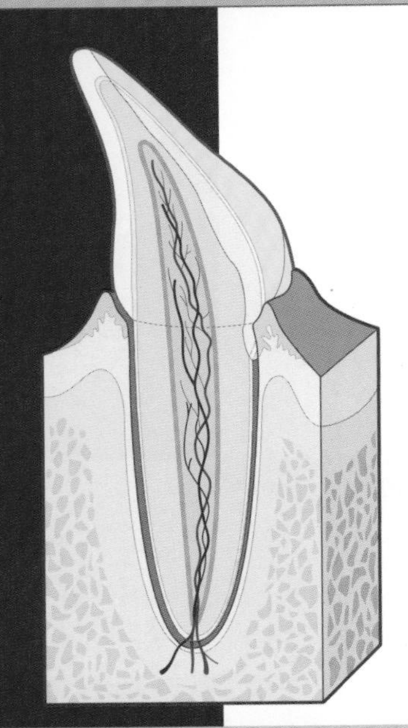

简单的冠根断裂：不暴露牙髓的牙冠（牙釉质和牙本质）和牙根（牙本质和牙骨质）骨折。

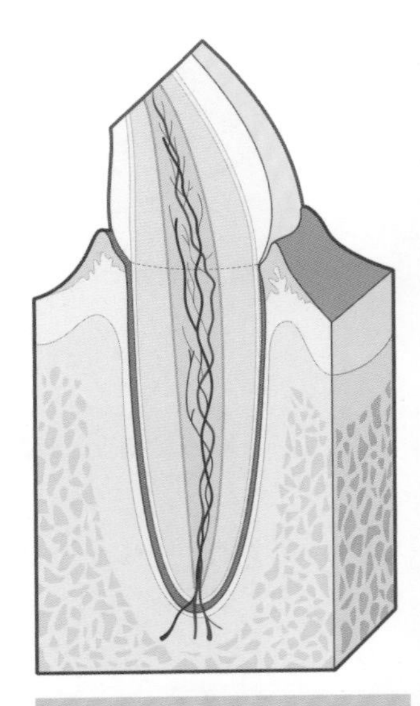

复杂的牙冠断裂：暴露牙髓的牙冠骨折（牙釉质和牙本质）。

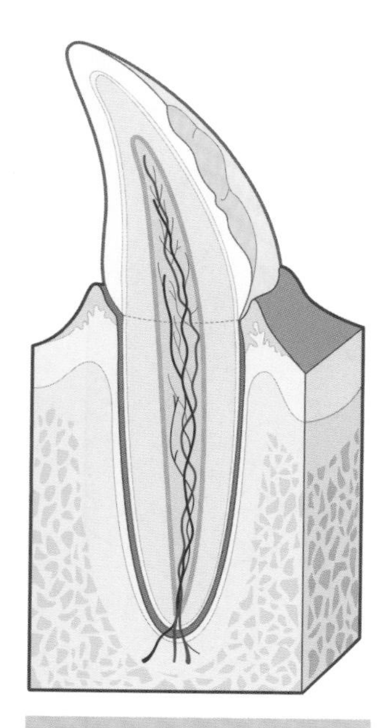

牙釉质断裂：牙釉质破裂，牙冠物质流失。

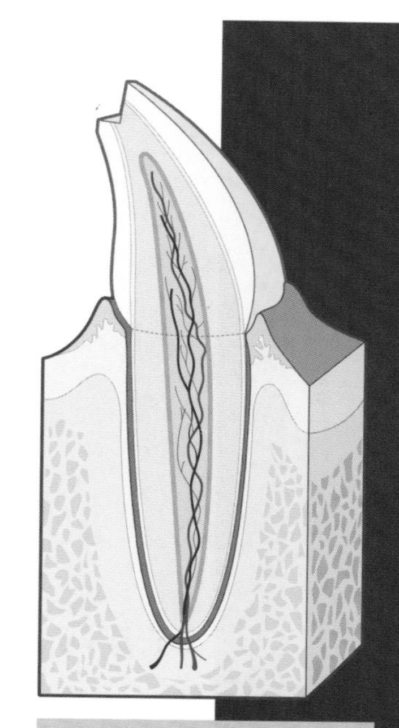

简单的牙冠断裂：未暴露牙髓的牙冠（牙釉质和牙本质）骨折。

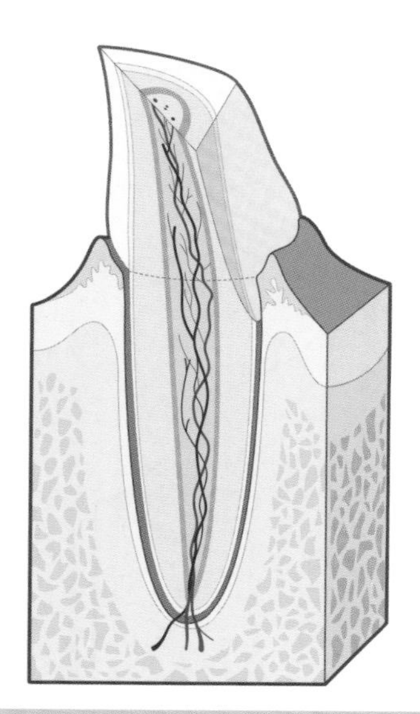

复杂的牙根–根部断裂：牙冠（牙釉质和牙本质）和牙根的骨折。

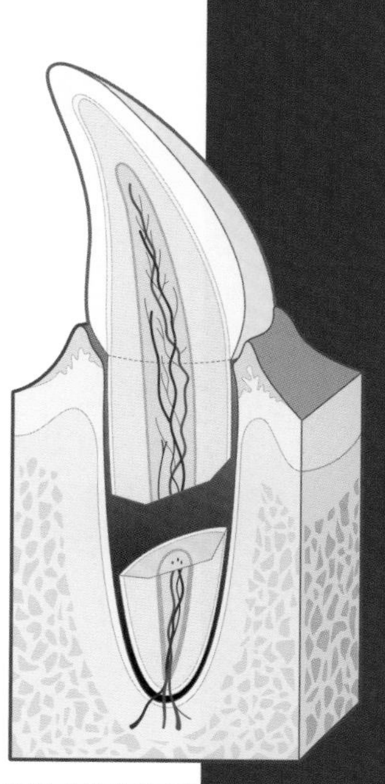

牙根骨折：涉及根部（牙本质和牙骨质）的断裂。

牙周牙髓联合病变

牙周牙髓联合病变具有炎性性质，会同时改变牙周膜和牙髓的结构。

这些病变的分类基于其来源。因此，I型病变是指从牙髓病变开始的病变，在这种病变中，典型的牙髓坏死细菌污染通过根尖三角区域迁移并穿过牙周膜。

在II型病变中，在牙周深袋中发现的细菌由于其通过顶端三角区域的侵袭而侵入牙髓腔，导致牙髓坏死。

在III型病变中，牙周病变和牙髓病变是独立的，并且会同时进展并重合。

I 型

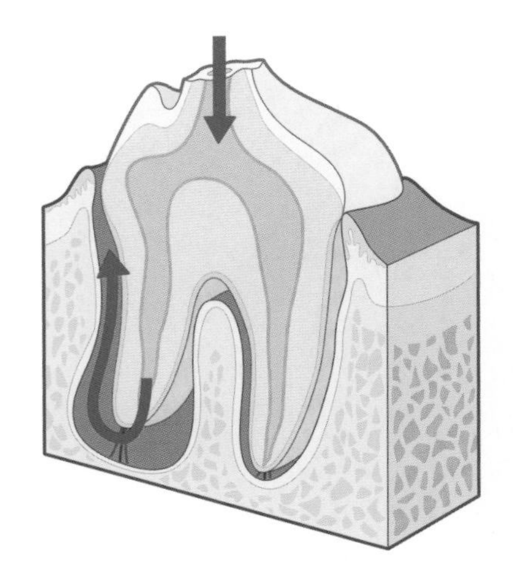

II 型

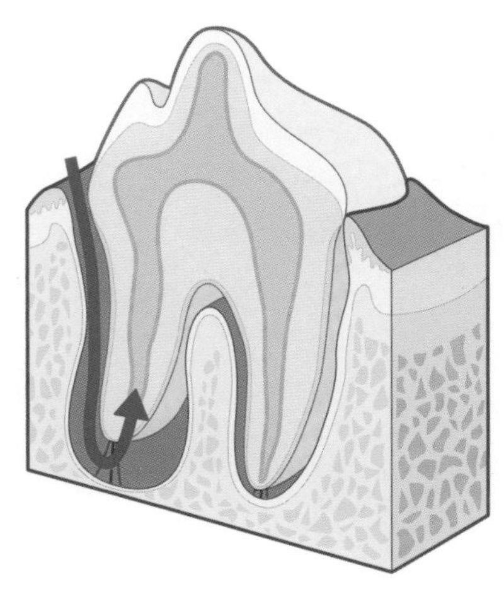

III 型

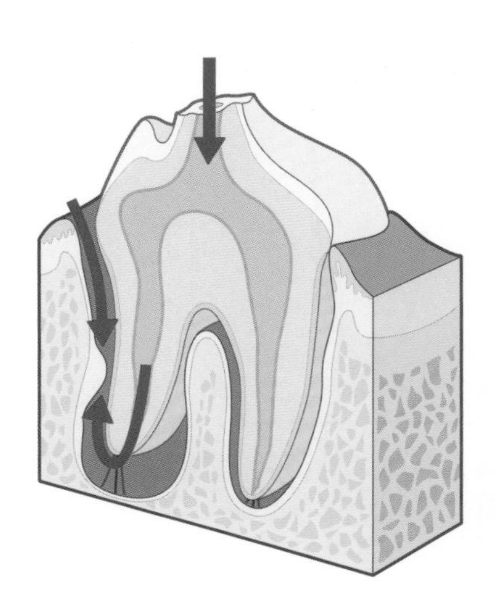

牙齿吸收分级（基于吸收等级）（AVDC, 2007）

- 第一阶段。轻度牙齿硬组织吸收（牙骨质或牙骨质和牙釉质）。
- 第二阶段。中度牙齿硬组织吸收（牙骨质或牙骨质和牙釉质，伴随牙本质丧失，但不延伸到牙髓腔）。
- 第三阶段。深度牙齿硬组织吸收（牙骨质或牙骨质和牙釉质，伴随牙本质吸收，延伸至牙髓腔）；大多数牙齿保持其完整性。
- 第四阶段。广泛深度的牙齿硬组织吸收（牙骨质或牙骨质和牙釉质，伴随牙本质吸收，延伸至牙髓腔）；大部分牙齿都失去了完整性。
  - 第四 a 阶段。牙冠和牙根均受到影响。
  - 第四 b 阶段。牙冠比牙根受影响更严重。
  - 第四 c 阶段。牙根比牙冠受影响更严重。
- 第五阶段。牙齿硬组织的残留以不均一的影像密度呈现在X片上。牙龈覆盖完成。

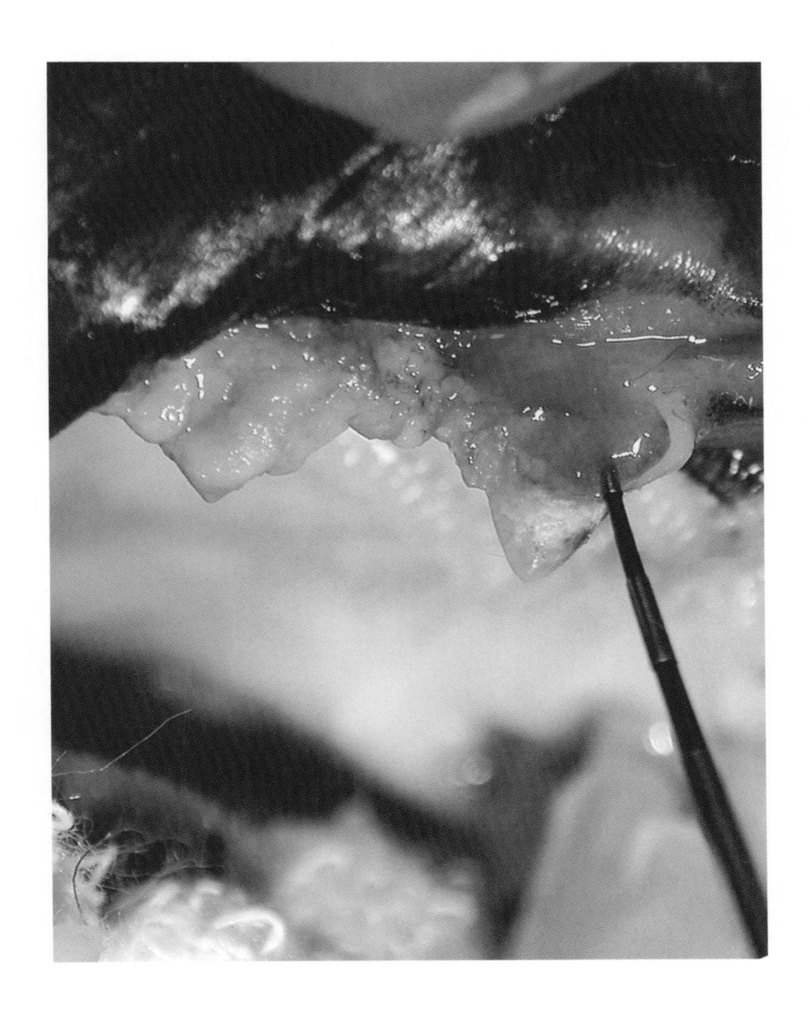

猫口腔和牙科病理学

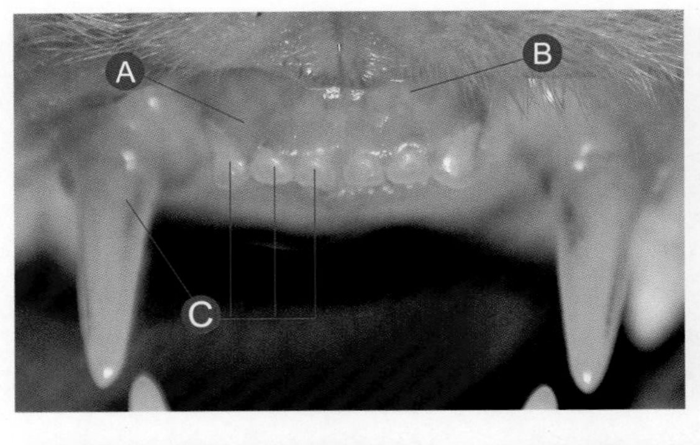

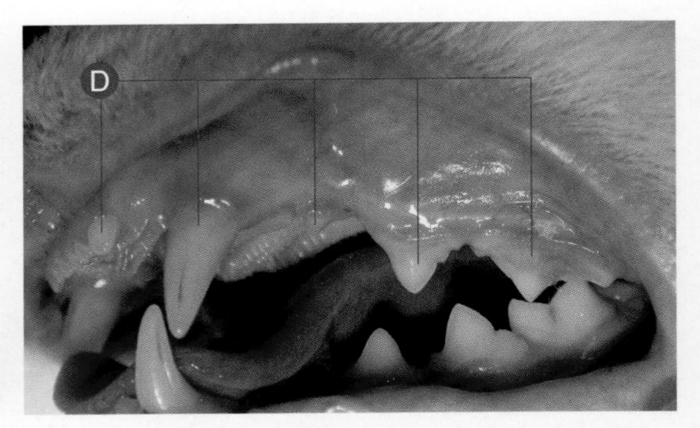

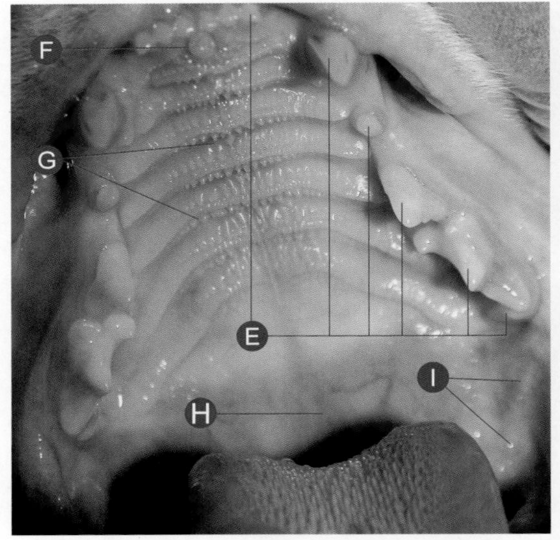

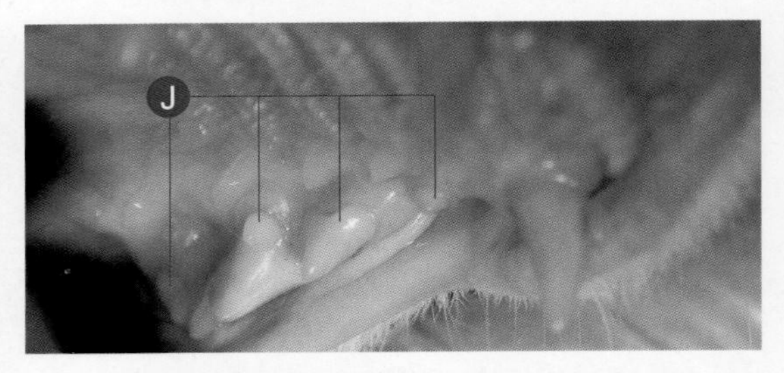

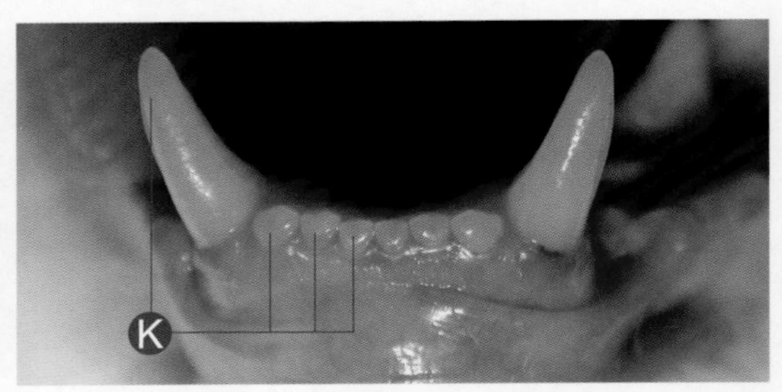

恒齿

猫的牙齿解剖结构和生理性正常口腔。恒齿的排列状态。

Ⓐ 牙龈。
Ⓑ 黏膜。
Ⓒ 从右到左：Rmaxl1（101）右侧上颌第一切齿，Rmaxl2（102）右侧上颌第二切齿，Rmaxl3（103）右侧上颌第三切齿和 RmaxC（104）右侧上颌犬齿。
Ⓓ 从右到左：LmaxP4（208）左侧上颌第四前臼齿，LmaxP3（207）左侧上颌第三前臼齿，LmaxP2（206）左侧上颌第二前臼齿，LmaxC（204）左侧上颌犬齿，Lmaxl3（203）左侧上颌第三切齿。
Ⓔ 从右到左：LmaxM1（209）左侧上颌第一臼齿，LmaxP4（208）左侧上颌第四前臼齿，LmaxP3（207）左侧上颌第三前臼齿，LmaxP2（206）左侧上颌第二前臼齿，LmaxC（204）左侧上颌犬齿，Lmaxl3（203）左侧上颌第三切齿。
Ⓕ 切齿乳突。
Ⓖ 硬腭腭突。
Ⓗ 软腭。
Ⓘ 左后部颊黏膜。
Ⓙ 从右到左：LmaxP2（206）左侧上颌第二前臼齿，LmaxP3（207）左侧上颌第三前臼齿，LmaxP4（208）左侧上颌第四前臼齿，LmaxM1（209）左侧上颌第一臼齿的特写。
Ⓚ 从右到左：Rmandl 1（401）右侧下颌第一切齿，Rmandl 2（402）右侧下颌第二切齿，Rmandl 3（403）右侧下颌第三切齿和 Rmand C（404）右侧下颌犬齿；嘴部视图。
Ⓛ 从右到左：LmandM1（309）左侧下颌第一臼齿，LmandP4（308）左侧下颌第四前臼齿，LmandP3（307）左侧下颌第三前臼齿；前庭视图。
Ⓜ 唇系带。
Ⓝ 黏膜－牙龈交界处。
Ⓞ 猫臼齿腺。
Ⓟ 从右到左：RmandM1（409）右侧下颌第一臼齿，RmandP4（408）右侧下颌第四前臼齿，RmandP3（407）右侧下颌第三前臼齿；舌部视图。
Ⓠ 舌下阜。
Ⓡ 舌系带。
Ⓢ 左腭舌弓。
Ⓣ 舌面乳突。

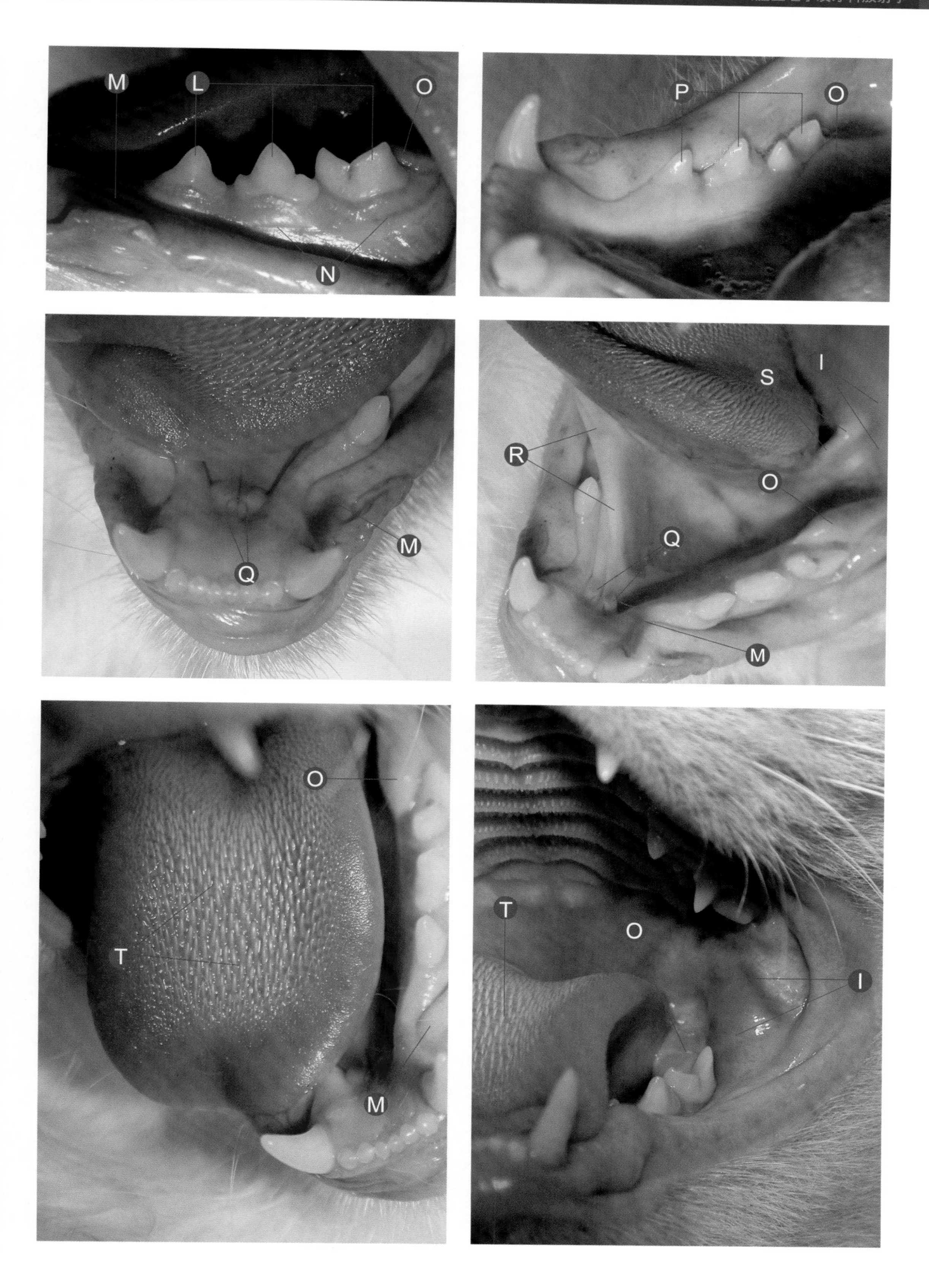
M
L
O
N
P
O
Q
M
Q
R
S
I
O
Q
M
O
T
M
T
O
I

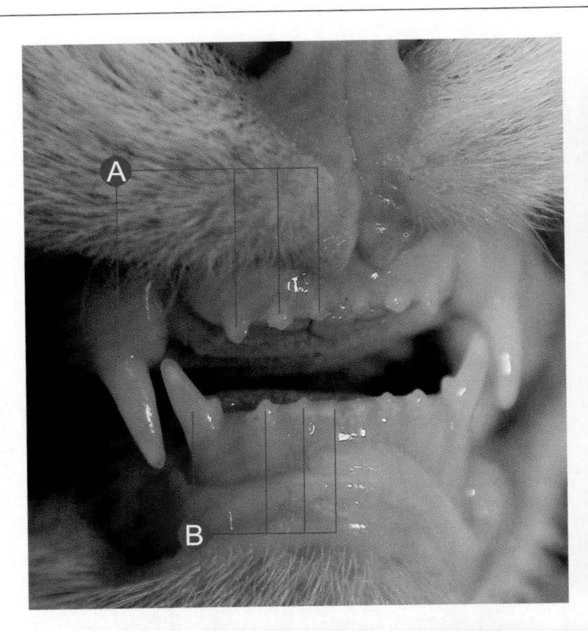

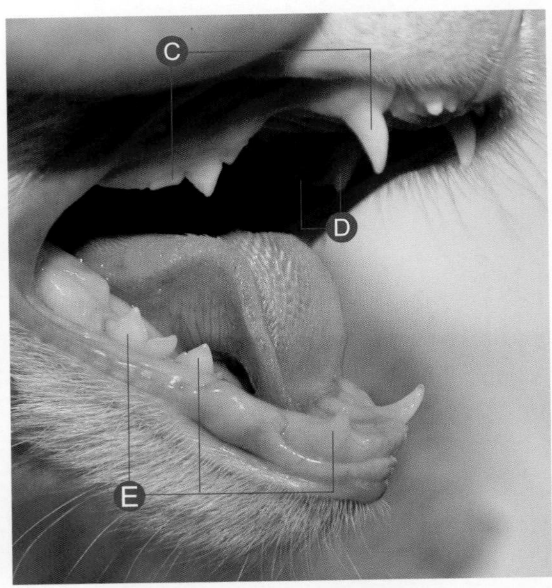

乳牙

牙科解剖和猫的生理性正常口腔（小猫）。乳牙的排列状态。

Ⓐ从右到左，均为乳牙：RmaxI1(501) 右侧上颌第一切齿，RmaxI2 (502) 右侧上颌第二切齿，RmaxI3(503) 右侧上颌第三切齿和 RmaxC (504) 右侧上颌犬齿；嘴部视图。

Ⓑ从右到左，均为乳牙：RmandI1(801) 右侧下颌第一切齿，RmandI1(802) 右侧下颌第二切齿，RmandI3 (803) 右侧下颌第三切齿和 RmandC(804) 右侧下颌犬齿；嘴部视图。

Ⓒ从右到左，均为乳牙：RmaxC(504) 右侧上颌犬齿和 RmaxP3(507) 右侧上颌第三前臼齿；前庭视图。

Ⓓ从右到左，均为乳牙：LmaxP3(607) 左侧上颌第三前臼齿和 LmaxP4(608) 左侧上颌第四前臼齿；腭部视图。

Ⓔ从右到左，均为乳牙：RmandC(804) 右侧下颌犬齿，RmandP3 (807) 右侧下颌第三前臼齿，RmandP4 (808) 右侧下颌第四前臼齿；前庭视图。

猫牙齿放射学视图

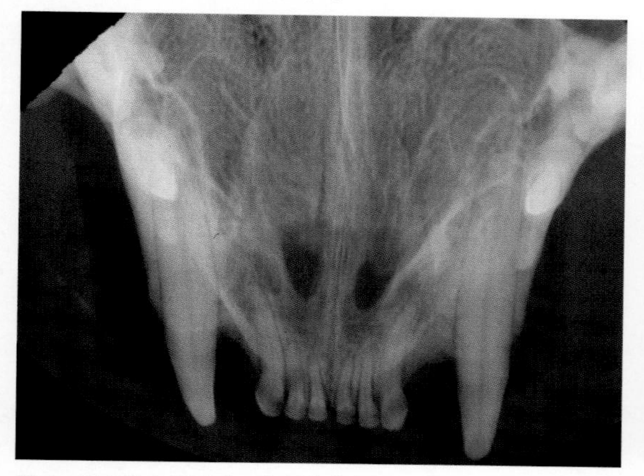

图 1 口内咬合视图（二分角技术），放射检查一名 6 岁患者的上颌切牙和犬齿

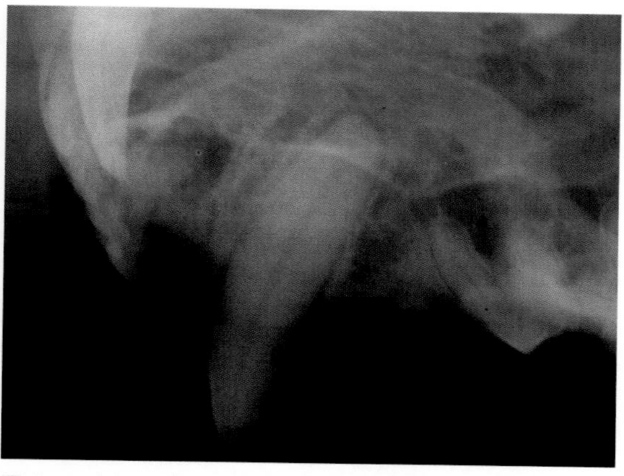

图 2 口内侧图（二分角技术），放射检查一名 6 岁患者的左上颌犬齿（LmaxC 左侧上颌犬齿）

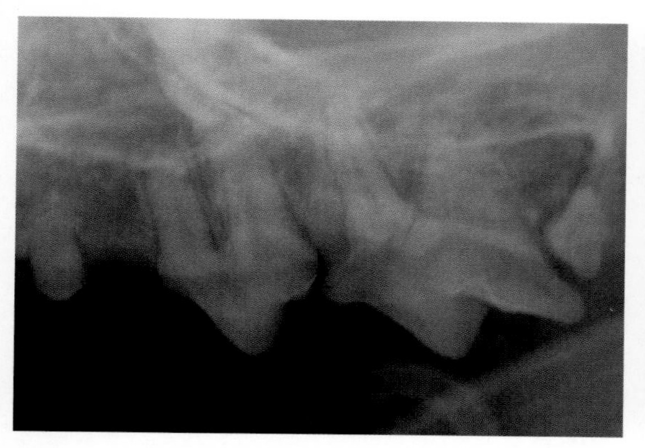

图 3 左上颌骨的外侧图（具有略微修改角度的平行技术），放射检查一名 6 岁患者的前臼齿和臼齿（LmaxP2 左侧上颌第二前臼齿，LmaxP3 左侧上颌第三前臼齿，LmaxP4 左侧上颌第四前臼齿，LmaxM1 左侧上颌第一臼齿）

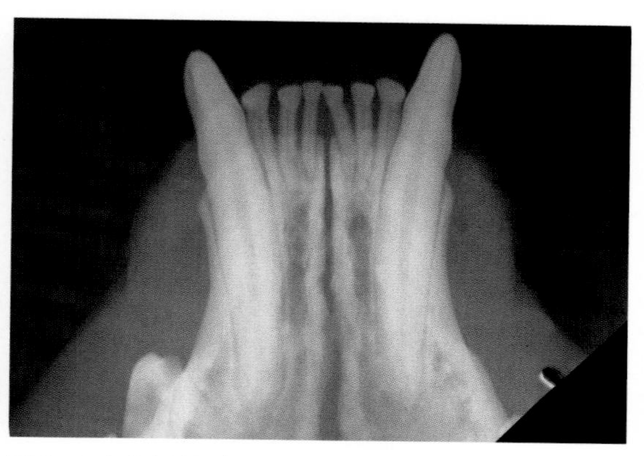

图 4 口内咬合视图（二分角技术），放射检查一名 6 岁患者的下颌切牙和犬齿的放射学评估

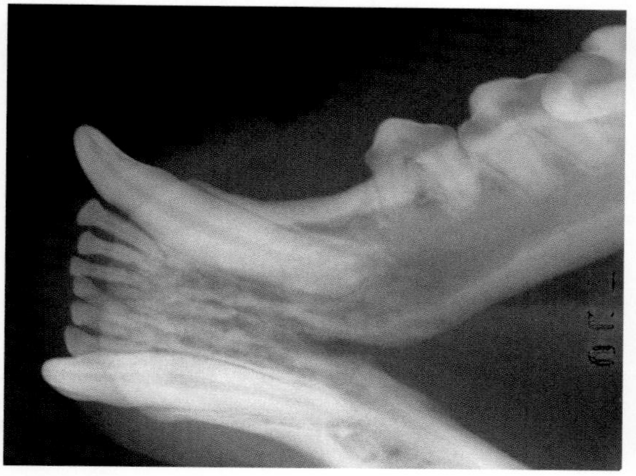

图 5 口内侧视图（二分角技术），放射检查一名 6 岁患者的左下颌牙齿（LmandC 左侧下颌犬齿）

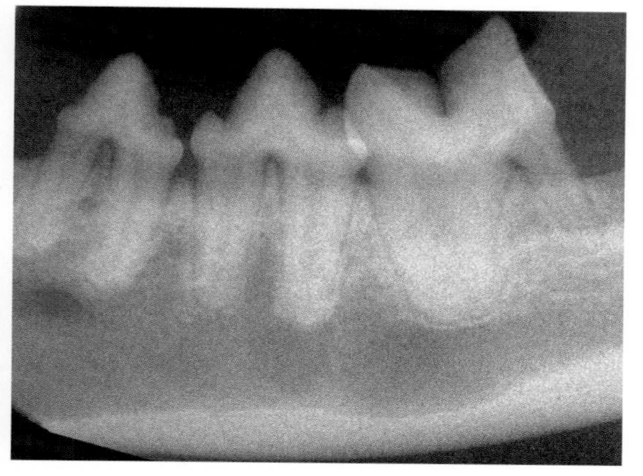

图 6 左下颌骨（平行技术）的口内视图，放射检查一名 6 岁患者的前臼齿和臼齿（LmandP3 左侧下颌第三前臼齿，LmandP4 左侧下颌第四前臼齿，LmandM1 左侧下颌第一臼齿）

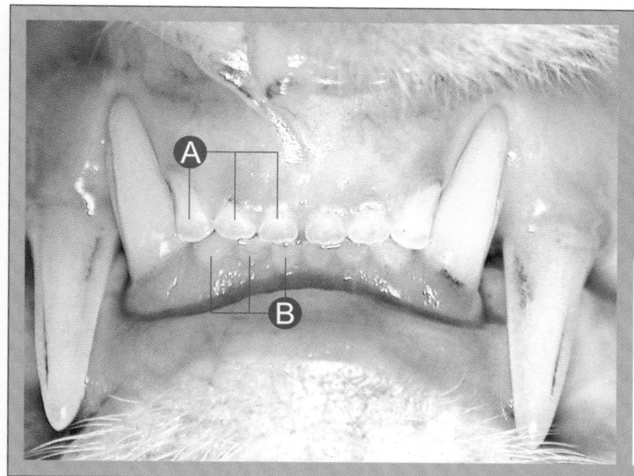

牙齿的咬合　切齿区域

切齿区（恒齿）的正常生理性咬合

Ⓐ 从右到左：Rmaxl1(101) 右侧上颌第一切齿，Rmaxl2(102) 右侧上颌第二切齿，Rmaxl3(103) 右侧上颌第三切齿。

Ⓑ 从右到左：Rmandl1(401) 右侧下颌第一切齿，Rmandl1 (402) 右侧下颌第二切齿，Rmandl3 (403) 右侧下颌第三切齿。

诊治要点

在这种情况下的切齿部位的咬合，是多个动物品种中的生理性咬合。

每个下切齿的尖端与其上部对应切齿牙冠的远侧表面咬合。

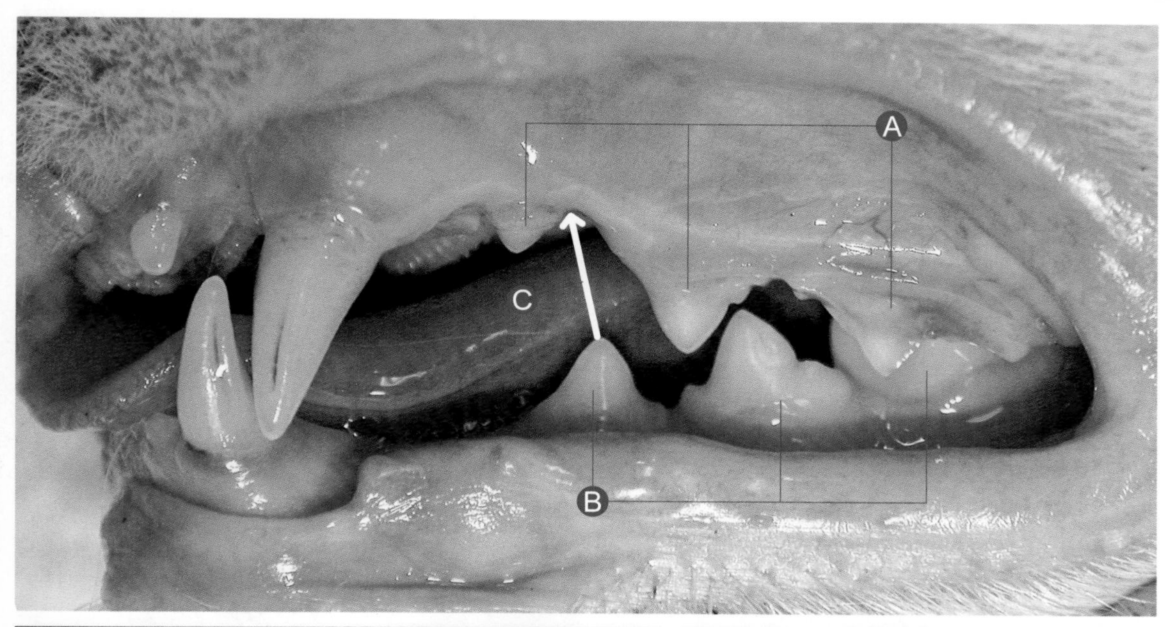

牙齿的咬合　前臼齿和臼齿区域

前臼齿和臼齿区（恒齿）的正常生理性咬合。

Ⓐ 从右到左：LmaxP4（208）左侧上颌第四前臼齿，LmaxP3（207）左侧上颌第三前臼齿，LmaxP2（206）左侧上颌第二前臼齿；可见 LmandM1（309）左侧下颌第一臼齿的不完全咬合。

Ⓑ 从右到左：LmandM1（309）左侧下颌第一臼齿，LmandP4（308）左侧下颌第四前臼齿，LmandP3（307）左侧下颌第三前臼齿。

Ⓒ LmandP3（307）左侧下颌第三前臼齿的尖端将在口腔完全闭合时“指向”LmaxP3（207）左侧上颌第三前臼齿的近中齿间空间。

诊治要点

在正常的生理性咬合中（在这个病例中，可见LmandM1（309）左侧下颌第一臼齿不完全咬合），每个下前臼齿的尖端都指向其上部对应牙齿的近中齿间空间；例如，LmandP3（307）左侧下颌第三前臼齿的尖端“指向”LmaxP3（207）左侧上颌第三前臼齿的近中齿间空间。LmandM1（309）左侧下颌第一臼齿在LmaxP4（208）左侧上颌第四前臼齿的腭部咬合。

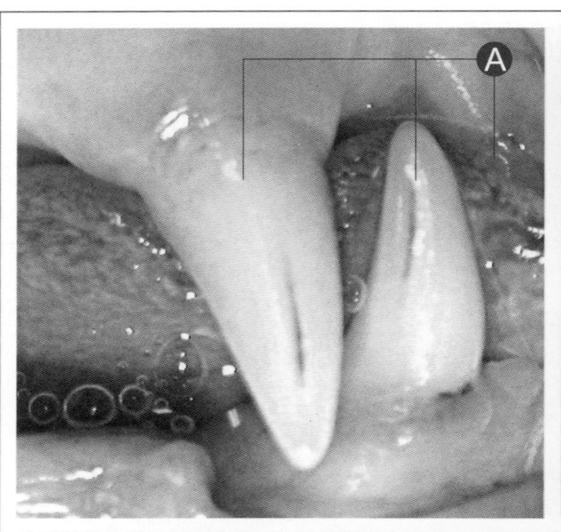

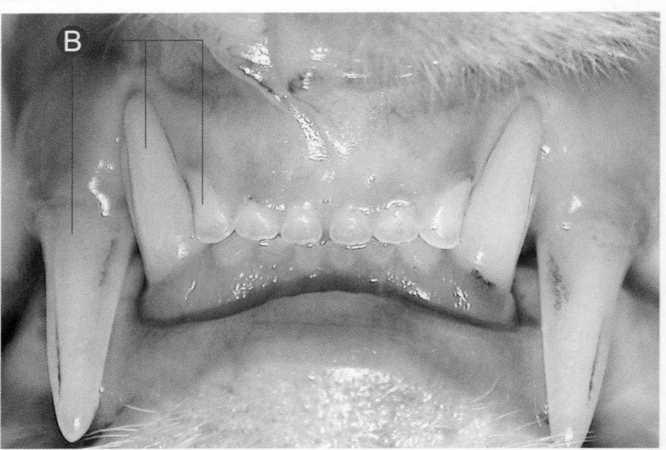

牙齿的咬合　犬齿区域

犬齿区（恒牙）的正常生理性咬合。

Ⓐ 从右到左：Rmaxl3（103）右侧上颌第三切齿，RmandC（404）右侧下颌犬齿和 RmaxC（104）右侧上颌犬齿；前庭视图。

Ⓑ 从右到左：Rmaxl3（103）右侧上颌第三切齿，RmandC（404）右侧下颌犬齿和 RmaxC（104）右侧上颌犬齿；嘴部视图。

诊治要点

在犬齿的正常咬合中，下犬齿应在第三切牙和其对应上犬齿之间保持相等距离。

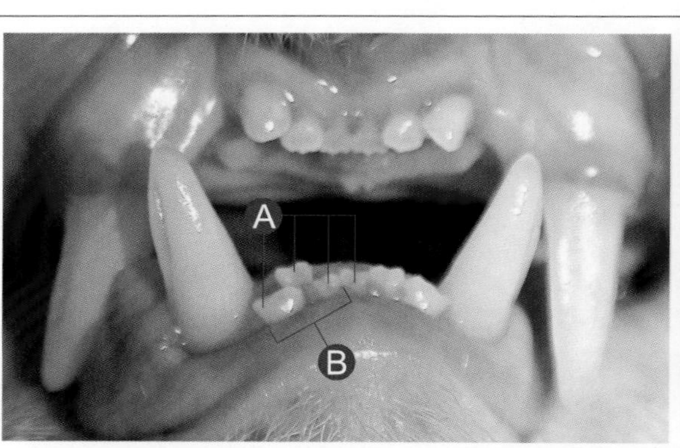

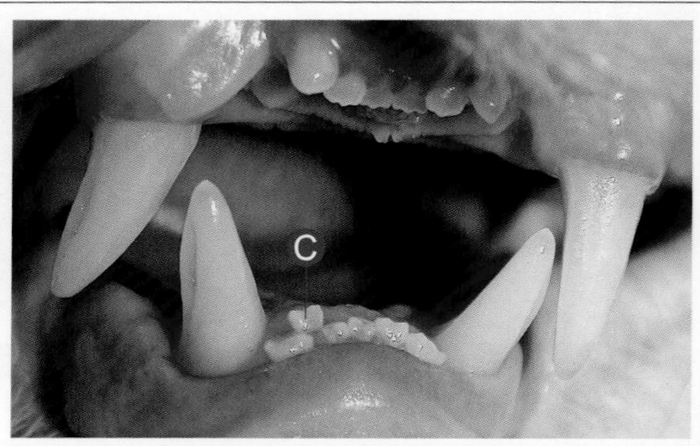

咬合不正　牙齿拥挤

下切齿牙齿拥挤。

Ⓐ 从右到左：Lmandl1（301）左侧下颌第一切齿，Rmandl1（401）右侧下颌第一切齿，Rmandl1（402）右侧下颌第二切齿，Rmandl3（403）右侧下颌第三切齿。

Ⓑ Rmandl1（401）右侧下颌第一切齿，Rmandl1（402）右侧下颌第二切齿，Rmandl3（403）右侧下颌第三切齿的牙齿拥挤，带有 Rmandl1（402）右侧下颌第二切齿的远中错位（远端偏离）。

Ⓒ Rmandl1（402）右侧下颌第二切齿远中错位的特写。

诊治要点

在猫的下切齿检查出牙齿拥挤是罕见的。通常在下犬齿之距离减小的病例下发现。这种情况下易发生区域性牙周病。

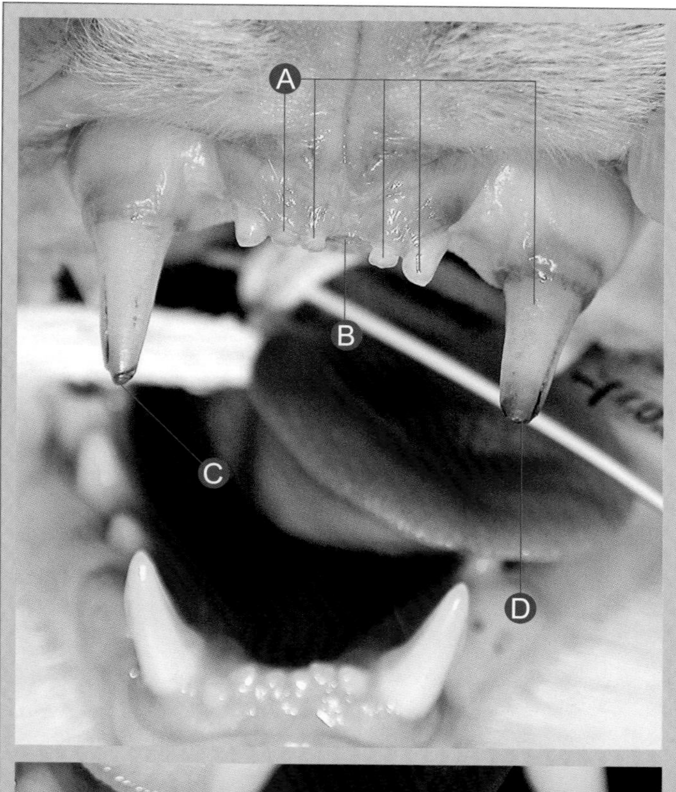

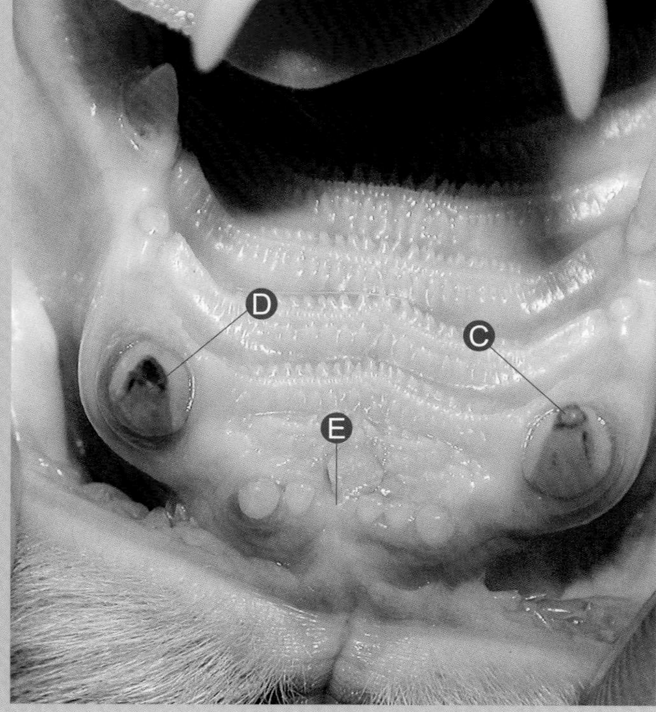

咬合不正　牙齿缺失

Lmaxl1（201）左侧上颌第一切齿缺失。

Ⓐ 从右到左：LmaxC（204）左侧上颌犬齿，Lmaxl3（203）左侧上颌第三切齿，Lmaxl2（202）左侧上颌第二切齿，Rmaxl1（101）右侧上颌第一切齿，Rmaxl2（102）右侧上颌第二切齿。
Ⓑ Lmaxl1（201）左侧上颌第一切齿缺失。
Ⓒ 怀疑 RmaxC(104) 右侧上颌犬齿有牙釉质断裂。
Ⓓ 怀疑 LmaxC(204) 左侧上颌犬齿有复杂牙冠断裂。
Ⓔ Lmaxl1（201）左侧上颌第一切齿缺失的特写。

诊治要点

在这个临床病例中，我们可以观察到Lmaxl1（201）左侧上颌第一切齿的缺失。有各种可能的原因：从牙齿发育不全到牙根断裂、牙根骨折、牙齿吸收或牙周病的晚期等。牙科X射线可以为可能的病因提供更多的相关信息。

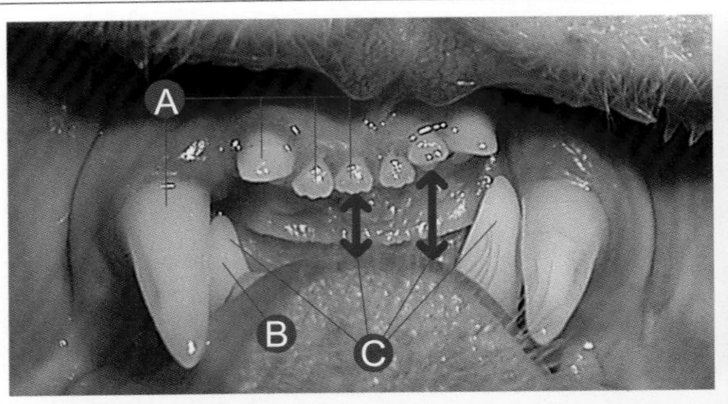

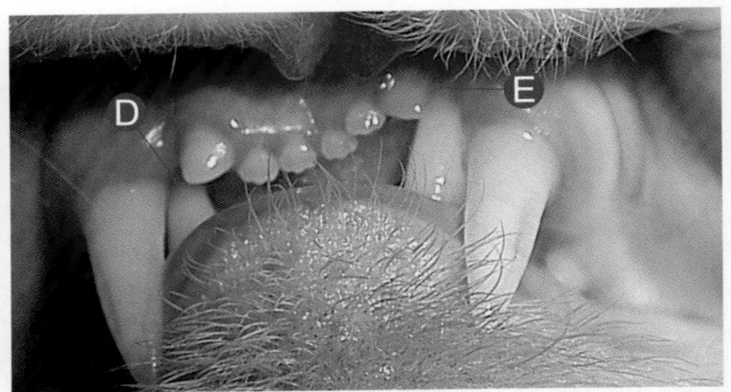

咬合不正　下颌牙齿后移（2 级咬合不正）

一只10月龄波斯猫，切齿和犬齿区怀疑有严重的下颌骨远中咬合。

Ⓐ 从右到左: RmaxI1(101)右侧上颌第一切齿，RmaxI2(102)右侧上颌第二切齿，RmaxI3（103）右侧上颌第三切齿和RmaxC（104）右侧上颌犬齿。

Ⓑ RmandC（404）右侧下颌犬齿。

Ⓒ 怀疑严重的下颌牙齿后移，下切牙和犬齿咬合不正。

Ⓓ RmandC（404）右侧下颌犬齿在 RmandC（104）右侧下颌犬齿的腭区中咬合不正的图像。

Ⓔ LmandC（304）左侧下颌犬齿在 LmaxC（204）左侧上颌犬齿的近中腭区中咬合不正的图像。

诊治要点

每当怀疑下颌牙齿后移时，必须评估前臼齿和臼齿的咬合，尽管这个区域在猫中比在狗中更难评估。在这个临床病例中，特别是因为患者属于波斯品种，这些怀疑很可能得到证实。在这个临床病例中可以观察到的最大并发症是牙齿咬合的后果，特别是犬齿的咬合；下犬齿导致不同区域的腭部撞击并导致的损伤必须要评估。

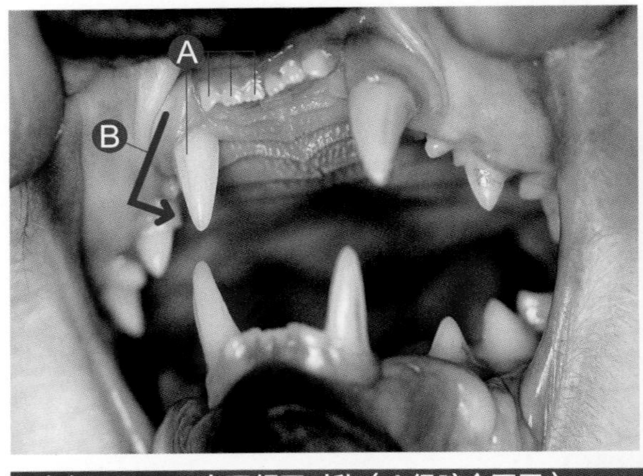

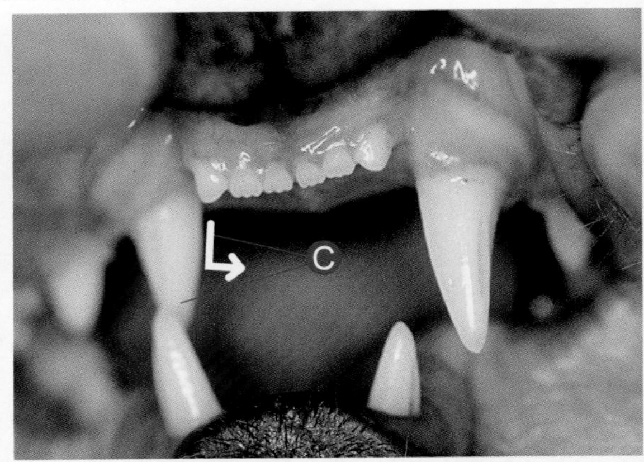

咬合不正　上下颌不对称（4 级咬合不正）

怀疑嘴和尾侧方向（切牙和犬齿区）的上下颌不对称。

Ⓐ 从右到左：RmaxI1（101）右侧上颌第一切齿，RmaxI2（102）右侧上颌第二切齿，RmaxI3（103）右侧上颌第三切齿，RmaxC（104）右侧上颌犬齿。

Ⓑ 怀疑在嘴和嘴侧方向存在严重上、下颌不对称，右侧严重且明显。

Ⓒ 由于在嘴和后部方向上的上、下颌不对称，RmaxC（104）右侧上颌犬齿的远端和腭位置的特写。

诊治要点

怀疑嘴和后部方向的严重上、下颌骨不对称，需要评估远端区域的前臼齿和臼齿的咬合情况。在这个临床病例中，嘴和后部方向的上下颌骨不对称性在右侧更明显，导致咬合不正。

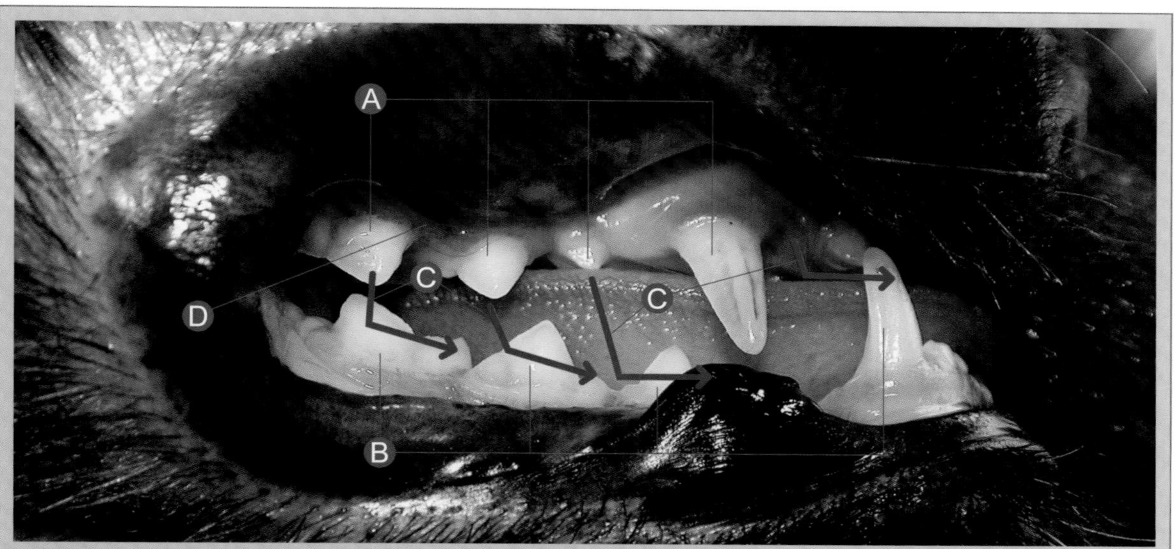

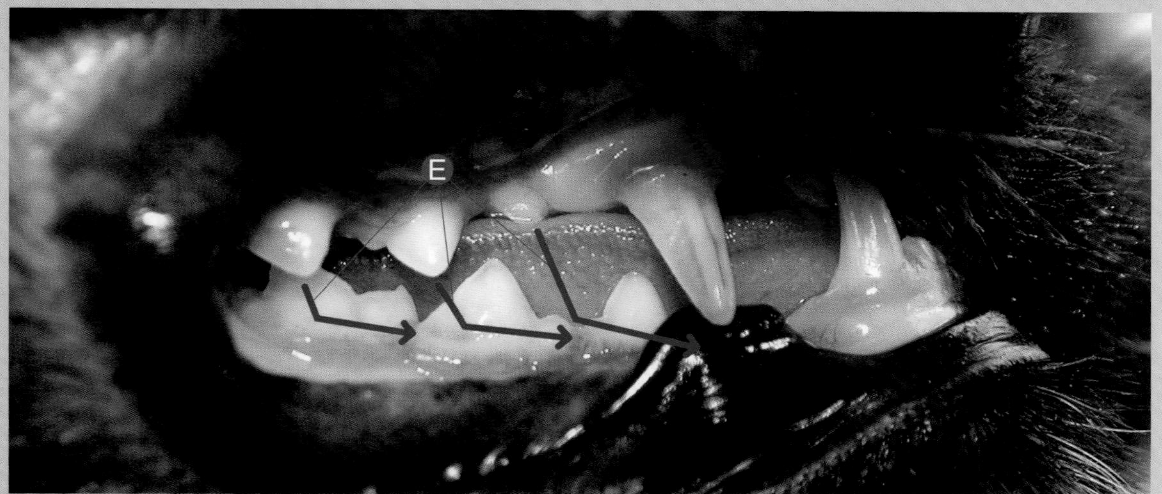

咬合不正　下颌牙齿中移（3 级咬合不正）

怀疑严重的下颌牙齿中移（在右侧犬齿和前臼齿/臼齿区）。

Ⓐ 从右到左：RmaxC（104）右侧上颌犬齿，RmaxP2（106）右侧上颌第二前臼齿，RmaxP3（107）右侧上颌第三前臼齿和 RmaxP4（108）右侧上颌第四前臼齿。

Ⓑ 从右到左：RmandC（404）右侧下颌犬齿，RmandP3（407）右侧下颌第三前臼齿，RmandP4（408）右侧下颌第四前臼齿和 RmandM1（409）右侧下颌第一臼齿。

Ⓒ 怀疑严重的下颌牙齿中移，由于犬齿和前臼齿区的咬合不正。

Ⓓ RmaxP3（107）右侧上颌第三前臼齿和 RmaxP4（108）右侧上颌第四前臼齿的牙齿拥挤，证实了对下颌牙齿中移的怀疑。

Ⓔ 前臼齿和臼齿区中，疑似严重下颌牙齿中移的图像。

诊治要点

在这个临床病例中，对严重下颌牙齿中移的怀疑是基于犬齿和前臼齿/臼齿的咬合。与其在正常咬合位置相比，RmandC（404）右侧下颌犬齿在非常近中的方向上咬合。同样，咬合不正在远端取代了右侧口腔上前臼齿的生理性咬合。

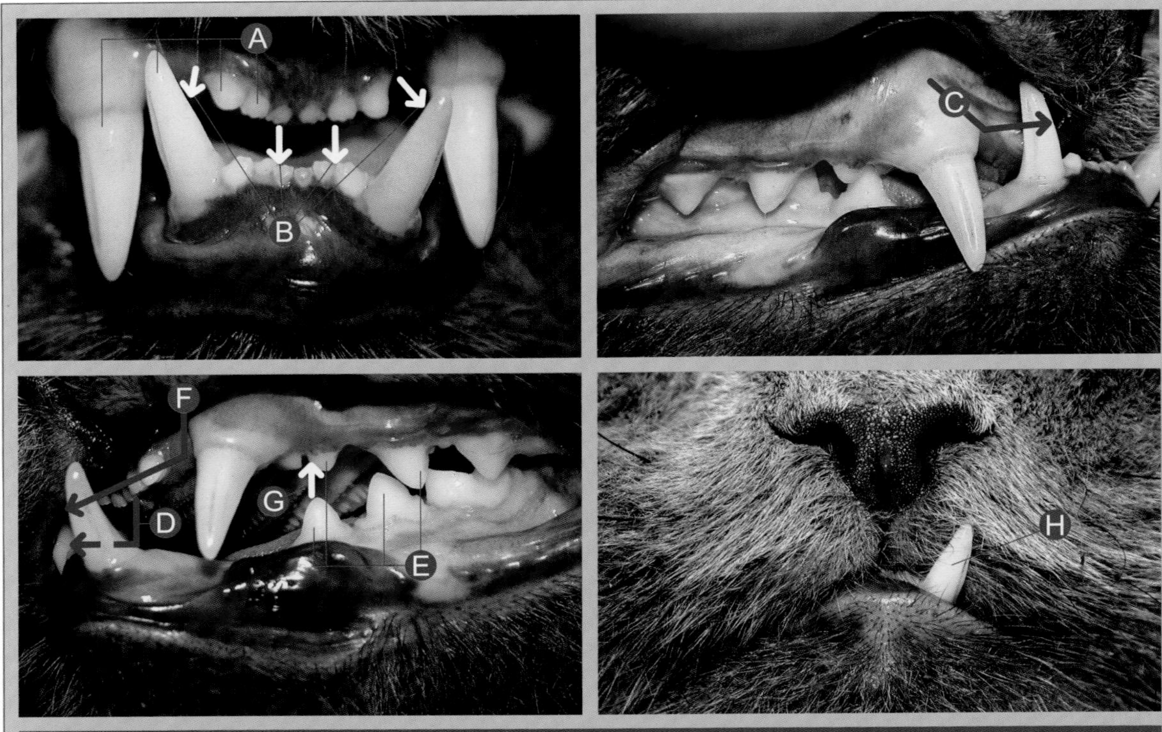

咬合不正 下颌牙齿中移（3 级咬合不正）

严重的下颌牙齿中移（右侧犬齿和前臼齿/臼齿区）。

Ⓐ 从右到左：RmaxI2（102）右侧上颌第二切齿，RmaxI3（103）右侧上颌第三切齿，RmandC（404）右侧下颌犬齿和 RmaxC（104）右侧上颌犬齿。

Ⓑ 怀疑在切齿和犬齿区域由于咬合不正引起下颌牙齿中移。

Ⓒ 怀疑由于 RmandC（404）右侧下颌犬齿在极度近中方向的咬合导致严重的下颌牙齿中移；右侧前庭视图。

Ⓓ 上切齿在下切齿远端区域的咬合；左侧前庭视图。

Ⓔ 从右到左：LmaxP3（207）左侧上颌第三前臼齿，LmandP4（308）左侧下颌第四前臼齿，LmaxP2（206）左侧上颌第二前臼齿和 LmandP3（307）左侧下颌第三前臼齿；左侧前庭视图。

Ⓕ LmandC（304）左侧下颌犬齿在极度近中方向上咬合不正；左侧前庭视图。

Ⓖ LmandP3（307）左侧下颌第三前臼齿的尖端“指向”LmaxP2（206）左侧上颌第二前臼齿的近中区域；左侧前庭视图。

Ⓗ LmandC（304）左侧下颌犬齿的咬合不正，由于严重的下颌前突而在口腔外部，在左下颌骨中更明显。

诊治要点

在这个临床病例中严重的下颌骨近中咬合是由于两侧切牙、犬齿和前磨/臼齿的咬合不正引起的。在生理性咬合中，下犬齿的尖端在第三切牙和上犬齿之间咬合。然而，与正常生理性咬合的位置相比，这些牙齿在非常近中的方向上咬合。同时，下颌牙齿中移在近中方向代替了下前臼齿和臼齿的咬合。

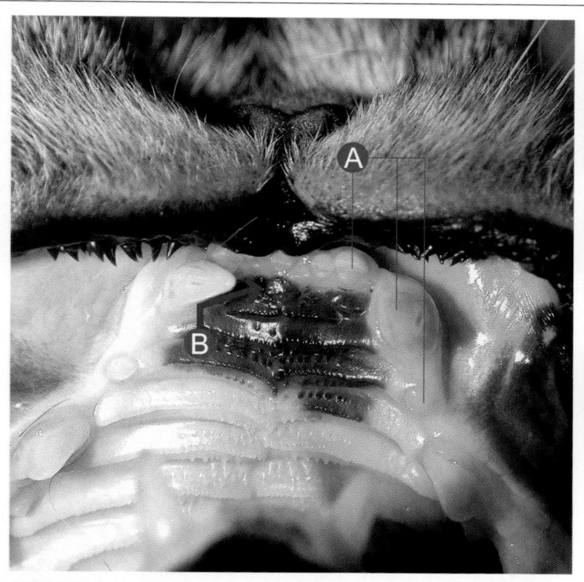

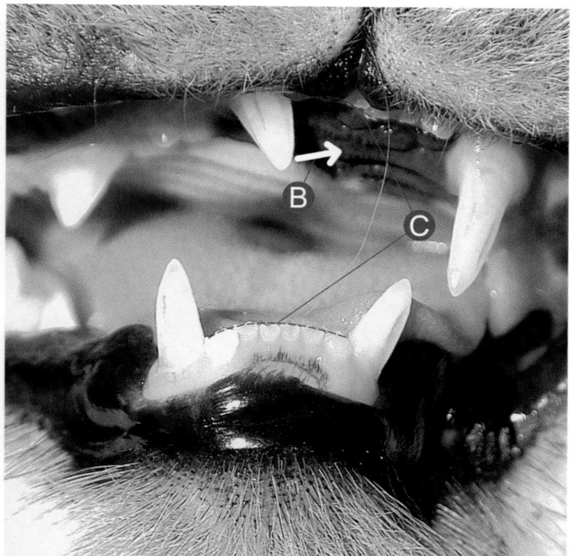

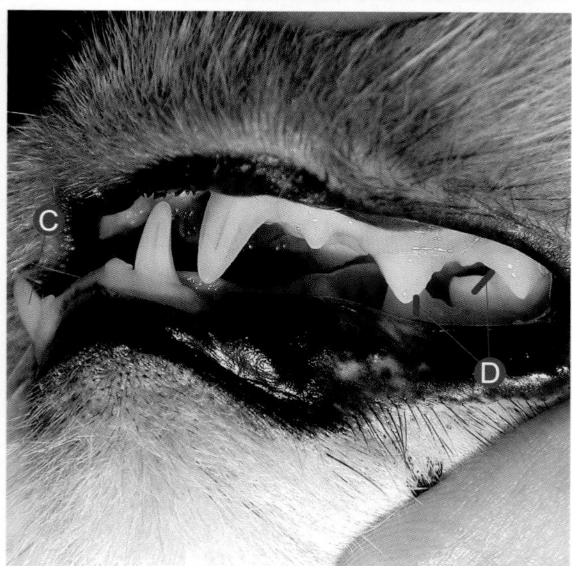

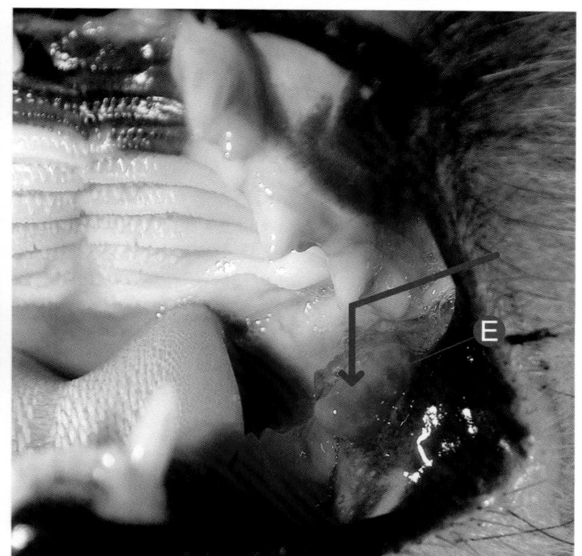

咬合不正　牙齿移位

RmaxC（104）右侧上颌犬齿近中腭部偏离。

Ⓐ从右到左：LmaxP2（206）左侧上颌第二前臼齿，LmaxC（204）左侧上颌犬齿和 LmaxI3（203）左侧上颌第三切齿。

Ⓑ RmaxC（104）右侧上颌犬齿近中腭部偏离。

Ⓒ怀疑在左右方向上颌下颌不对称。

Ⓓ左侧前臼齿和臼齿咬合时接触区域的空间增加；最可能的病因是左右方向的上下颌不对称。

Ⓔ由于 LmaxP4（208）左侧上颌第四前臼齿在前庭黏膜上的咬合不正而形成肉芽组织；最可能的病因是左右方向的上下颌不对称。

诊治要点

在该临床病例中，相对于RmaxC（104）右侧上颌犬齿的横轴存在错位，导致近中和腭部偏离。在咬合过程中疑似水平方向上下颌不对称，对咬合的评估受到显著干扰。

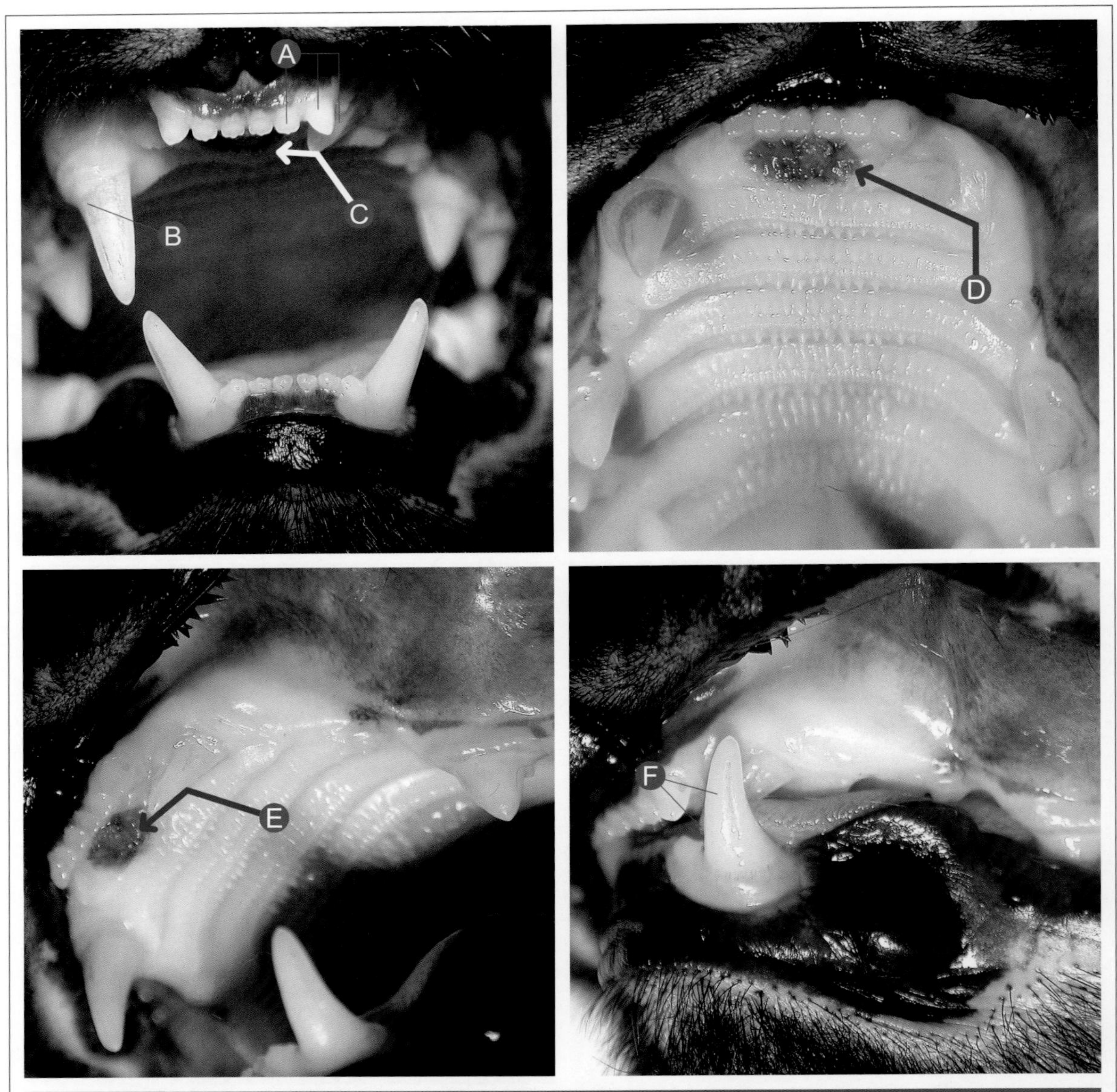

咬合不正　牙齿移位

LmaxC(204)左侧上颌犬齿近中腭部移位。

Ⓐ 从右到左：LmaxC（204）左侧上颌犬齿，LmaxI3（203）左侧上颌第三切齿和LmaxI2（202）左侧上颌第二切齿。

Ⓑ RmaxC（104）右侧上颌犬齿牙结石指数2级。

Ⓒ LmaxC（204）左侧上颌犬齿近中腭部移位图像；嘴部视图。

Ⓓ LmaxC（204）左侧上颌犬齿近中腭部移位的图像；口内侧视图。

Ⓔ LmaxC（204）左侧上颌犬齿近中腭部移位的图像；嘴部－前庭视图。

Ⓕ LmaxC（204）左侧上颌犬齿咬合不正的图像，该牙冠的冠状三分之一的前庭表面与LmandC（304）左侧下颌犬齿的舌面接触。

诊治要点

在该临床病例中，也存在相对于LmaxC（204）左侧上颌犬齿的横轴的错位，导致牙齿的近中腭部移位。受影响的牙齿的尖端会偶尔咬入软组织和下部的牙齿，要进行必要的治疗以避免这种情况。

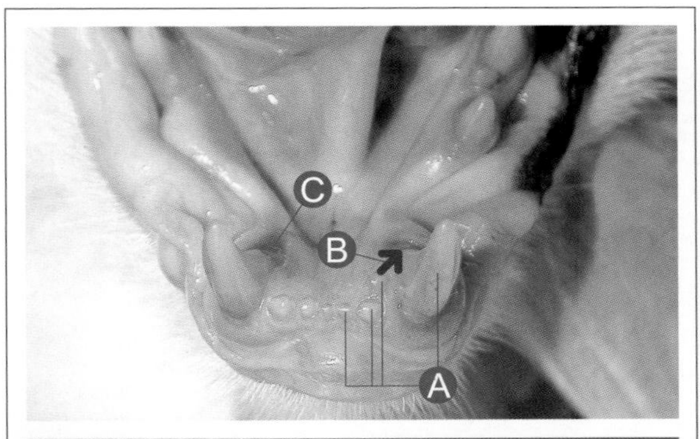

咬合不正　牙齿后移

Lmandl2 (302) 左侧下颌第二切齿牙齿后移。

Ⓐ 从右到左：LmandC（304）左侧下颌犬齿，Lmandl2（302）左侧下颌第二切齿，Lmandl3（303）左侧下颌第三切齿和 Lmandl1（301）左侧下颌第一切齿。
Ⓑ Lmandl2（302）左侧下颌第二切齿牙齿后移。
Ⓒ 在 RmandC（404）右侧下颌犬齿远中舌区中度牙龈萎缩。

诊治要点

在没有适当牙齿萌出物理空间的临床情况下，可能发生诸如此处所见的旋转或偏离。Lmandl2(302)左侧下颌第二切齿的牙齿后移最可能的病因是由于Lmandl1（301）左侧下颌第一切齿和Lmandl3（303）左侧下颌第三切齿之间缺乏空间而改变了牙齿萌出的方向。

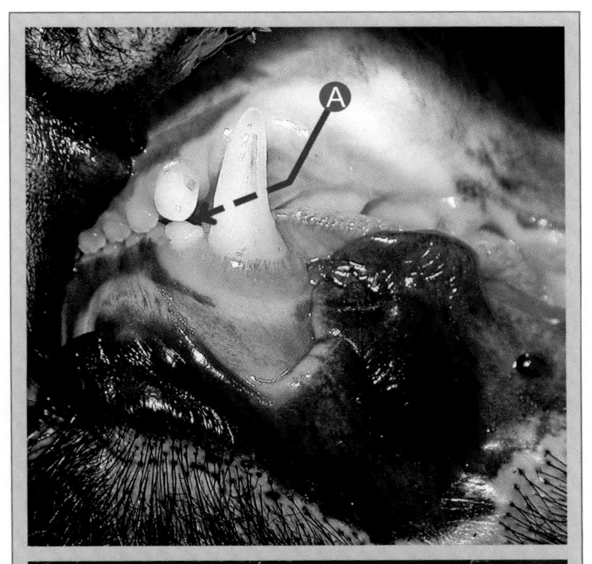

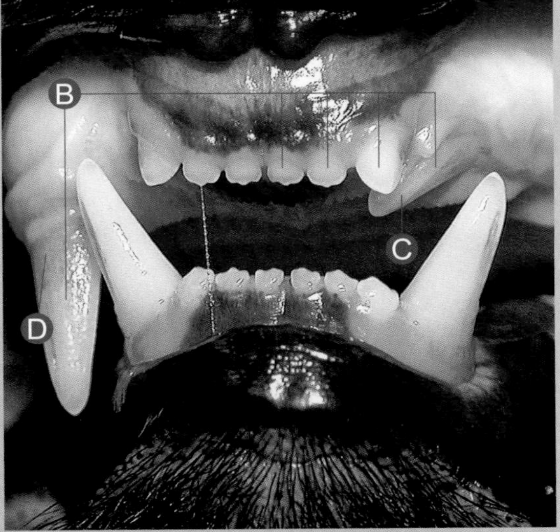

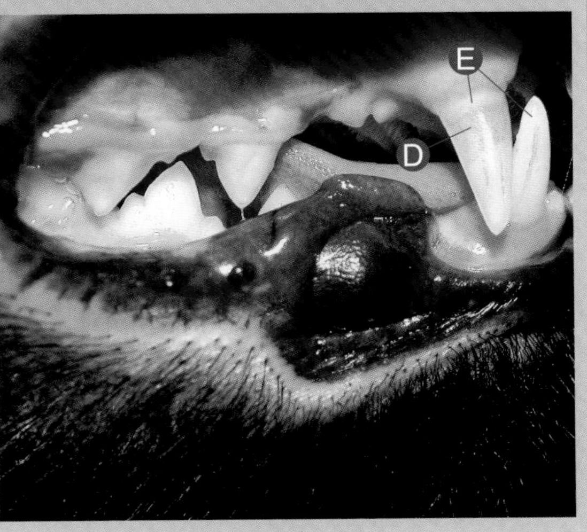

咬合不正　牙齿移位

LmaxC (204) 左侧上颌犬齿近中腭部移位。

Ⓐ LmaxC（204）左侧上颌犬齿近中腭部移位；前庭视图。
Ⓑ 从右到左：LmaxC（204）左侧上颌犬齿，Lmaxl3（203）左侧上颌第三切齿，Lmaxl2（202）左侧上颌第二切齿，Lmaxl1（201）左侧上颌第一切齿和 RmaxC（104）右侧上颌犬齿。
Ⓒ LmaxC（204）左侧上颌犬齿近中腭部移位图像；嘴部视图。
Ⓓ RmaxC(104) 右侧上颌犬齿牙结石指数 2 级。
Ⓔ 从右到左：RmandC（404）右侧下颌犬齿和 RmaxC（104）右侧上颌犬齿正常生理性咬合图像。

诊治要点

上部永久性犬齿的中间移位相对频繁，特别是在波斯品种中。在该临床病例中，检测到的咬合不正、LmaxC（204）左侧上颌犬齿近中腭部移位不会对周围的软组织造成任何改变。然而，应向患者提供保守治疗（口腔正畸）和非保守治疗（拔牙）（在进行彻底的牙科放射学研究后），以预防该领域的口腔疾病，如牙周病。

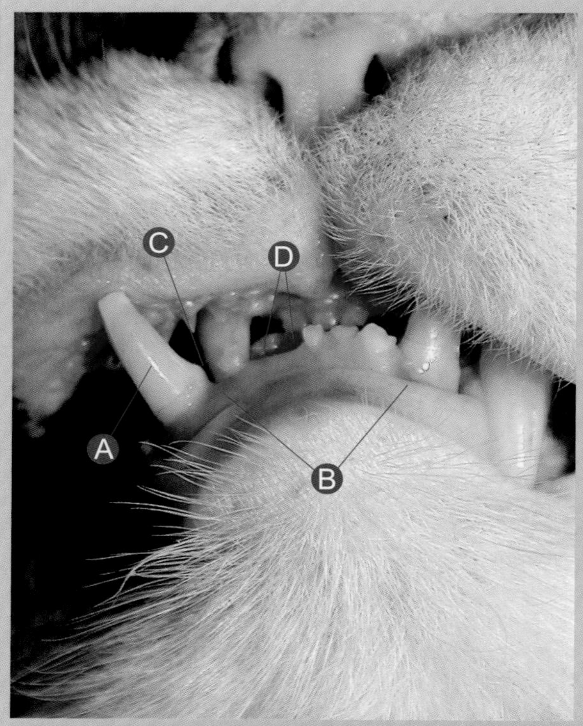

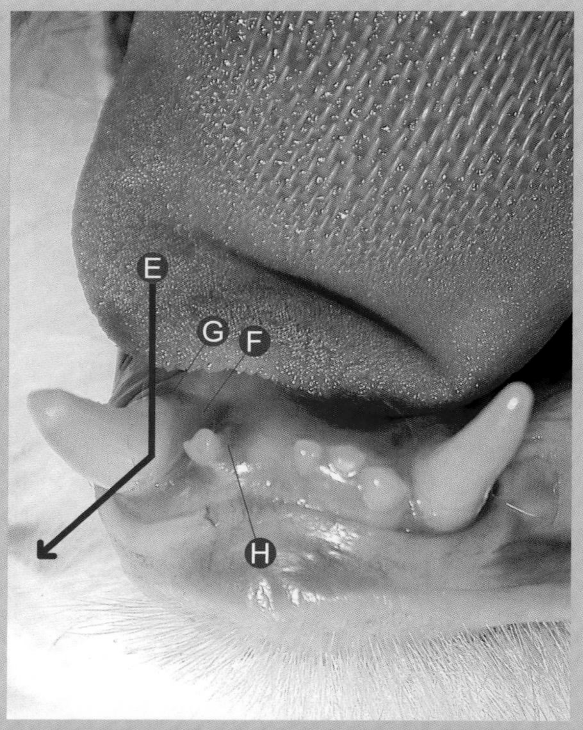

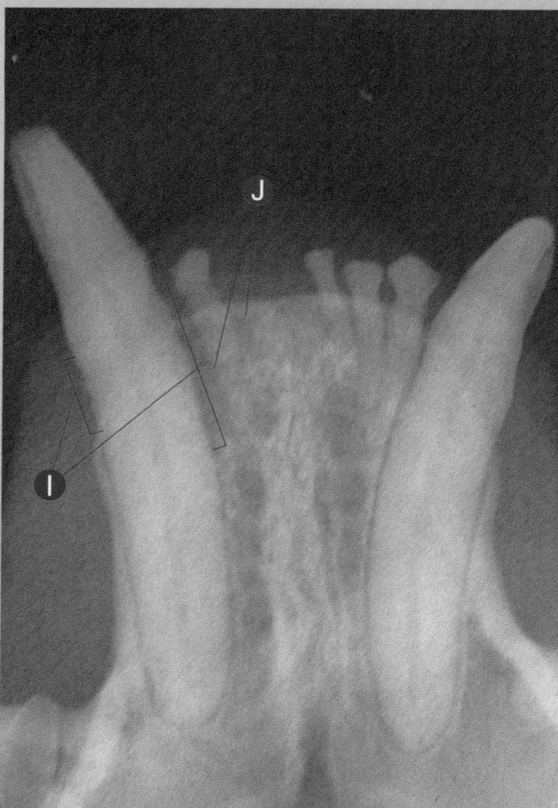

咬合不正　牙齿移位

在中度下颌骨近中咬合的情况下，由于RmaxC（104）右侧上颌犬齿的咬合不正，RmandC（404）右侧下颌犬齿的前庭移位。

Ⓐ RmandC（404）右侧下颌犬齿。
Ⓑ 中度下颌前突。
Ⓒ RmaxC（104）右侧上颌犬齿在RmandC（404）右侧下颌犬齿的远端区域咬合。
Ⓓ 从右到左：RmandI1（401）右侧下颌第一切齿和RmandI1（402）右侧下颌第二切齿缺失。
Ⓔ RmandC（404）右侧下颌犬齿的前庭移位。
Ⓕ RmaxC(104) 右侧上颌犬齿的尖端接触区域在RmandC(404) 右侧下颌犬齿的舌侧区。
Ⓖ RmandC（404）右侧下颌犬齿怀疑第三阶段牙周病。
Ⓗ RmandI3(403) 右侧下颌第三切齿怀疑第四阶段牙周病。
Ⓘ 牙科X射线：显示与RmandC（404）右侧下颌犬齿第三阶段牙周病相符的放射学征象。
Ⓙ 牙科X射线：显示与RmandI3（403）右侧下颌第三切齿第四阶段牙周病相符的放射学征象。

诊治要点

在这种波斯猫下颌近中咬合的病例中，存在RmaxC（101）右侧上颌犬齿的咬合不良，咬合在RmandC（404）右侧下颌犬齿上并且造成其舌侧区持续的创伤，从而产生牙齿的前庭移位。这个过程促进该牙齿牙周病的恶化。

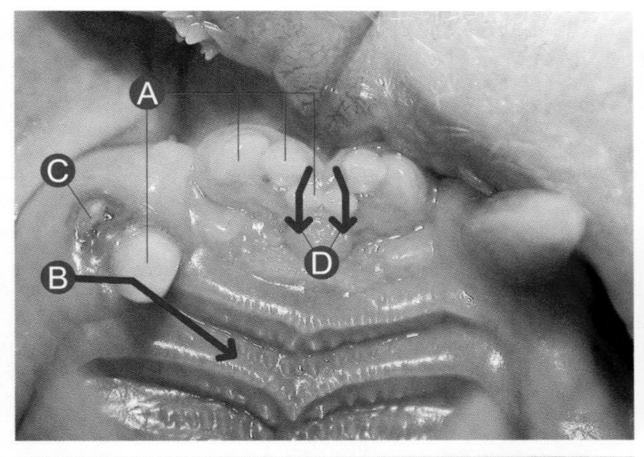

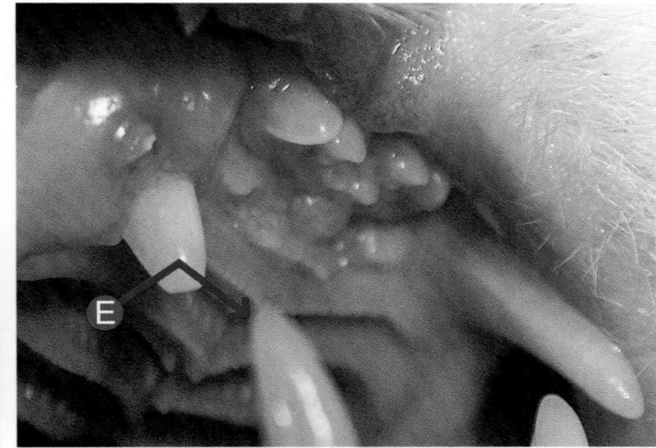

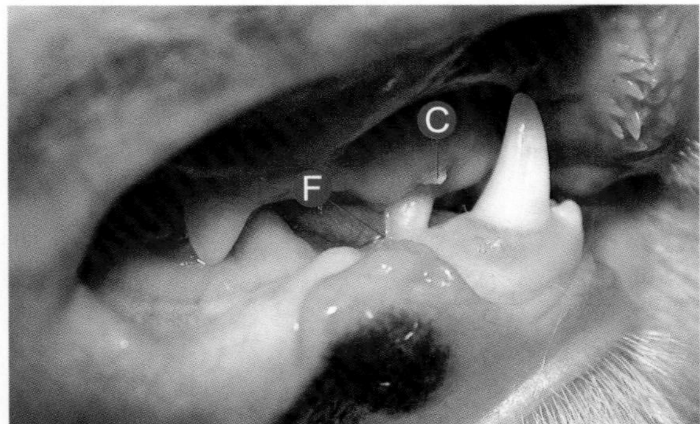

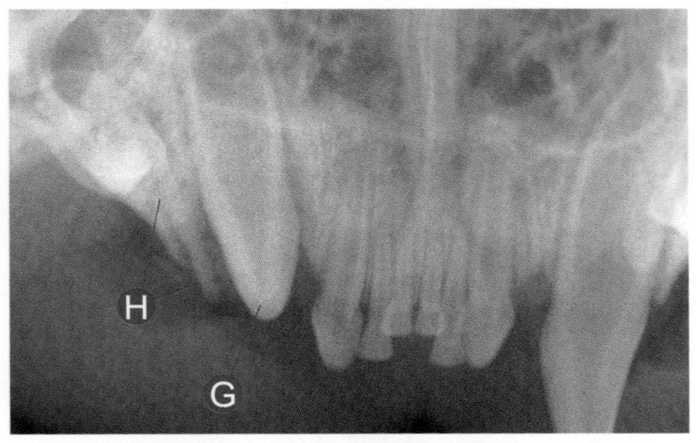

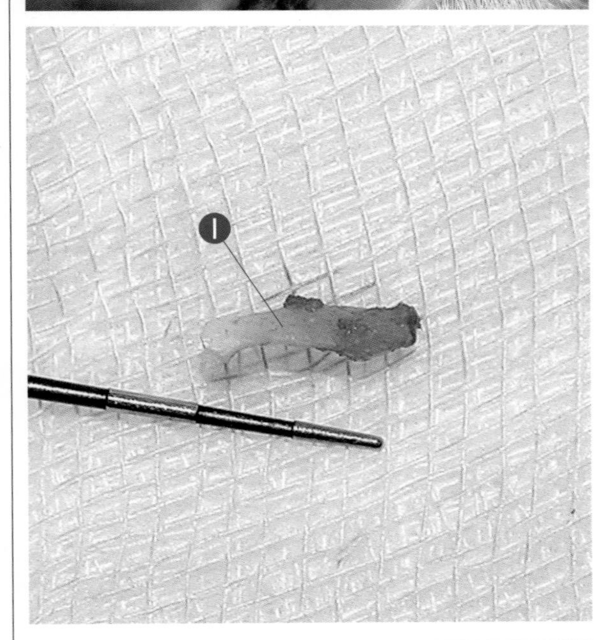

咬合不正　牙齿移位

由于乳齿RmaxC(504)右侧上颌犬齿的牙根折断，导致RmaxC (104)右侧上颌犬齿远中腭部移位。

Ⓐ 从右到左：Rmaxl1（101）右侧上颌第一切齿，Rmaxl2（102）右侧上颌第二切齿，Rmaxl3（103）右侧上颌第三切齿，RmaxC（104）右侧上颌犬齿。
Ⓑ RmaxC（104）右侧上颌犬齿远中腭部移位。
Ⓒ 怀疑乳齿 RmaxC（504）右侧上颌犬齿牙根折断。
Ⓓ Rmaxl1（101）右侧上颌第一切齿和 Lmaxl1（201）左侧上颌第一切齿腭部移位。
Ⓔ 远中腭部移位和 RmaxC (104) 右侧上颌犬齿未完全萌发的特写。
Ⓕ 由于 RmaxC 右侧上颌犬齿 (104) 移位造成其尖端碰撞 RmandC (404) 右侧下颌犬齿末梢区的黏膜。
Ⓖ 牙科 X 射线：显示与 RmaxC（104）右侧上颌犬齿相符的放射学征象。
Ⓗ 牙科 X 射线：显示与乳齿 RmaxC（504）右侧上颌犬齿牙根折断相符的放射学征象。
Ⓘ 经拔牙后，乳齿 RmaxC(504) 右侧上颌犬齿的牙根残留特写。

诊治要点

如本临床病例所示，持久性牙齿及其根部碎片可能由于干扰正常和充分的牙齿萌出而导致恒牙移位。当面对持久性牙齿时应该进行阻断矫治，也就是说，任何永存乳齿都应拔除。区域性牙科X射线对评估乳齿的存在、形状、部分再吸收等是必不可少的。

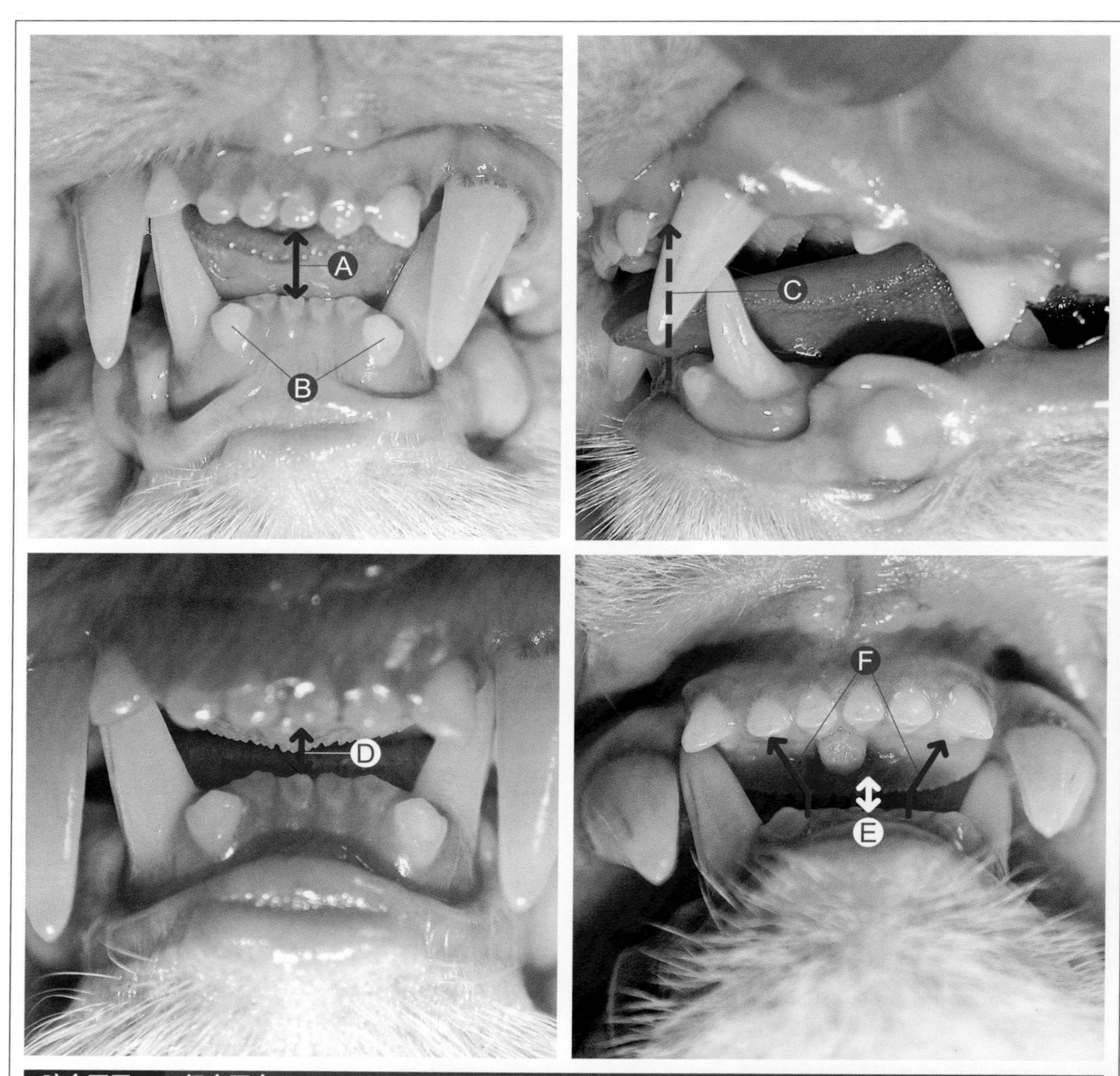

咬合不正　闭合不全

由于下颌牙齿中移导致的严重闭合不全（2级咬合不正）。

Ⓐ 由于咬合不正而不能完全闭合口腔。
Ⓑ 从右到左：Lmandl3（303）左侧下颌第三切齿和 Rmandl3（403）右侧下颌第三切齿的前庭偏差。
Ⓒ 疑似严重的下颌牙齿移位，下切齿和犬齿咬合不正。
Ⓓ 不能完全闭合口腔；镇静状态下强制咬合；嘴部视图。
Ⓔ 不能完全闭合口腔的图片；镇静状态下强制咬合。
Ⓕ 疑似下颌牙齿中移的图片。

诊治要点

闭合不全是指由于牙齿或骨差异而阻碍口腔闭合的异常咬合。在本临床病例中，下颌骨远端错位（咬合畸形）是不能闭合口腔的原因，即使在镇静时强制动物闭合口腔也是如此。

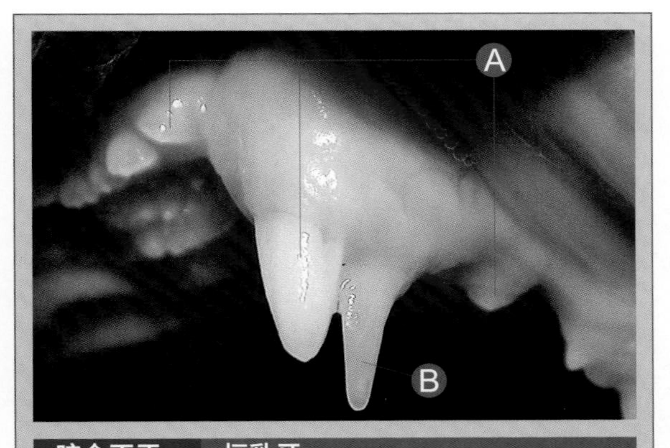

咬合不正　恒乳牙

乳牙 LmaxC（604）左侧上颌犬齿的持久性。

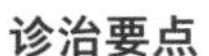

Ⓐ 从右到左：LmaxP2（206）左侧上颌第二前臼齿、LmaxC（204）左侧上颌犬齿、LmaxI3（203）左侧上颌第三切齿。

Ⓑ 乳牙 LmaxC（604）左侧上颌犬齿。

诊治要点

恒乳牙是指在去角质过程中没有脱落的乳牙。乳牙与其对应的恒齿的共存可导致继发性咬合，此情况下强烈建议采用截留性正畸（即拔除恒乳牙）。这种咬合不正在猫中不常见。

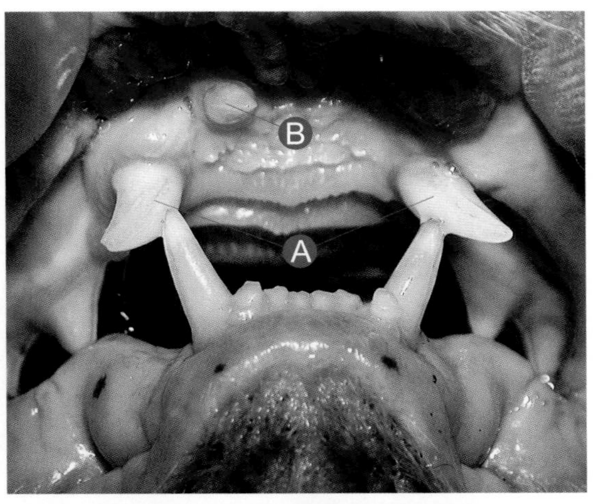

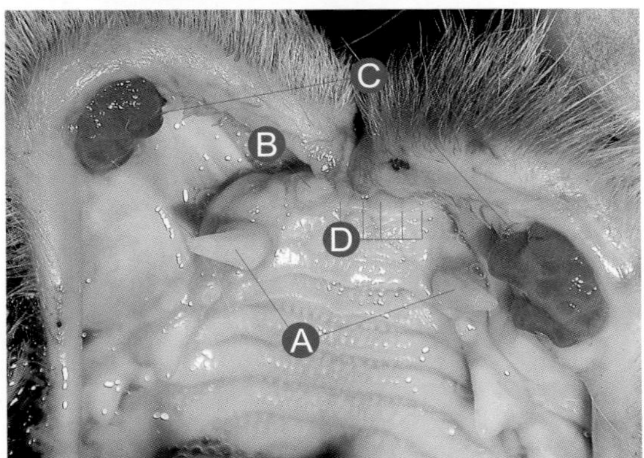

咬合不正　牙齿旋转

RmaxC（104）右侧上颌犬齿和 LmaxC（204）左侧上颌犬齿的远端区域的前庭旋转。

Ⓐ 从右到左：LmaxC（204）左侧上颌犬齿和 RmaxC（104）右侧上颌犬齿的前庭旋转。

Ⓑ RmaxI3（103）右侧上颌第三切齿。

Ⓒ 因牙旋转的上犬齿尖而导致的肉芽肿病变。

Ⓓ 从右到左：LmaxI3（203）左侧上颌第三切齿、LmaxI2（202）左侧上颌第二切齿、LmaxI1（201）左侧上颌第一切齿、RmaxI1（101）右侧上颌第一切齿、RmaxI2（102）右侧上颌第二切齿的图片。

Ⓔ 牙科 X 光片：放射学征象显示因牙髓腔直径不对称而导致的牙髓病。

Ⓕ 牙科 X 光片：放射学征象显示上切齿内的牙齿吸收。

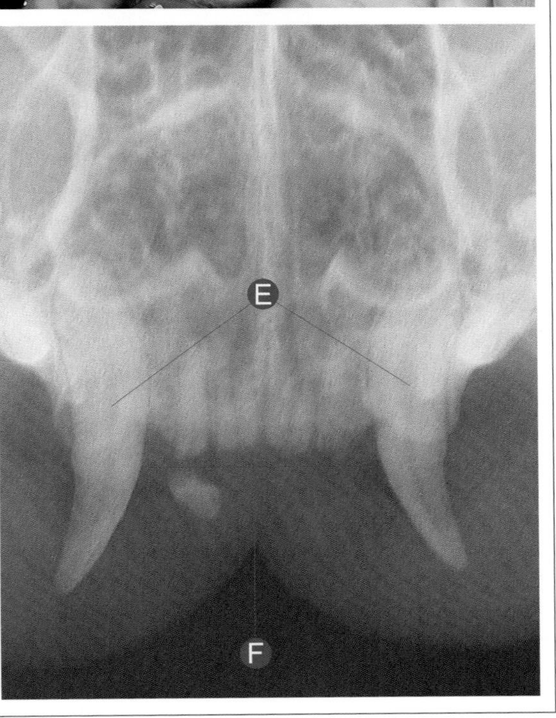

诊治要点

上犬齿中的这种非典型旋转可能是先天性病因，其导致咬合不正并对与牙尖接触的黏膜造成损害。

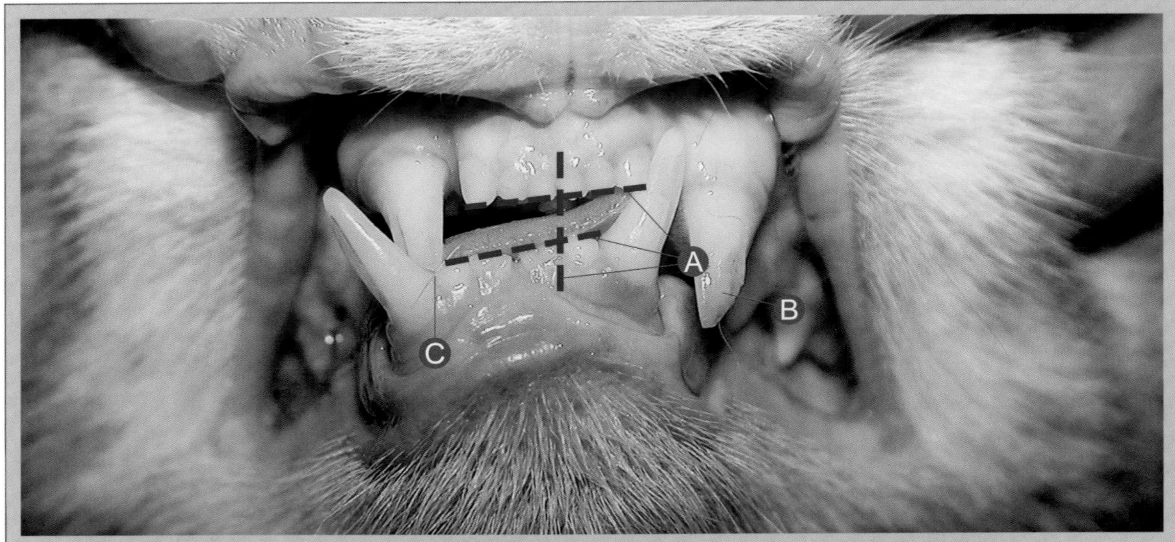

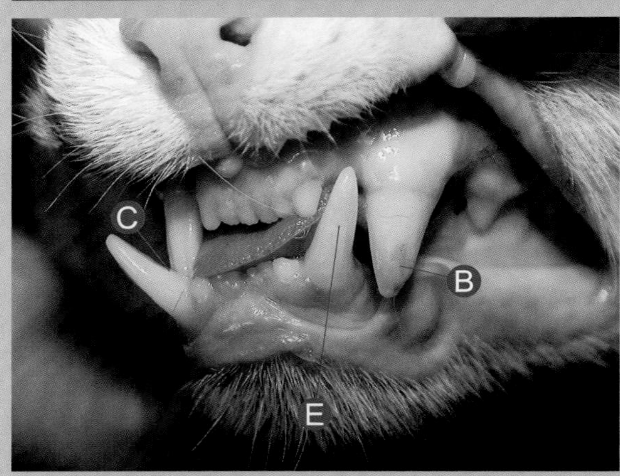

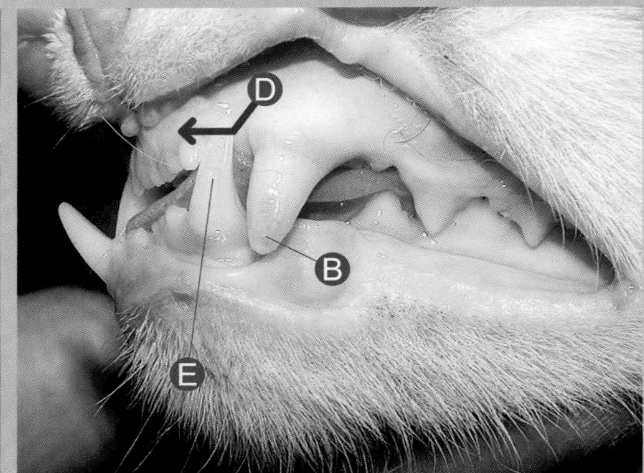

咬合不正　左右方向的上下颌不对称

由于先前的创伤，在背腹方向导致了上下颌的不对称；下颌骨骨折的自发消退不足。

Ⓐ 上切齿和下切齿之间的中线偏差，以及切面的不对称；偏向右侧。
Ⓑ 疑似 LmaxC（204）左侧上颌犬齿复杂牙冠断裂。
Ⓒ RmaxC（104）右侧上颌犬齿的错位，其尖端闭塞了 RmandC（404）右侧下颌犬齿的远端区域。
Ⓓ 由于在背腹方向上的上下颌不对称导致的 LmandC（304）左侧下颌犬齿的近中面移位。
Ⓔ 疑似 LmandC（304）左侧下颌犬齿牙冠上的釉质断裂。

诊治要点

与狗一样，背腹方向的中线偏差或上下颌不对称具有先天性或后天性的病因。先天性病例（通常被认为具有遗传性病因）可能的原因在骨骼和牙齿基部，或仅在于牙齿基部。在本病例中，该过程的病因是后天性的；在下颌骨和/或上颌骨断裂未得到充分消退或非生理性咬合中自发消退的情况下，可发生咬合不正。

常见错误

在上颌/下颌骨损伤的情况下，是否存在明显的损伤（需手术治疗）。常见的错误是不能密切精确地评估患猫的咬合（特别是在犬齿区域）。我们应着重于重建正常的生理性咬合。

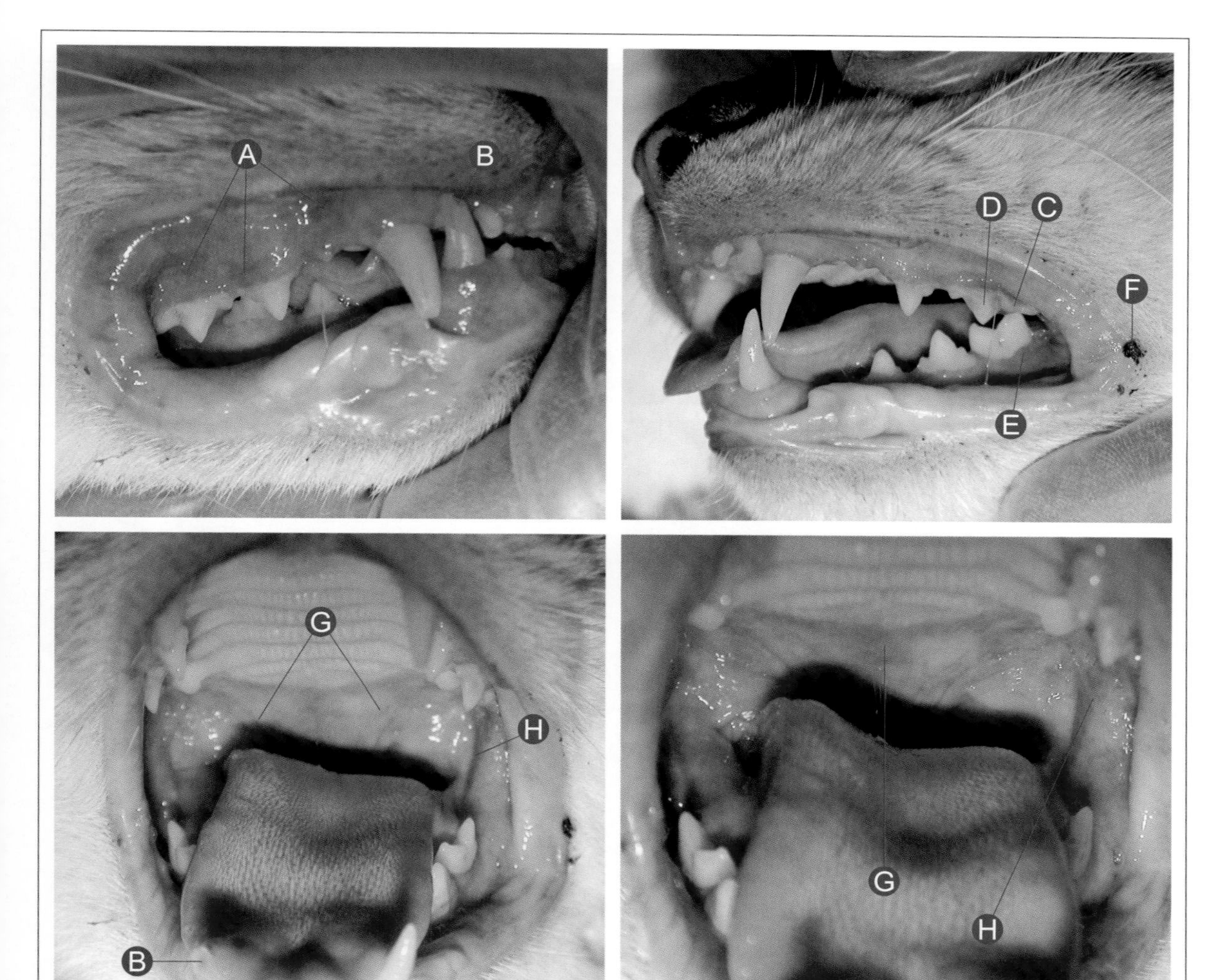

猫白血病和猫免疫缺陷病（FeLV，FIV）

2 岁患猫因白血病（FeLV）和免疫缺陷病（FIV）导致轻中度口腔炎；结合猫杯状病毒（FCV）采取抗生素治疗。病毒分析（PCR）：猫白血病阳性（FeLV+）、猫免疫缺陷阳性（FIV+）、猫杯状病毒阳性（FCV+）、猫疱疹病毒阴性（FHV-）。

- Ⓐ 在 RmaxP2（106）右侧上颌第二前臼齿、RmaxP3（107）右侧上颌第三前臼齿和 RmaxP4（108）右侧上颌第四前臼齿的局部黏膜中的中度口腔炎。
- Ⓑ 疑似 RmandC（404）右侧下颌犬齿复杂牙冠断裂。
- Ⓒ LmaxP4（208）左侧上颌第四前臼齿上的牙垢指数为 2。
- Ⓓ LmaxP4（208）左侧上颌第四前臼齿上的牙结石指数为 2。
- Ⓔ LmandM1（309）左侧下颌第一臼齿中的牙龈指数为 2。
- Ⓕ 唇部连合处的小溃疡。
- Ⓖ 软腭中的轻度口腔炎。
- Ⓗ 左骶部颊黏膜轻度口腔炎。

诊治要点

猫白血病和猫免疫缺陷是由逆转录病毒科的两种病毒引起的。尽管这两种疾病最重要的临床症状是全身性的，但经常可以观察到口腔病变，例如不同程度的牙龈炎。这两种疾病的诊断和全身治疗以及对副作用的控制对于改善口腔和行为性临床症状是至关重要的。

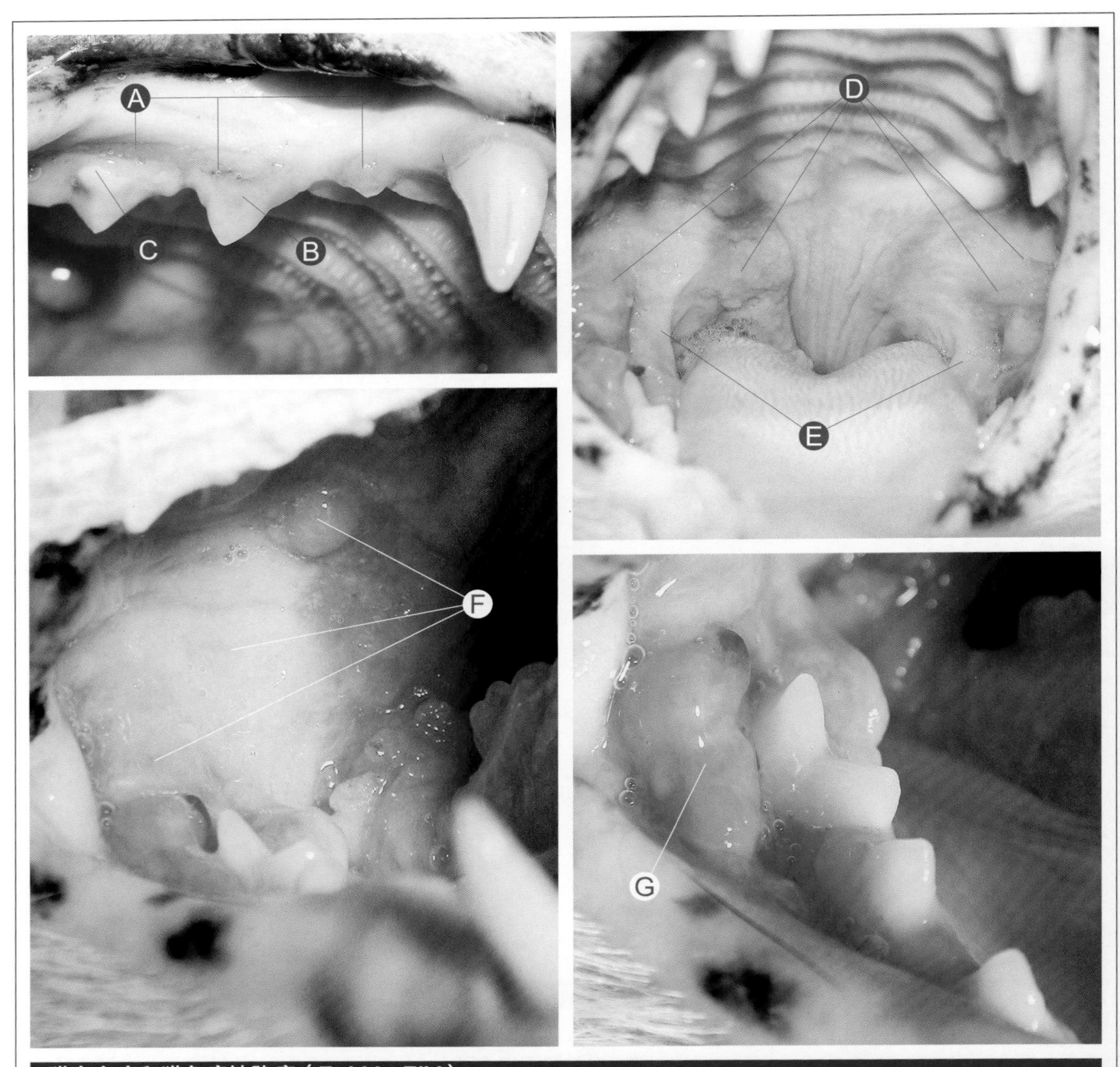

猫白血病和猫免疫缺陷病（FeLV，FIV）

8岁患猫因白血病（FeLV）和猫杯状病毒（FCV）导致中度牙龈炎。病毒分析（PCR）：猫白血病阳性（FeLV+）、猫免疫缺陷阴性（FIV−）、猫杯状病毒阳性（FCV+）、猫疱疹病毒阴性（FHV−）。

Ⓐ 从右到左：RmaxP2（106）右侧上颌第二前臼齿，RmaxP3（107）右侧上颌第三前臼齿和RmaxP4（108）右侧上颌第四前臼齿中的牙龈指数为1。

Ⓑ RmaxP3（107）右侧上颌第三前臼齿上的牙结石指数为2。

Ⓒ RmaxP4（108）右侧上颌第四前臼齿上的牙结石指数为1。

Ⓓ 左右侧的尾颊黏膜中度口腔炎。

Ⓔ 由轻中度口腔炎导致的腭舌弓病变。

Ⓕ 右侧的尾颊黏膜中度口腔炎的特写 / 放大图。

Ⓖ 疑似RmandM1（409）右侧下颌第一臼齿前庭区域的增生组织，在很多猫慢性牙龈炎的病例中是典型的。

诊治要点

在这个临床病例中，尽管牙周病的存在可使临床症状恶化，猫白血病（FeLV）和猫杯状病毒（FCV）是观察到的牙龈炎的最可能原因。对潜在病理的正确诊断将有助于确定可能的治疗方法，并且更重要的是，确定该过程的预后情况。

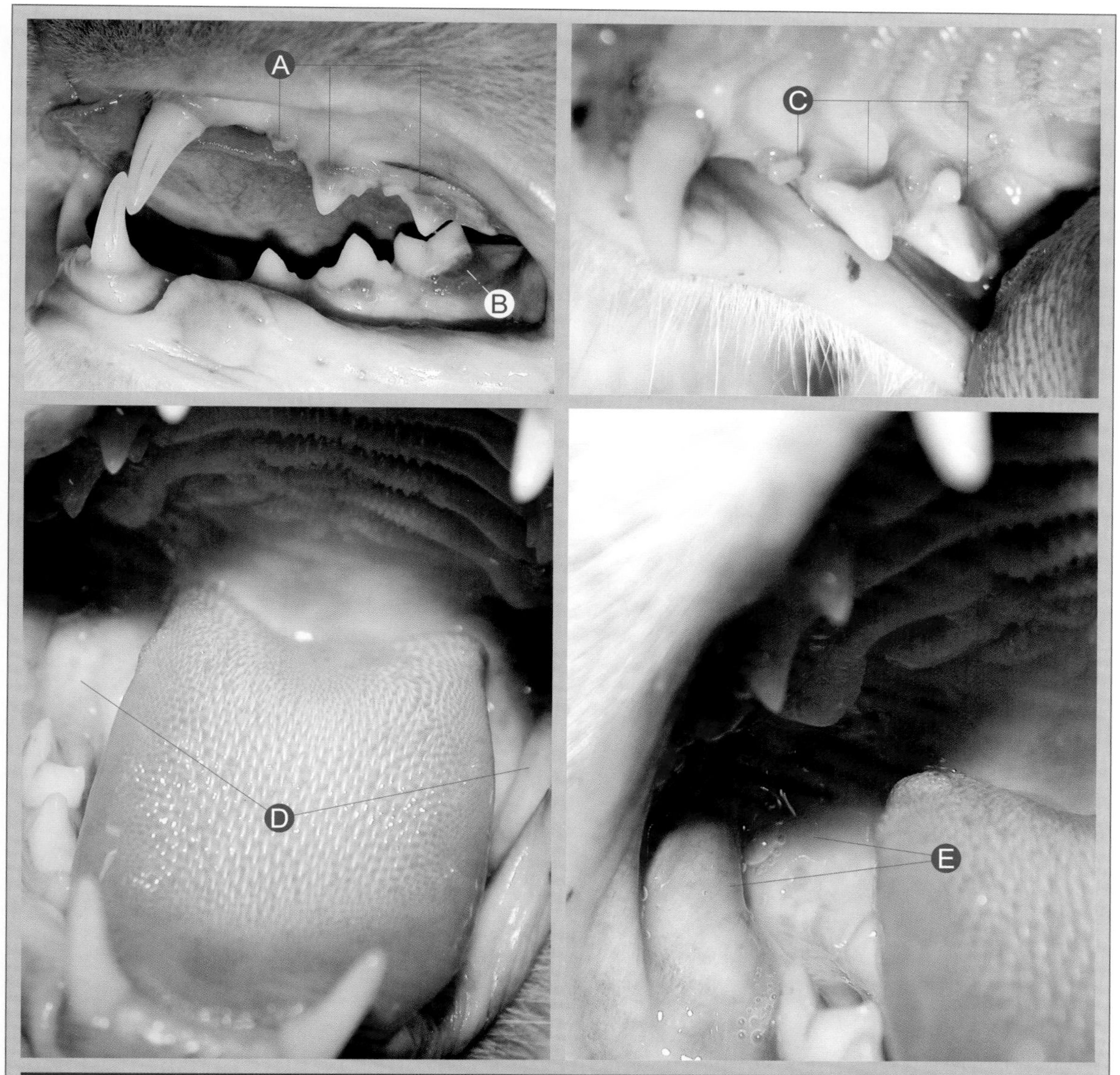

猫白血病和猫免疫缺陷病（FeLV，FIV）

存在猫白血病（FeLV）和猫杯状病毒（FCV）和轻中度牙龈炎的18月患猫。病毒分析（PCR）：猫白血病阳性（FeLV+）、猫免疫缺陷阴性（FIV-）、猫杯状病毒阳性（FCV+）、猫疱疹病毒阴性（FHV-）。

Ⓐ 从右到左：LmaxP4（208）左侧上颌第四前臼齿、LmaxP3（207）左侧上颌第三前臼齿、LmaxP2（206）左侧上颌第二前臼齿中的牙龈指数为1。
Ⓑ LmandM1（309）左侧下颌第一臼齿的牙龈指数为3。
Ⓒ 从右到左：RmaxP4（108）右侧上颌第四前臼齿、RmaxP3（107）右侧上颌第三前臼齿、RmaxP4（106）右侧上颌第四前臼齿的腭区域中的牙龈指数为1。
Ⓓ 左右侧骶颊黏膜无口腔炎。
Ⓔ 右侧后部颊黏膜无口腔炎的特写图。

诊治要点

在这个临床病例中，我们可以观察到牙龈炎。该牙龈炎很可能与牙周病有关。尽管PCR检测到猫白血病病毒（FeLV）和猫杯状病毒（FCV），但尾颊黏膜中未有见牙龈炎的指征。必须对患猫进行密切监测，以观察该过程的演变。

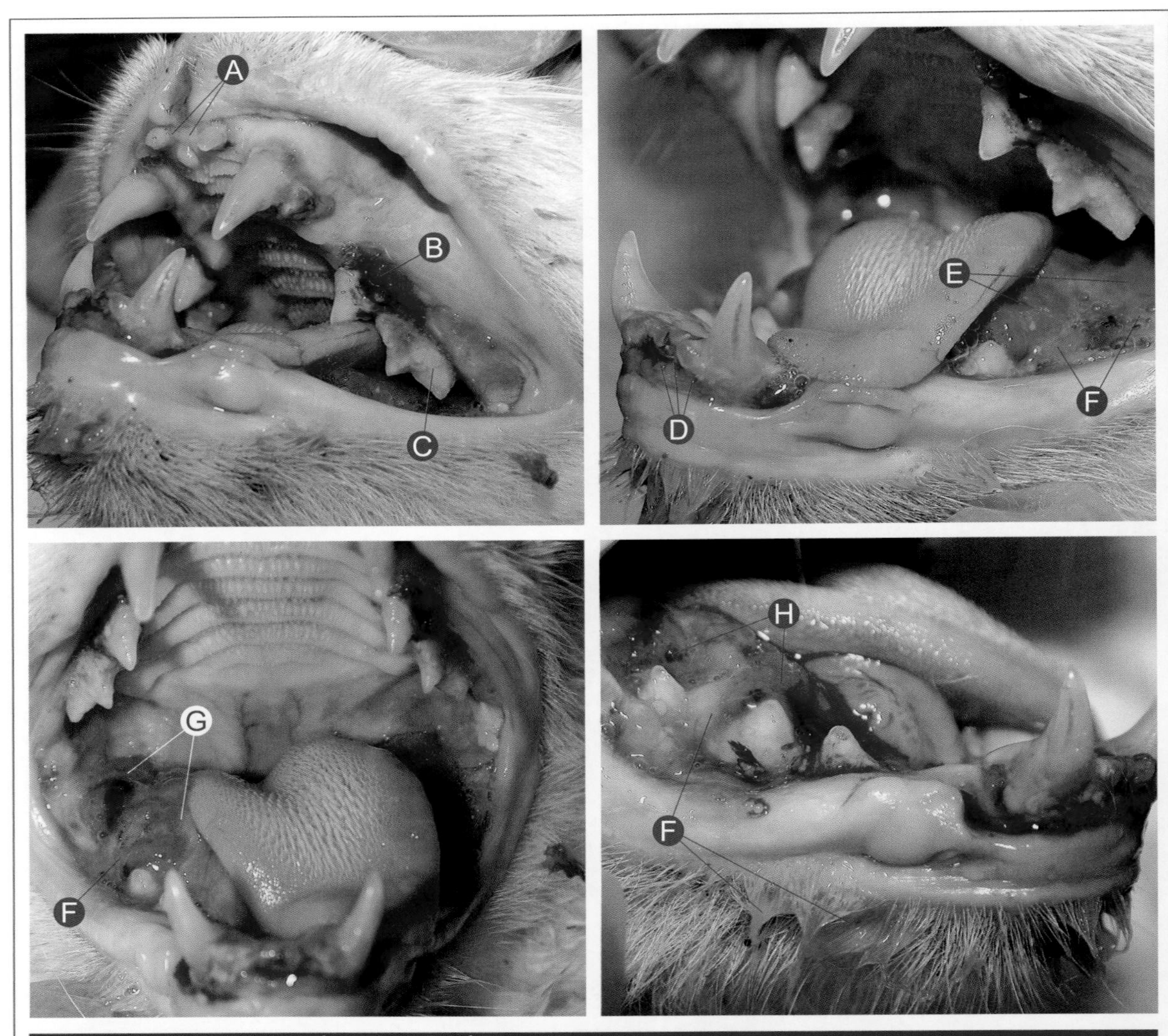

猫白血病和猫免疫缺陷病（FeLV，FIV）

10岁患猫因猫免疫缺陷（FIV）和猫杯状病毒（FCV）引起的严重牙龈炎。病毒分析（PCR）：猫白血病阴性（FeLV-）、猫免疫缺陷阳性（FIV+）、猫杯状病毒阳性（FCV+）、猫疱疹病毒阴性（FHV-）。

Ⓐ从右到左：LmaxIz（202）左侧上颌第一切齿和LmaxI1（201）左侧上颌第一切齿缺失。
Ⓑ LmaxP3（207）左侧上颌第三前臼齿的牙龈指数为3。
Ⓒ LmaxP4（208）左侧上颌第四前臼齿的牙垢指数为4。
Ⓓ LmandI1（301）左侧下颌第一切齿、LmandI2（302）左侧下颌第二切齿和LmandI3（303）左侧下颌第三切齿的牙龈指数为3。
Ⓔ LmandP4（308）左侧下颌第四前臼齿和LmandM1（309）左侧下颌第一臼齿舌侧区域的增生性舌下组织均缺失。
Ⓕ与唾液混合的浆液脓性液体。
Ⓖ舌下区和右侧尾颊黏膜的增生组织。
Ⓗ在RmandP4（408）右侧下颌第四前臼齿和RmandM1（409）右侧下颌第一臼齿的舌侧区域中的增生性舌下组织的图片。

诊治要点

在本临床病例中，猫免疫缺陷（FIV）和猫杯状病毒（FCV）与晚期牙周病一起引起综合征。在这些情况下，正确治疗牙周病（适当的牙周治疗和指定牙齿的拔除）和控制病毒感染的临床症状是成功治疗牙龈炎的关键。通过充分的组织病理学诊断确认口腔肿块为良性是必不可少的。

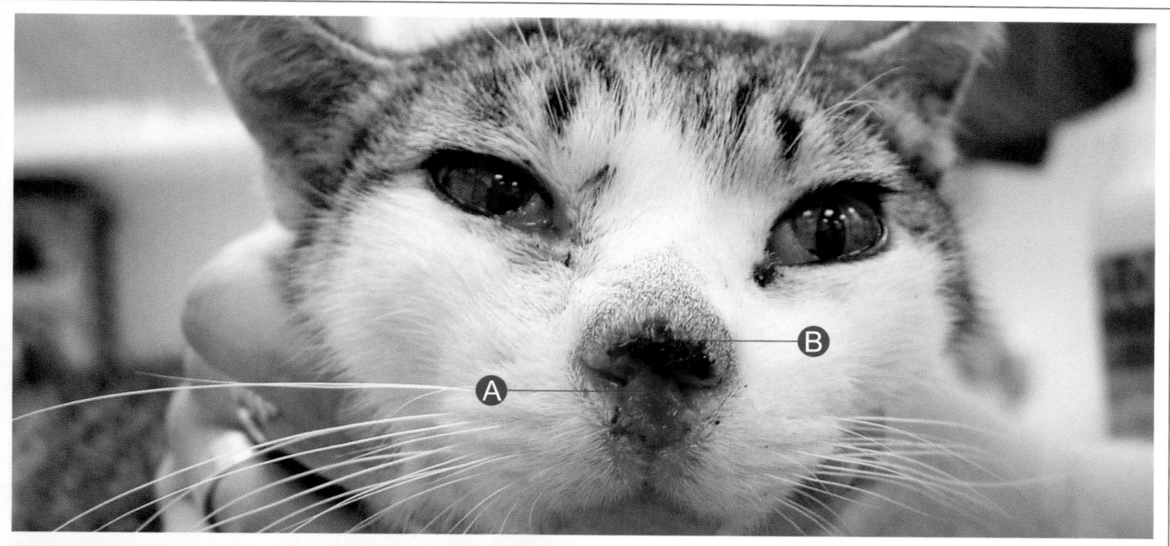

肿瘤　　鳞状上皮细胞癌

鼻子上的鳞状上皮细胞癌。

Ⓐ组织的溃疡和破坏。
Ⓑ结痂的形成。

诊治要点

鳞状上皮细胞癌是猫一种常见的恶性肿瘤。它经常位于被阳光损伤过的皮肤上，这就是白毛猫的发病率更高的原因。鳞状上皮细胞癌通常位于鼻尖、耳郭、眼睑和嘴唇上。应进行早期积极治疗。

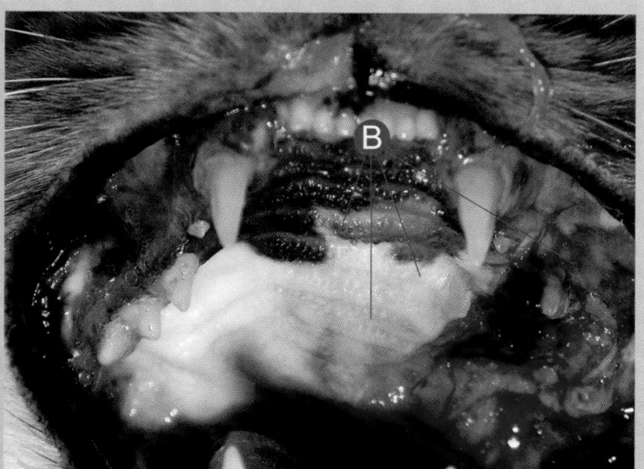

肿瘤　　鳞状上皮细胞癌

上颚中部和远端三分之一的鳞状上皮细胞癌，影响前臼齿和左上臼齿的区域（组织病理学证实）。

Ⓐ通过左鼻孔排出血清脓性液体。
Ⓑ上颚中部和远端三分之一（鳞状上皮细胞癌）的肿瘤生长，影响口腔和鼻腔。

诊治要点

鳞状上皮细胞癌是猫口腔中最常见的恶性肿瘤；它局部侵入并具有很强的溶骨性区域转移能力。扁桃体的鳞状上皮细胞癌具有高度的局部性和远程转移能力。组织病理学诊断是必不可少的。治疗是根治性手术（具有广泛的边缘），并取决于位置，如果预后不良可采取放射治疗。

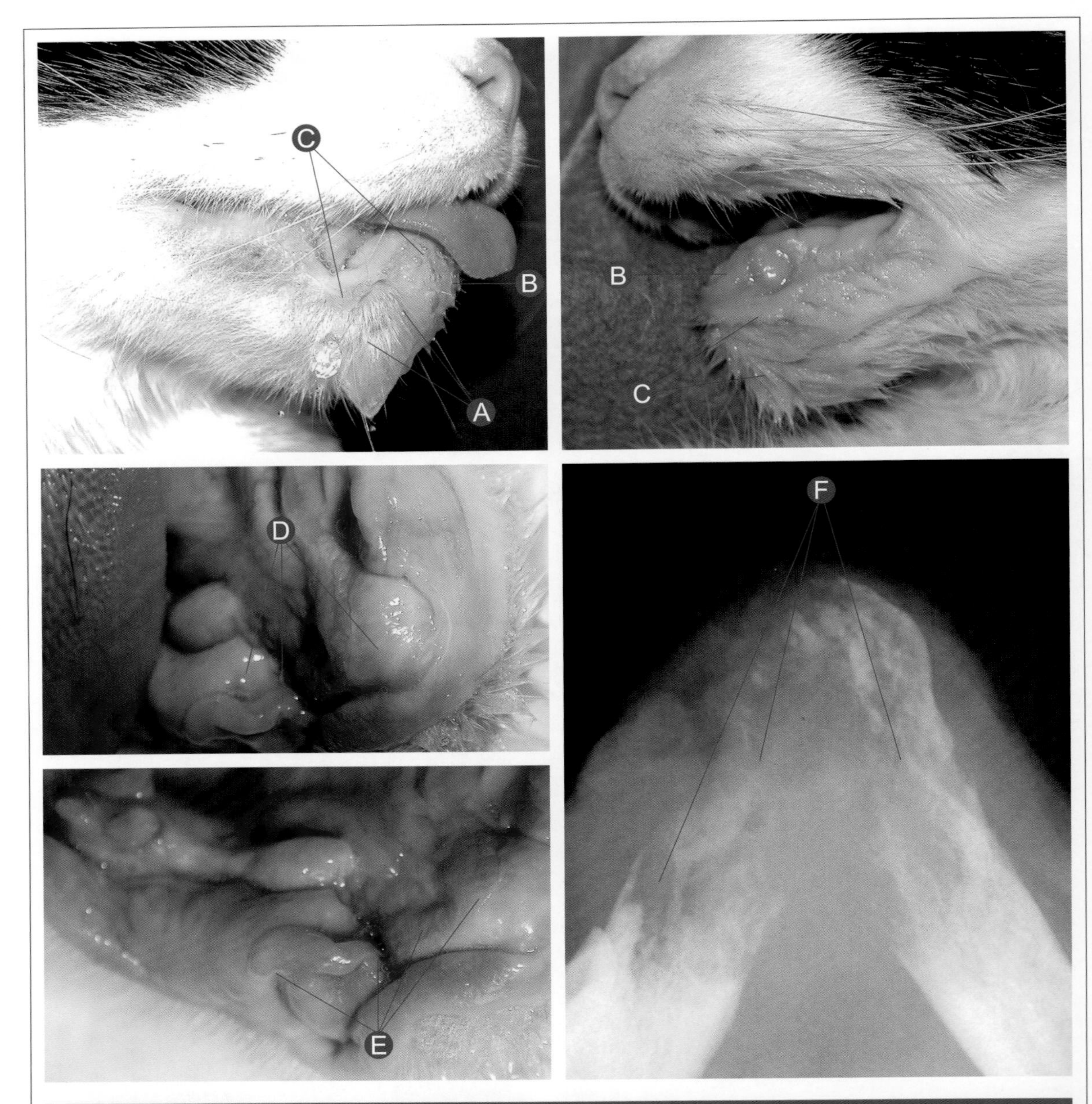

肿瘤　　鳞状上皮细胞癌

骨联合区和下犬齿区域的鳞状上皮细胞癌（组织病理学证实）。

Ⓐ 下巴区域的炎症 / 生长。
Ⓑ 缩短嘴唇区域的两个下颌骨。
Ⓒ 严重的流涎。
Ⓓ 犬齿和下切齿缺失。
Ⓔ 犬齿和下切齿缺失，并在 RmandC（404）右侧下颌犬齿缺失区域有病变的图片。
Ⓕ 牙科 X 光片：放射学征象显示下颌骨联合和下犬齿区域的严重骨溶解。

诊治要点

鳞状上皮细胞癌是猫口腔中最常见的恶性肿瘤。在许多情况下，X光片显示出一定程度的浸润，并且浸润程度超过了其眼观症状。诊断必须进行组织活检。这些晚期病例的预后不良。

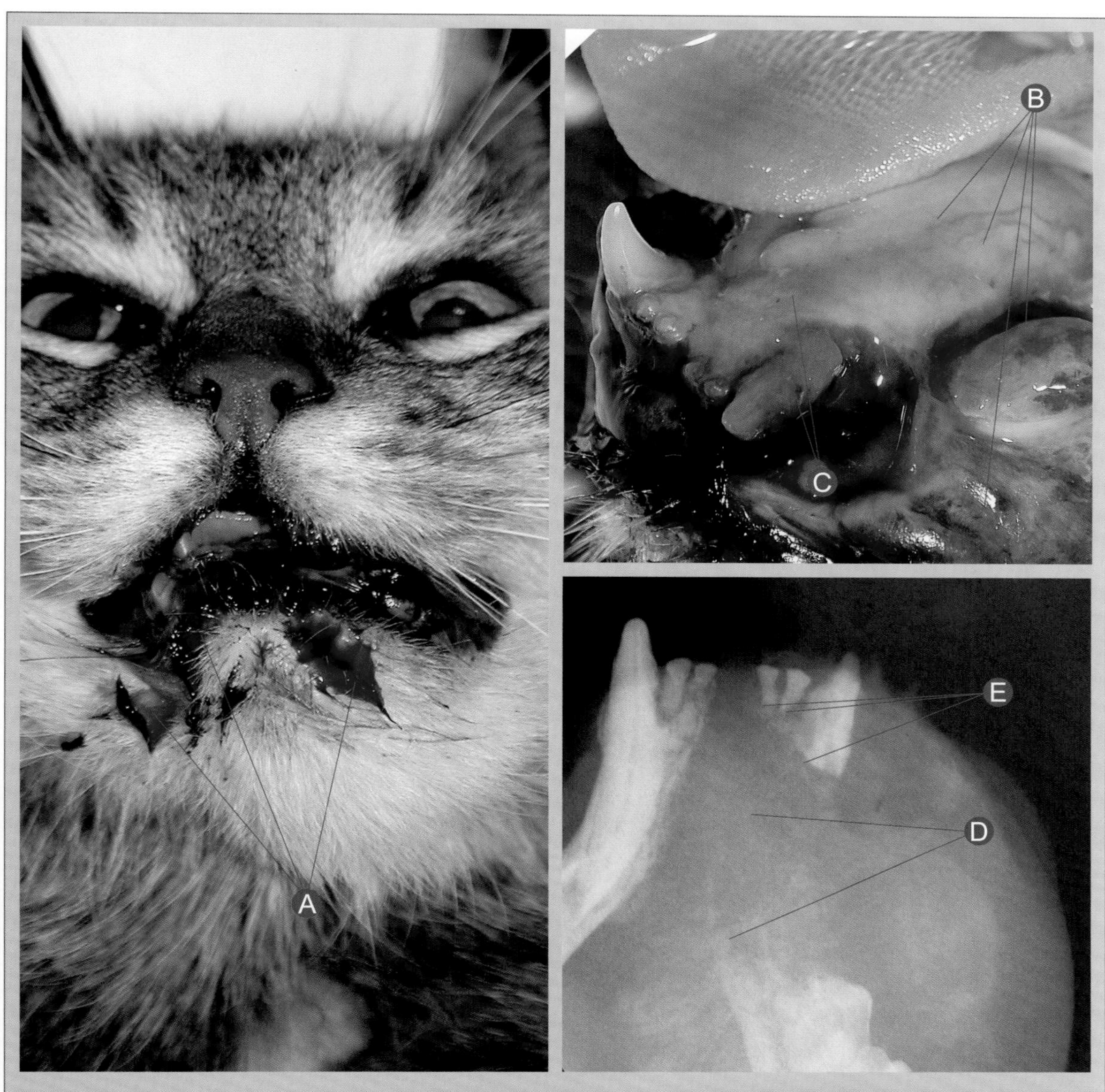

肿瘤　　鳞状上皮细胞癌

骨联合区和下犬齿区域的鳞状细胞癌（组织病理学证实）。

Ⓐ 血清血液与下巴区域的唾液混合。

Ⓑ LmandC（304）左侧下颌犬齿的远中舌、远端前庭和远端区域的肿块（鳞状上皮细胞癌）的生长。

Ⓒ 疑似对 LmandC（304）左侧下颌犬齿根部断裂，并伴有严重的局部溃疡。

Ⓓ 牙科 X 光片：放射学征象显示 LmandC（304）左侧下颌犬齿区域的严重骨溶解。

Ⓔ 牙科 X 光片：放射学征象显示 LmandI2（302）左侧下颌第二切齿、LmandI3（303）左侧下颌第三切齿和 LmandC（304）左侧下颌犬齿的严重的牙齿破坏。

诊治要点

鳞状上皮细胞癌引起典型的恶性肿瘤性局部骨破坏。在多数情况下，这些肿瘤会破坏牙组织，有时是侵袭性的。因为牙科放射学结果只是诊断的指征，所以不管其检查结果如何，组织病理学诊断都是必不可少的。

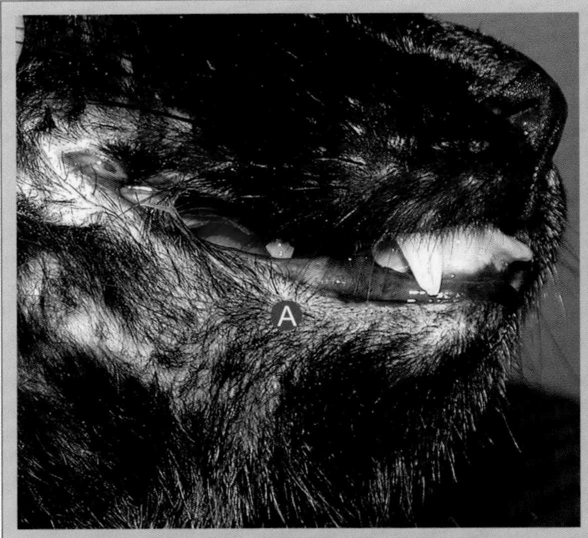

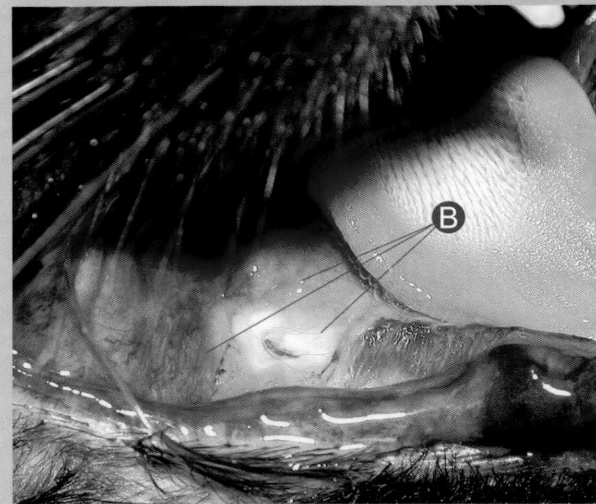

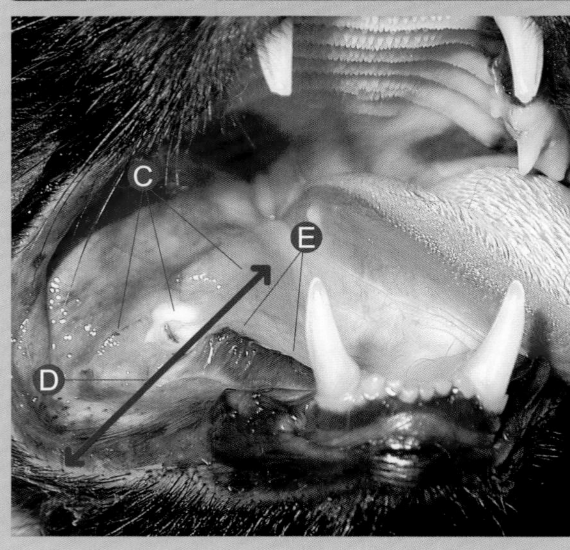

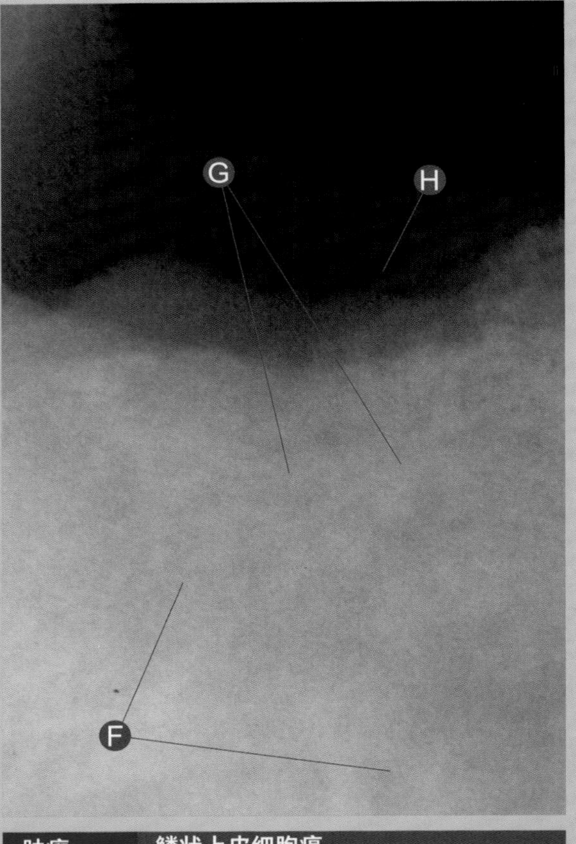

肿瘤　　鳞状上皮细胞癌

在RmandM1（409）右侧下颌第一臼齿缺失区域的鳞状细胞癌（组织病理学证实）。

Ⓐ 右侧下颌骨体严重增厚。
Ⓑ 严重溃疡，伴随有疑似性骨质外露，周围有局部生长（鳞状上皮细胞癌）。
Ⓒ RmandM1（409）右侧下颌第一臼齿缺失区域的鳞状上皮细胞癌图片。
Ⓓ 严重的下颌骨增厚。
Ⓔ RmandP4（408）右侧下颌第四前臼齿和 RmandP3（407）右侧下颌第三前臼齿缺失。
Ⓕ 牙科 X 光片：放射学征象显示下颌骨皮质骨严重弥漫性骨溶解，以及严重的类骨质增厚。
Ⓖ 牙科 X 光片：放射学征象显示中度弥漫性骨溶解。
Ⓗ 牙科 X 光片：放射学征象显示 RmandM1（409）右侧下颌第一臼齿缺失。

诊治要点

由于发生骨质破坏（在这种情况下是弥漫性的），在鳞状上皮细胞癌的情况下也可以检测到代偿性增厚的区域。牙齿眼观症状和放射学征象显示可能为局灶性骨髓炎，这就强调了要始终进行组织病理学分析的重要性。

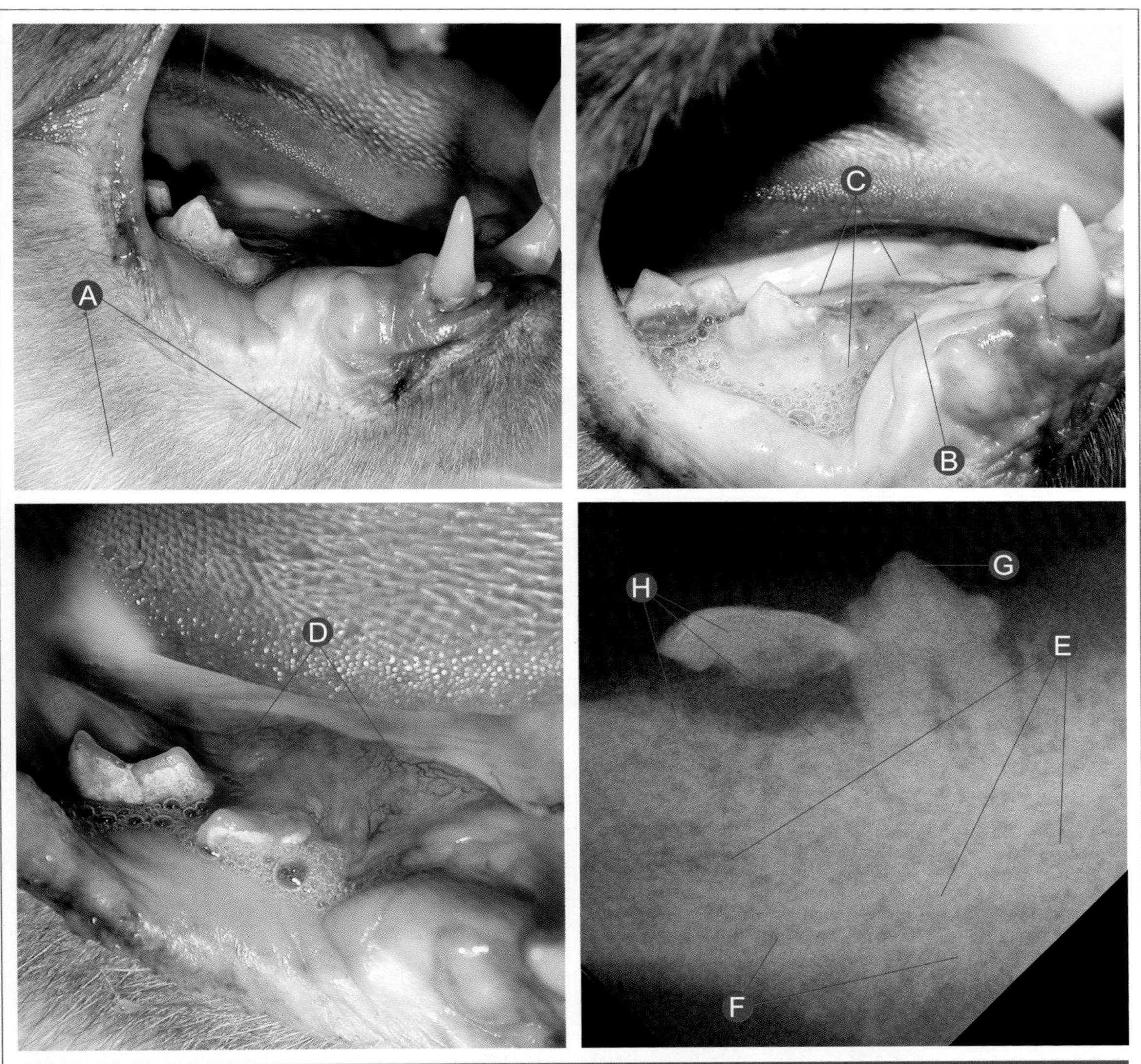

肿瘤　　鳞状上皮细胞癌

右下颌体中的鳞状上皮细胞癌（组织病理学证实）。

- Ⓐ 右侧下颌骨体严重增厚。
- Ⓑ 疑似 RmandP3（407）右侧下颌第三前臼齿的冠状残余。
- Ⓒ 因 RmandP4（408）右侧下颌第四前臼齿舌侧区域血管化肿块生长而引起的下颌骨增厚。
- Ⓓ RmandP4（408）右侧下颌第四前臼齿舌侧区域下颌增厚，鳞状上皮细胞癌的特写图。
- Ⓔ 牙科 X 光片：放射学征象显示右下颌体中的中度弥漫性骨溶解。
- Ⓕ 牙科 X 光片：放射学征象显示下颌骨皮质骨中严重弥漫性骨溶解。
- Ⓖ 牙科 X 光片：放射学征象显示 RmandP4（408）右侧下颌第四前臼齿。
- Ⓗ 牙科 X 光片：放射学征象显示 RmandM1（409）右侧下颌第一臼齿的牙冠（牙根缺失）。

诊治要点

鳞状上皮细胞癌的眼观症状和牙齿放射学征象是高度可变的。它会导致骨质破坏，在这种情况下是弥漫性的，可观察到与补偿区域相符合的放射性区域。对病变进行组织病理学研究对于做出正确的诊断是必不可少的。

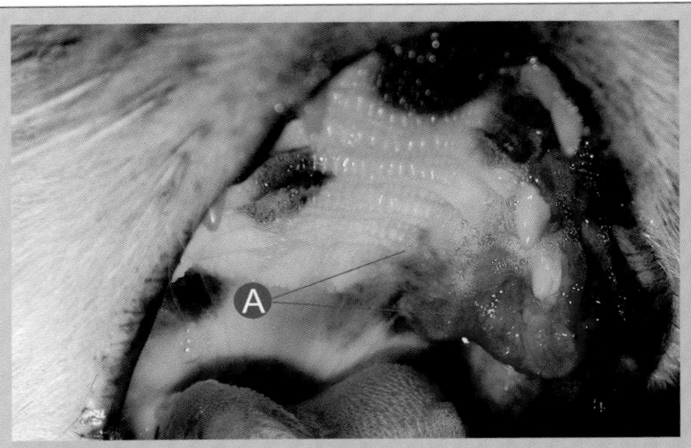

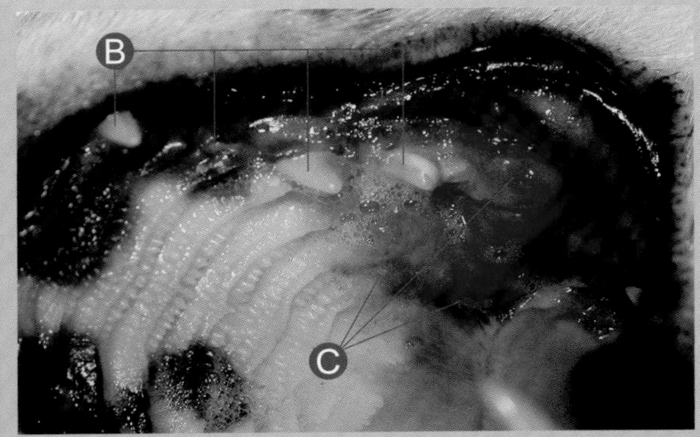

肿瘤　　纤维肉瘤

牙龈中的纤维肉瘤和 LmaxP4（208）左侧上颌第四前臼齿的局部黏膜（组织病理学证实）。

Ⓐ 牙龈中的纤维肉瘤和 LmaxP4（208）左侧上颌第四前臼齿的局部黏膜。
Ⓑ 从右到左：LmaxP4（208）左侧上颌第四前臼齿、LmaxP3（207）左侧上颌第三前臼齿、LmaxP2（206）左侧上颌第二前臼齿、LmaxC（204）左侧上颌犬齿。
Ⓒ LmaxP4（208）左侧上颌第四前臼齿的牙龈和局部黏膜中纤维肉瘤的图片。

诊治要点

纤维肉瘤是猫口腔第二常见的肿瘤。它是一种恶性肿瘤，虽然局部侵入性很强，但几乎没有局部性和转移能力。治疗要采用留以广泛边缘的根治手术。预后为慎重。肿瘤的放射影响边界是根治手术预后的决定性因素。

常见错误

假设可通过肉眼检查来诊断口腔肿瘤，组织病理学分析对正确诊断口腔肿瘤和排除其他非肿瘤性疾病的可能性至关重要。

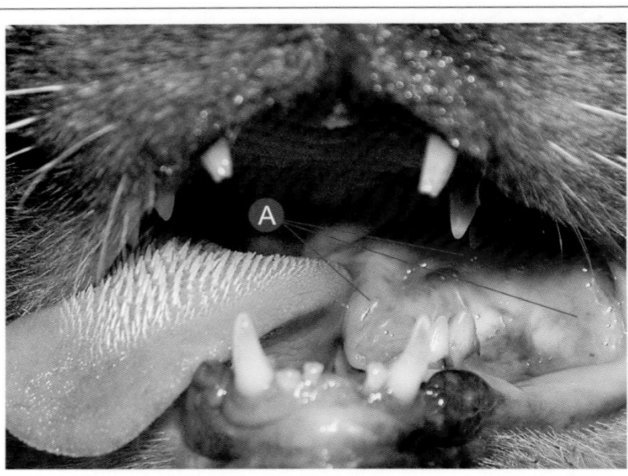

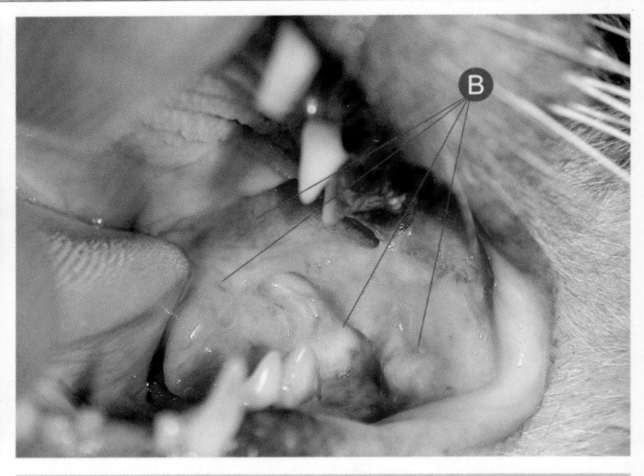

肿瘤　　纤维肉瘤

左侧骶颊黏膜纤维肉瘤（组织病理学证实）。

Ⓐ 左侧尾侧颊黏膜纤维肉瘤，LmandM1（309）左侧下颌第一臼齿远端。
Ⓑ 左侧尾侧颊黏膜中纤维肉瘤的图片。

诊治要点

纤维肉瘤是一种局部侵袭性很强的恶性肿瘤，在该临床病例肉眼可见。尽管其局部性和远程转移能力较低，但在难以进行根治手术治疗肿瘤的情况下，例如在该临床病例中，预后从慎重降至较差。

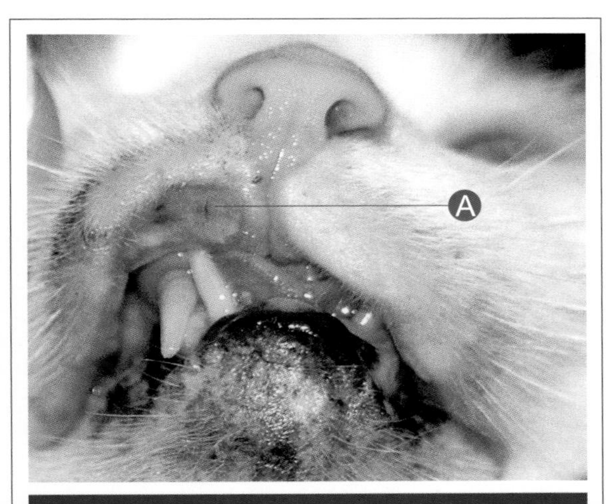

代谢性、医源性及其他病因造成的口腔疾病

嗜酸性肉芽肿

右上唇黏膜上的猫嗜酸性肉芽肿（组织病理学证实）。

Ⓐ 上唇坏死性溃疡的图片。

诊治要点

嗜酸性粒细胞瘤主要存在于幼猫中，可单侧或双侧。必须通过鉴别诊断以区分创伤或肿瘤过程，因此活检对于诊断该疾病是必不可少的。

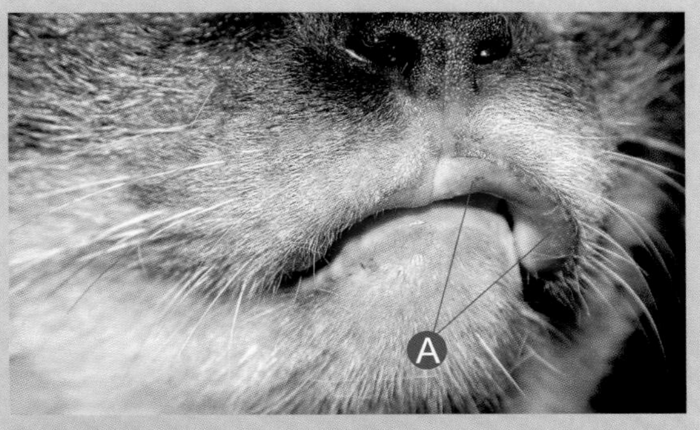

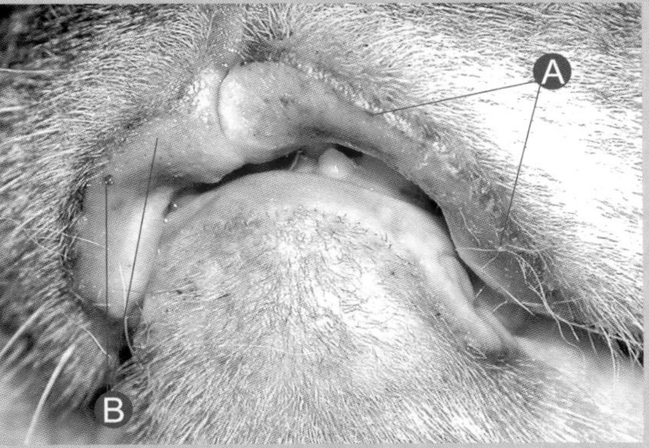

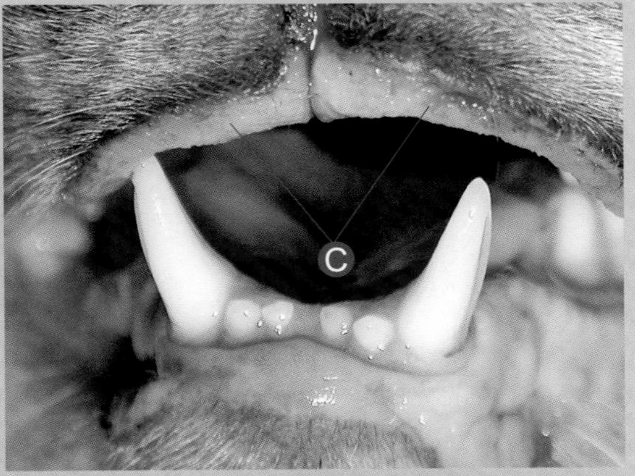

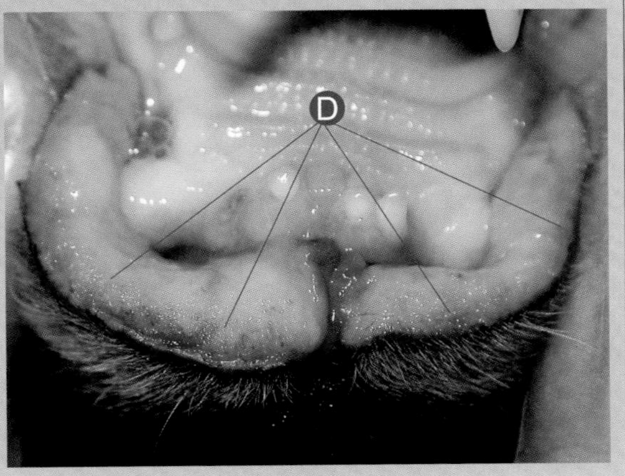

代谢性、医源性及其他病因造成的口腔疾病

嗜酸性肉芽肿

左侧和右侧上唇黏膜上的猫嗜酸性肉芽肿（组织病理学证实）。

Ⓐ 左上唇黏膜上的猫嗜酸性肉芽肿。

Ⓑ 右上唇黏膜上的猫嗜酸性肉芽肿。

Ⓒ 随访，活组织检查：首次就诊后 8 天，左上唇和右侧唇黏膜上有猫嗜酸性肉芽肿。

Ⓓ 随访，活组织检查：同时有肉芽肿的图片。

诊治要点

猫的嗜酸性粒细胞瘤必须通过组织病理学分析确认，以排除其他过程（肿瘤、创伤、过敏等）的可能性。应用类固醇抗炎药进行治疗，以及控制继发局部感染。

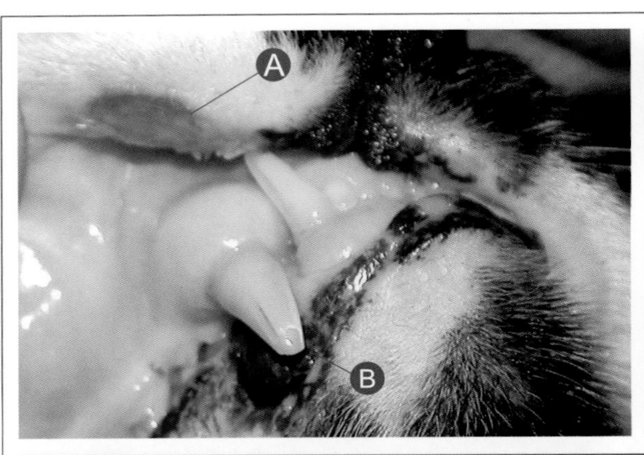

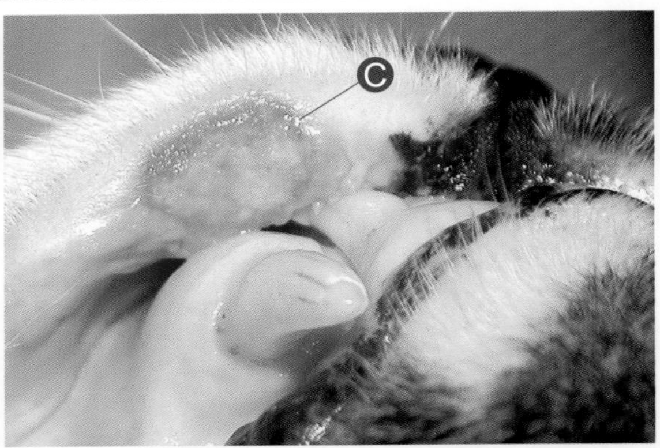

代谢性、医源性及其他病因造成的口腔疾病　嗜酸性肉芽肿

右上唇黏膜上的猫嗜酸性肉芽肿，延伸至RmaxC（104）右侧上颌犬齿（组织病理学证实）。

Ⓐ 与 RmaxC（104）右侧上颌犬齿接触的口侧唇黏膜上的猫嗜酸性肉芽肿。
Ⓑ 疑似 RmaxC（104）右侧上颌犬齿的无复杂性牙冠断裂。
Ⓒ 具有典型圆形和溃疡外观的嗜酸性肉芽肿的图片。

诊治要点

嗜酸性肉芽肿可有一个或几个病变发生在猫狗口腔中。猫的典型位置是上唇。虽然有多种因素（免疫介导的、传染性的等）可导致嗜酸性肉芽肿，但其真正的病因尚不清楚。组织病理学诊断对本病的确诊是必不可少的。传统上，应用皮质类固醇进行治疗，并得到了良好的结果。

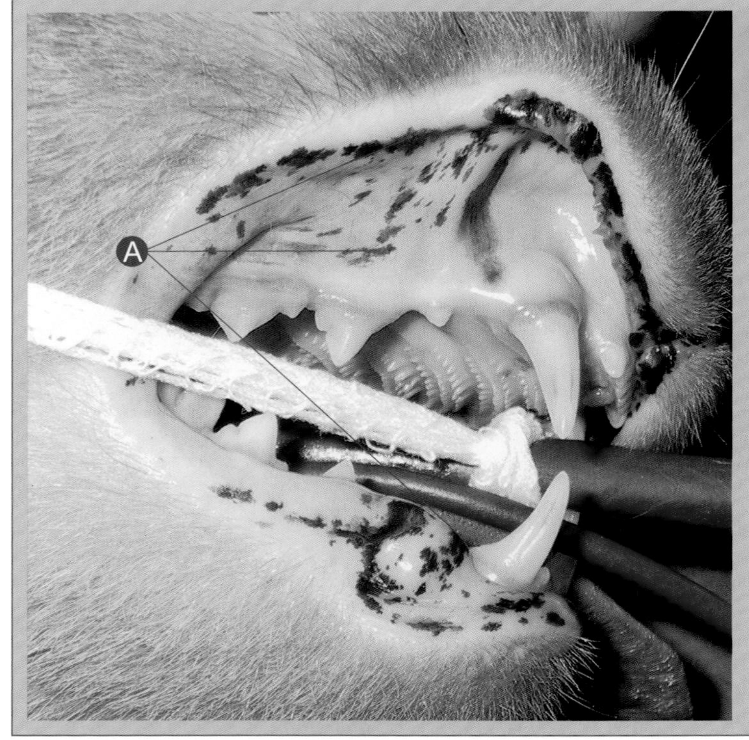

代谢性、医源性及其他病因造成的口腔疾病

斑点

猫黑斑。

Ⓐ 猫科动物色素沉积的图片。

诊治要点

我们观察到的前庭和唇黏膜中的色素沉积斑点是猫黑斑；这在幼年虎斑猫中很常见。这种情况没有临床或病理意义。

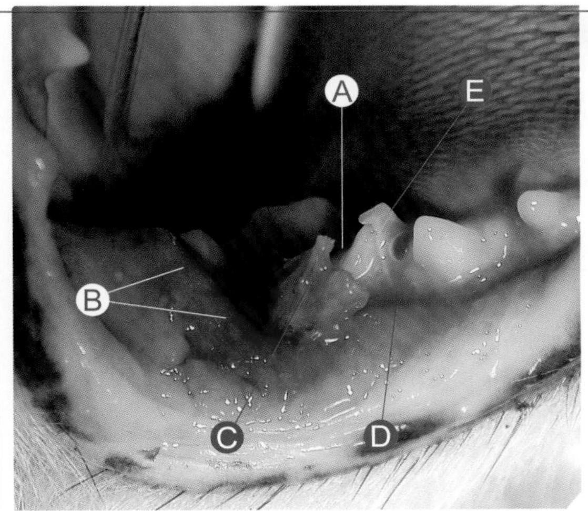

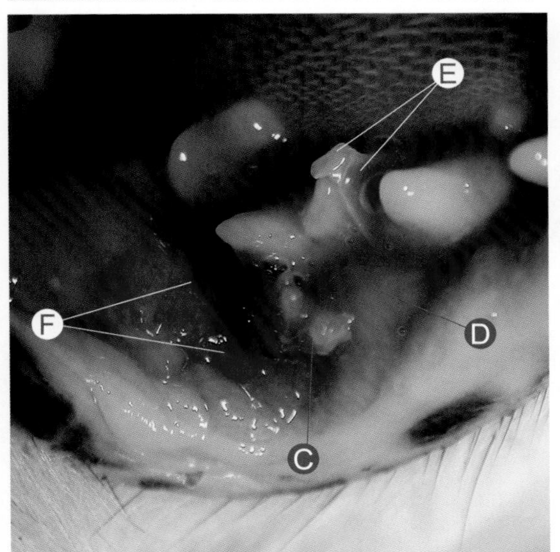

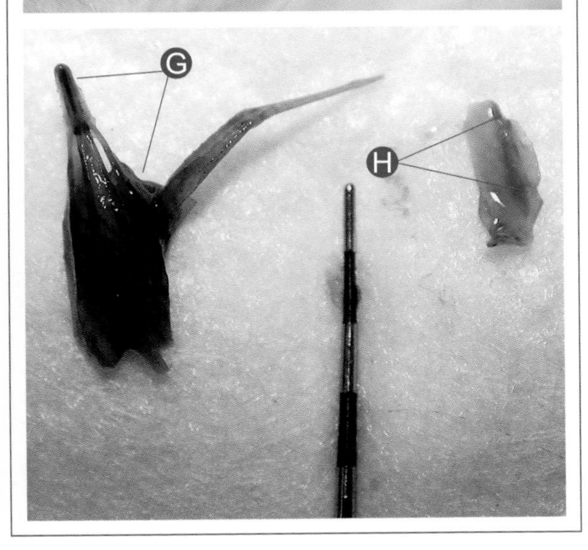

创伤性原因 软组织创伤 异物

异物（草芒）引起 RmandM1（409）右侧下颌第一臼齿远端黏膜严重损伤。

Ⓐ RmandM1（409）右侧下颌第一臼齿。
Ⓑ RmandM1（409）右侧下颌第一臼齿远端区域严重发炎。
Ⓒ 疑似异物。
Ⓓ RmandM1（409）右侧下颌第一臼齿的近中叶前庭黏膜的中度发炎。
Ⓔ 疑似第二个异物。
Ⓕ RmandM1（409）右侧下颌第一臼齿远端区域严重发炎的特写图。
Ⓖ 从口腔中取出后芒草的特写图。
Ⓗ 从 RmandM1（409）右侧下颌第一臼齿的近中面区域移除骨碎片后的图片。

诊治要点

小的异物可嵌入软组织或齿间空间，并且不易被注意。随着时间的推移，可表现出与口腔疼痛相符合的轻中度炎症体征。如果没有及时或全部去除异物，局部软组织就会生炎症，这将促进牙周病的发展并引起口腔疼痛。这种情况的预后从良好到慎重。治疗是消除病因（去除异物），并给予抗生素和抗炎治疗。

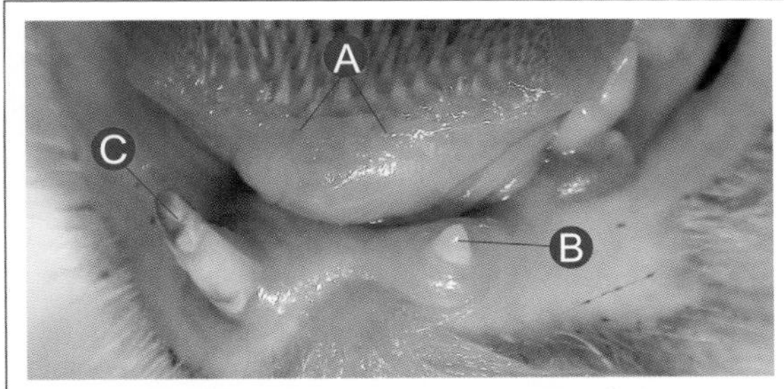

创伤性原因 软组织创伤 舌损伤

由电线灼伤的舌头严重损伤，舌组织中度丧失（见“电线灼伤”病例）。

Ⓐ 舌尖上有瘢痕组织的舌侧病变，以及电线灼伤引起的组织损失。
Ⓑ 疑似 LmandC（304）左侧下颌犬齿的尖端。
Ⓒ RmandC（404）右侧下颌犬齿的尖端灼伤的迹象。

诊治要点

电线灼伤可能对舌组织造成严重损害，包括组织缺失或舌头形状改变。通常这些病变不会改变舌头的功能，除非舌组织缺失非常严重。

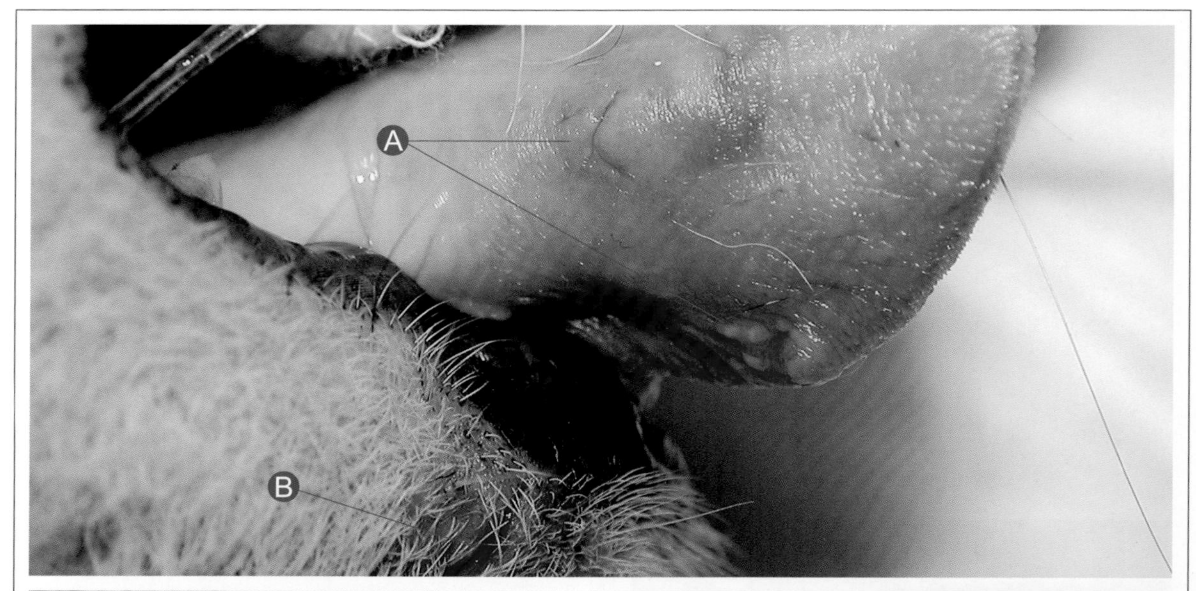

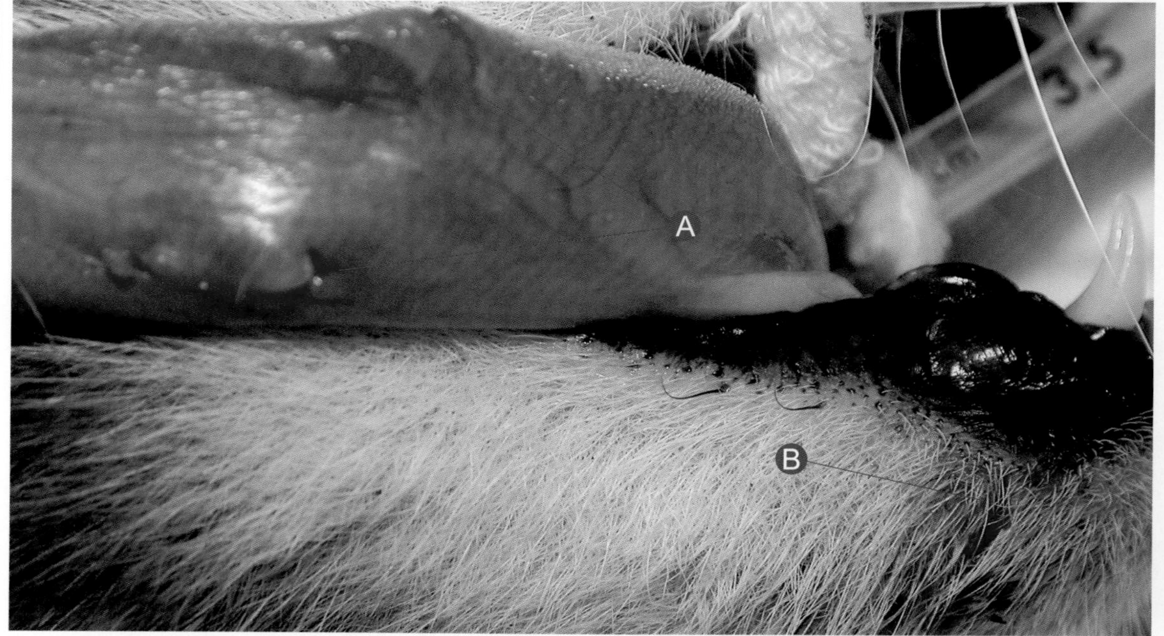

创伤性原因 **软组织创伤** **舌损伤**

当口腔受到外部创伤时，自咬导致舌腹中度病变。

Ⓐ 自咬导致舌头的腹面受伤。
Ⓑ 外部创伤导致 RmandC（404）右侧下颌犬齿区域下唇表皮受损。

诊治要点

偶尔，受到外部创伤（车辆碾过，高处坠落等）的患猫可发生硬组织和软组织轻度至重度损伤。遭受外部创伤可导致的动物自咬引起的舌部损伤是软组织病变的一种类型。这些病变大多数预后为良好。

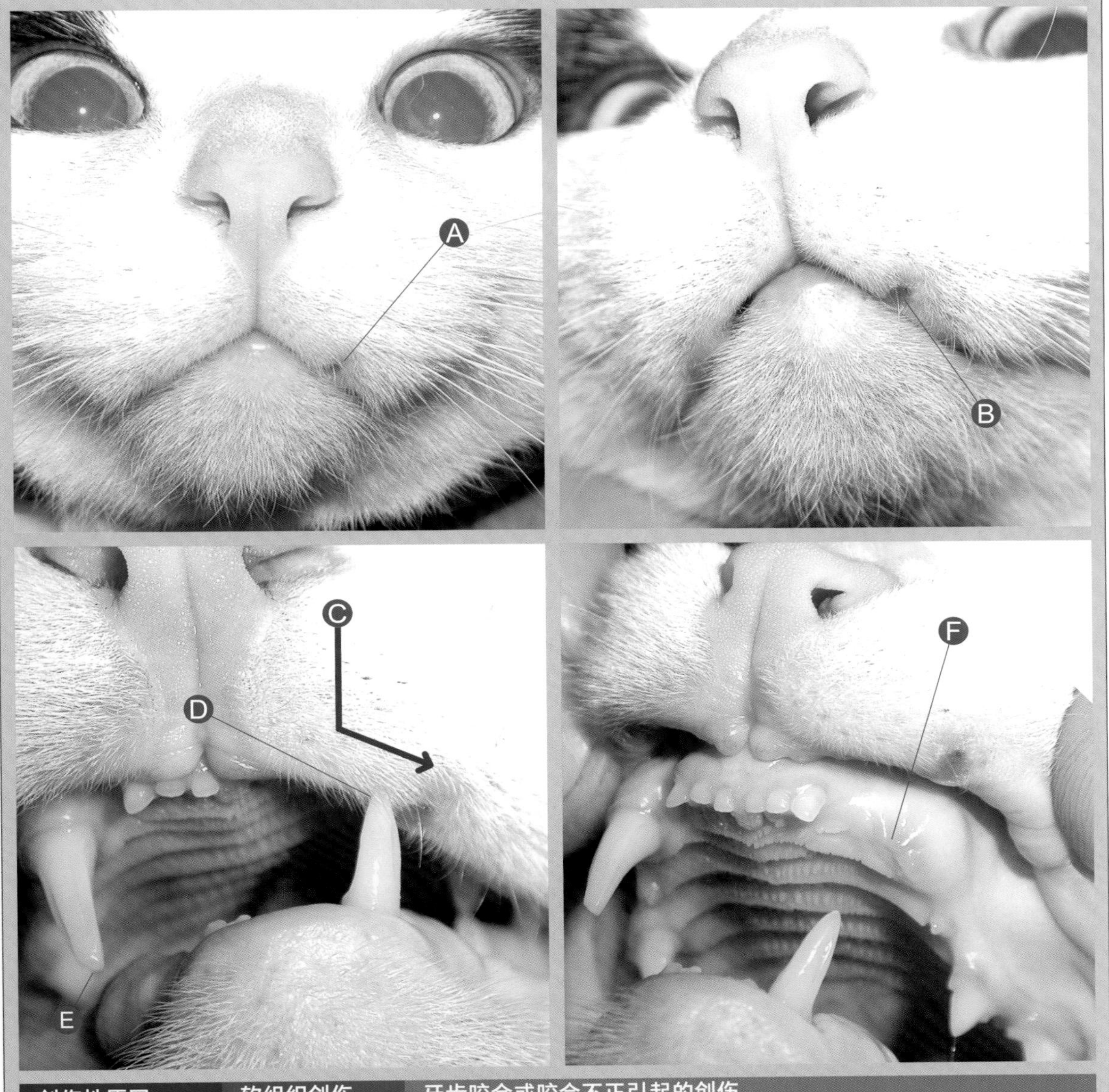

创伤性原因 **软组织创伤** **牙齿咬合或咬合不正引起的创伤**

由于相咬合的下方牙齿，在LmaxC（204）左侧上颌犬齿缺失区域的表皮和唇侧黏膜上发生溃疡病变。

Ⓐ 在 LmaxC（204）左侧上颌犬齿延伸区域的皮肤和唇黏膜上的溃疡病变。
Ⓑ LmaxC（204）左侧上颌犬齿区域的皮肤和唇黏膜上溃疡病变的图片。
Ⓒ 左侧上唇的远端移位。
Ⓓ LmandC（304）左侧下颌犬齿的牙尖闭塞上唇。
Ⓔ 疑似 RmaxC（104）右侧上颌犬齿无复杂性牙冠断裂。
Ⓕ LmaxC（204）左侧上颌犬齿缺失导致左侧上唇的远端和腭移位。

诊治要点

咬合不充分导致的软组织创伤在猫中相对常见，特别是由于牙齿缺失造成的。牙齿缺失导致咬合不正，进而造成创伤。本临床病例的充分治疗是部分牙冠切除术，对LmandC（304）左侧下颌犬齿进行牙冠修复。强烈建议以咬合口内侧X光片来确定 LmaxC（204）左侧上颌犬齿的残余牙根是否缺失。

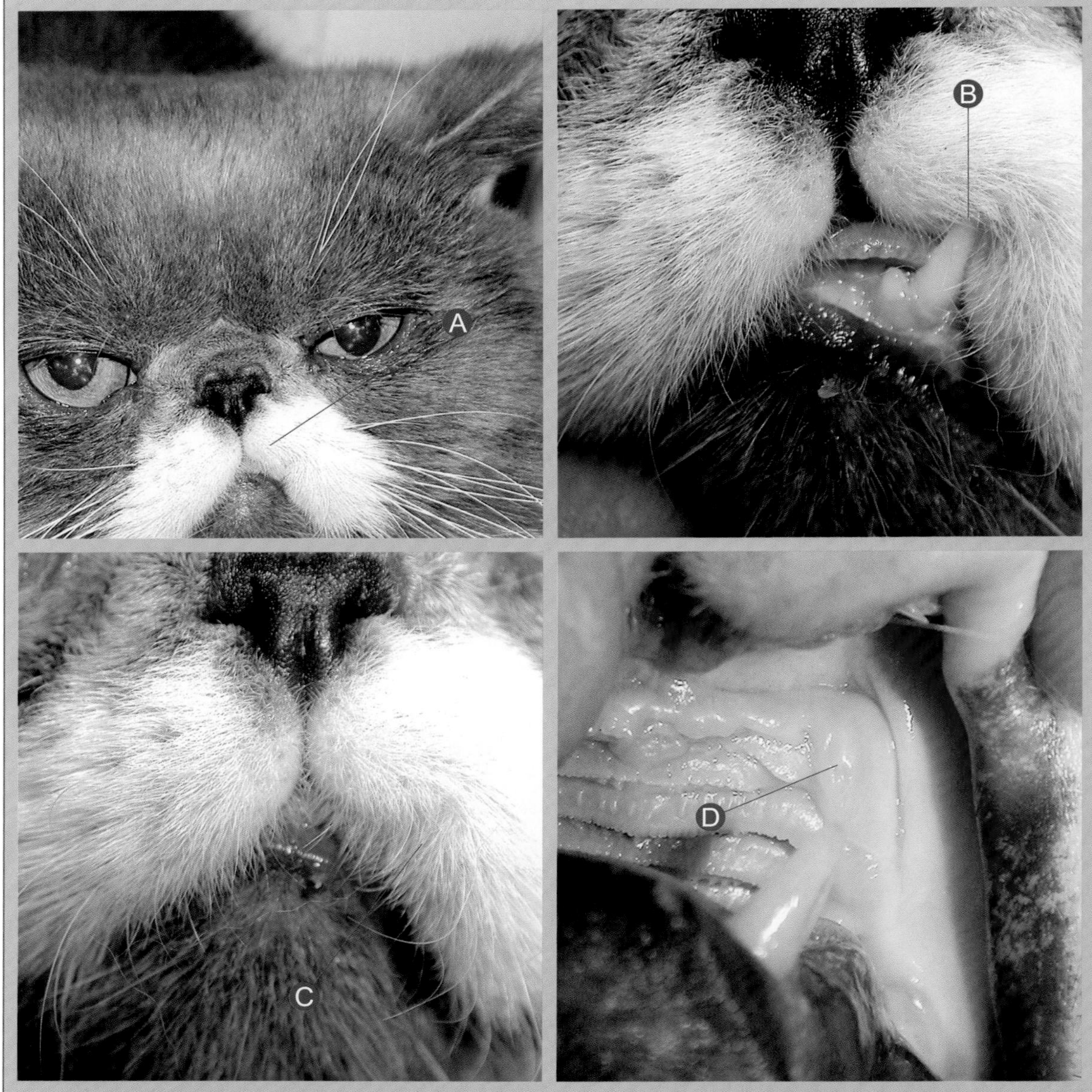

创伤性原因 **软组织创伤** **牙齿咬合或咬合不正引起的创伤**

LmaxC（204）左侧上颌犬齿缺失区域的嘴侧的皮肤和唇侧黏膜上的轻度病变是由LmandC（304）左侧下颌犬齿对此区域的碰撞导致的。

Ⓐ 动物在休息时的外观。LmandC（304）左侧下颌犬齿略微咬到了上唇。

Ⓑ LmandC（304）左侧下颌犬齿咬到了上唇的特写图。

Ⓒ 通过嘴侧方向移动上唇来治疗 LmandC（304）左侧下颌犬齿的咬合不正后，上唇表皮轻度病变的特写图。

Ⓓ LmaxC（204）左侧上颌犬齿缺失。

诊治要点

上犬齿缺失（由于发育不全、先前拔除或其他原因）会偶尔导致上唇处于远端方向，这促使下犬齿咬到唇部。应提供合适的治疗以避免对唇部区域持续性创伤。

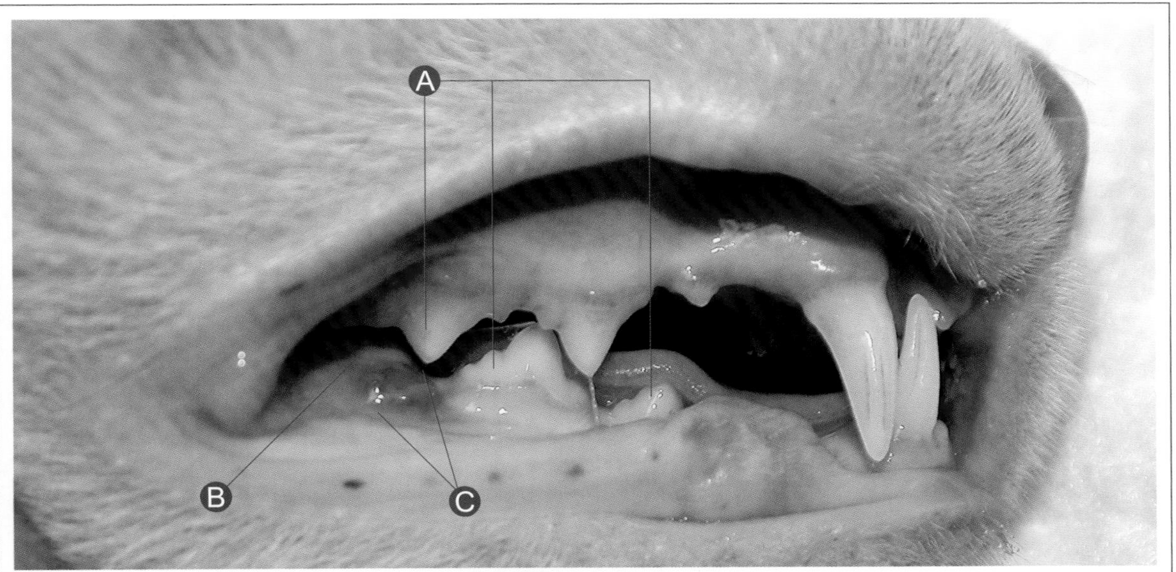

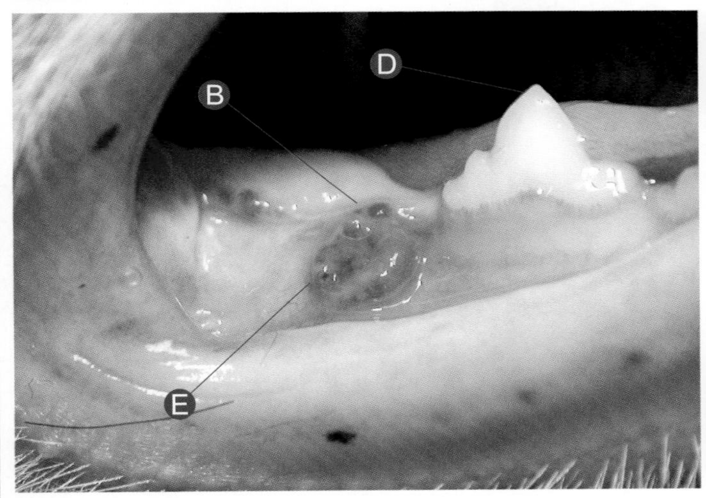

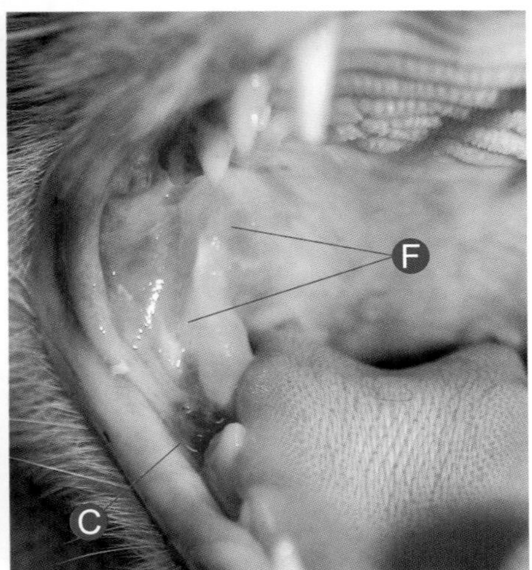

创伤性原因	软组织创伤	牙齿咬合或咬合不正引起的创伤

RmandM1（409）右侧下颌第一臼齿缺失区域的黏膜严重损伤是由 RmaxP4（108）右侧上颌第四前臼齿咬到该区域造成的。

Ⓐ从右到左：RmandP3（407）右侧下颌第三前臼齿、RmandP4（408）右侧下颌第四前臼齿、RmaxP4（108）右侧上颌第四前臼齿。
Ⓑ RmandM1（409）右侧下颌第一臼齿缺失。
Ⓒ由于 RmaxP4（108）右侧上颌第四前臼齿的咬合，在 RmandM1（409）右侧下颌第一臼齿缺失的区域，黏膜发生严重损伤。
Ⓓ RmandP4（408）右侧下颌第四前臼齿。
Ⓔ RmandM1（409）右侧下颌第一臼齿区域黏膜溃疡的特写图。
Ⓕ无局部病变，尤其是在右侧骶颊黏膜。

诊治要点

偶尔，当 RmandM1（409）右侧下颌第一臼齿缺失时（例如在拔除后），RmaxP4（108）右侧上颌第四前臼齿可能会咬合到局部下颌骨黏膜并引起损伤，特别是创伤造成的溃疡或肉芽组织。避免这种持续性创伤的选择之一是考虑拔除 RmaxP4（108）右侧上颌第四前臼齿。强烈建议对该区域进行切口活检以排除肿瘤可能性并确认病变原因。

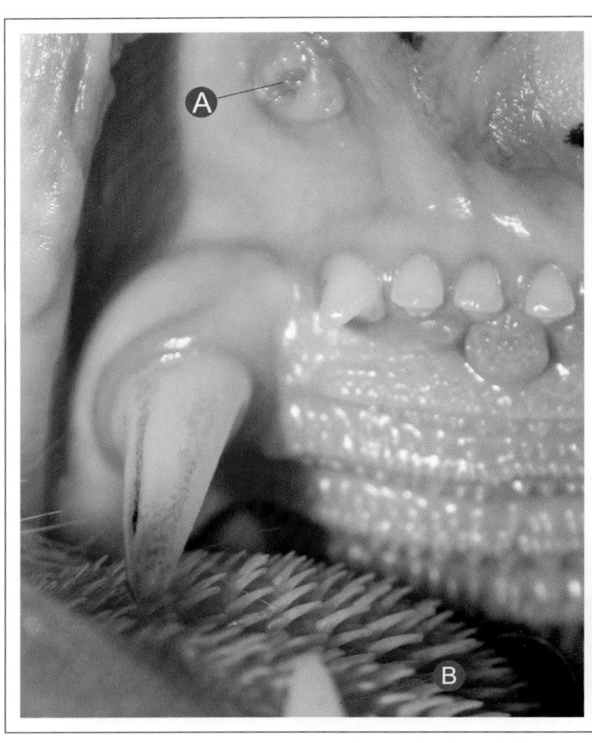

创伤性原因 软组织创伤 牙齿咬合或咬合不正引起的创伤

由于RmandC（404）右侧下颌犬齿咬合到 RmaxI3（103）右侧上颌第三切齿顶端区域，导致该区域上唇黏膜中发生溃疡病变。

Ⓐ 在 RmaxI3（103）右侧上颌第三切齿顶端区域的黏膜中的溃疡病变。
Ⓑ 在闭合口腔时，RmandC（404）右侧下颌犬齿的尖端咬入上唇的黏膜中。

诊治要点

当我们检测到不同类型的咬合时，我们还可能检测到由正常生理性咬合的变化引起的软组织损伤。治疗应基于消除创伤原因和控制局部感染。

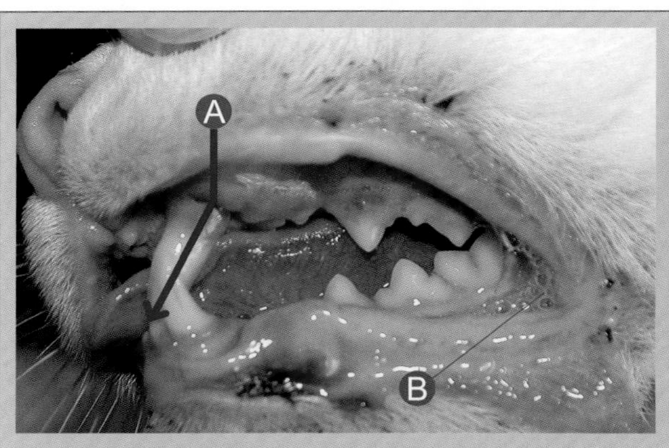

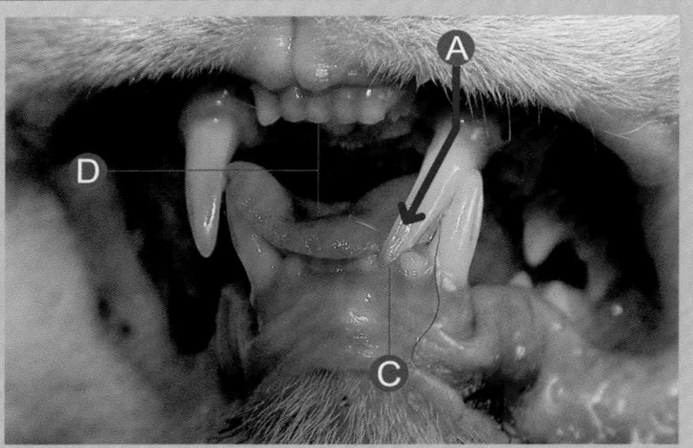

创伤性原因 软组织创伤 牙齿咬合或咬合不正引起的创伤

由 LmaxC（204）左侧上颌犬齿咬入牙龈引起的中度病变。疑似严重牙周病使该牙齿移位并导致下方下切齿的移位。

Ⓐ 疑似严重牙周病导致 LmaxC（204）左侧上颌犬齿的近心腭侧移位。
Ⓑ 流涎。
Ⓒ 移位的 LmaxC（204）左侧上颌犬齿的牙尖错位导致 LmandI2（302）左侧下颌第二切齿和 LmandI3（303）左侧下颌第三切齿移位，并且造成这两个牙齿间中度损伤。
Ⓓ 不能闭合口腔。

诊治要点

在这种临床病例中，软组织病变是由于移位的上犬齿的咬合不正引起的，这可能是严重牙周病的结果（必须排除牙齿吸收这种可能性）。这导致软组织损伤和不能闭合口腔而产生疼痛。必须用咬合口内侧X光片来确定 LmaxC（204）左侧上颌犬齿移位的确切原因；拔牙是最常见的非保守性治疗方法。

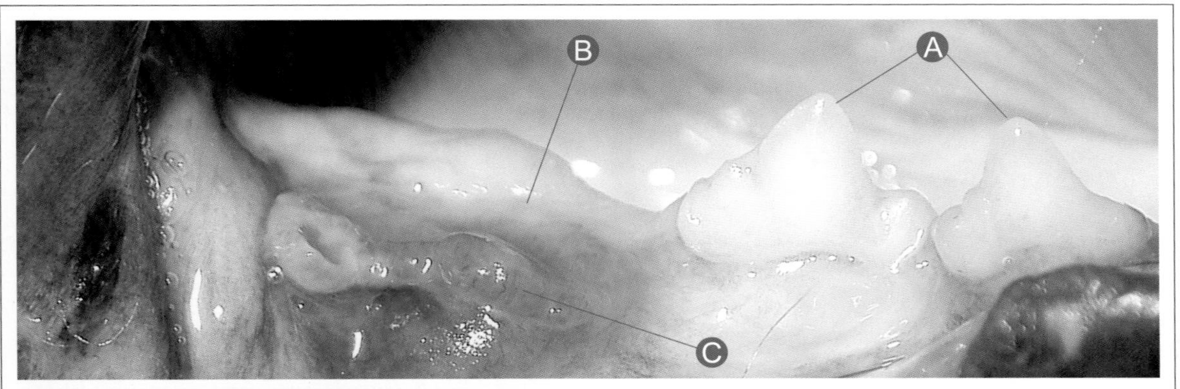

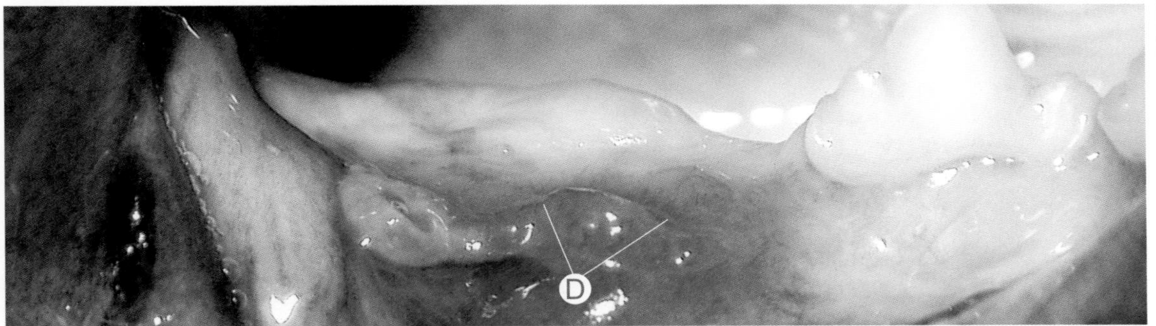

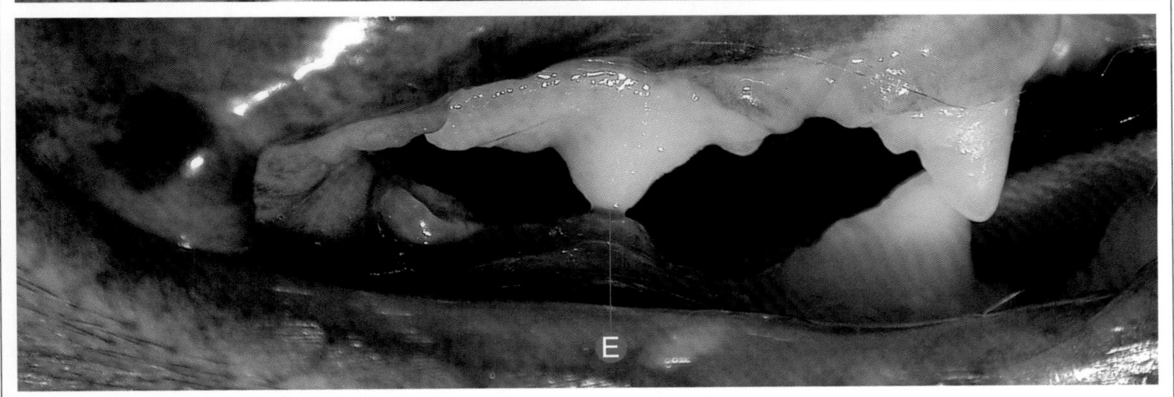

创伤性原因 | **软组织创伤** | **牙齿咬合或咬合不正引起的创伤**

由于RmaxP4（108）右侧上颌第四前臼齿咬合到 RmandM1（409）右侧下颌第一臼齿缺失的区域，造成该区域黏膜严重损伤。

Ⓐ 从右到左：RmandP3（407）右侧下颌第三前臼齿和 RmandP4（408）右侧下颌第四前臼齿。
Ⓑ RmandM1（409）右侧下颌第一臼齿缺失。
Ⓒ RmandM1（409）右侧下颌第一臼齿缺失区域的前庭黏膜严重溃疡。
Ⓓ RmandM1（409）右侧下颌第一臼齿缺失区域的前庭黏膜严重溃疡的图片，其中标记由 RmaxP4（108）右侧上颌第四前臼齿咬合引起。
Ⓔ RmaxP4（108）右侧上颌第四前臼齿咬合到 RmandM1（409)右侧下颌第一臼齿缺失区域的前庭黏膜中的图片。

诊治要点

该临床病例是第一下臼齿的缺失由第四上前臼齿咬合而导致损伤的另一个例子。偶尔，后者的拔除是治疗这些病变的唯一有效选择（消除创伤原因）。

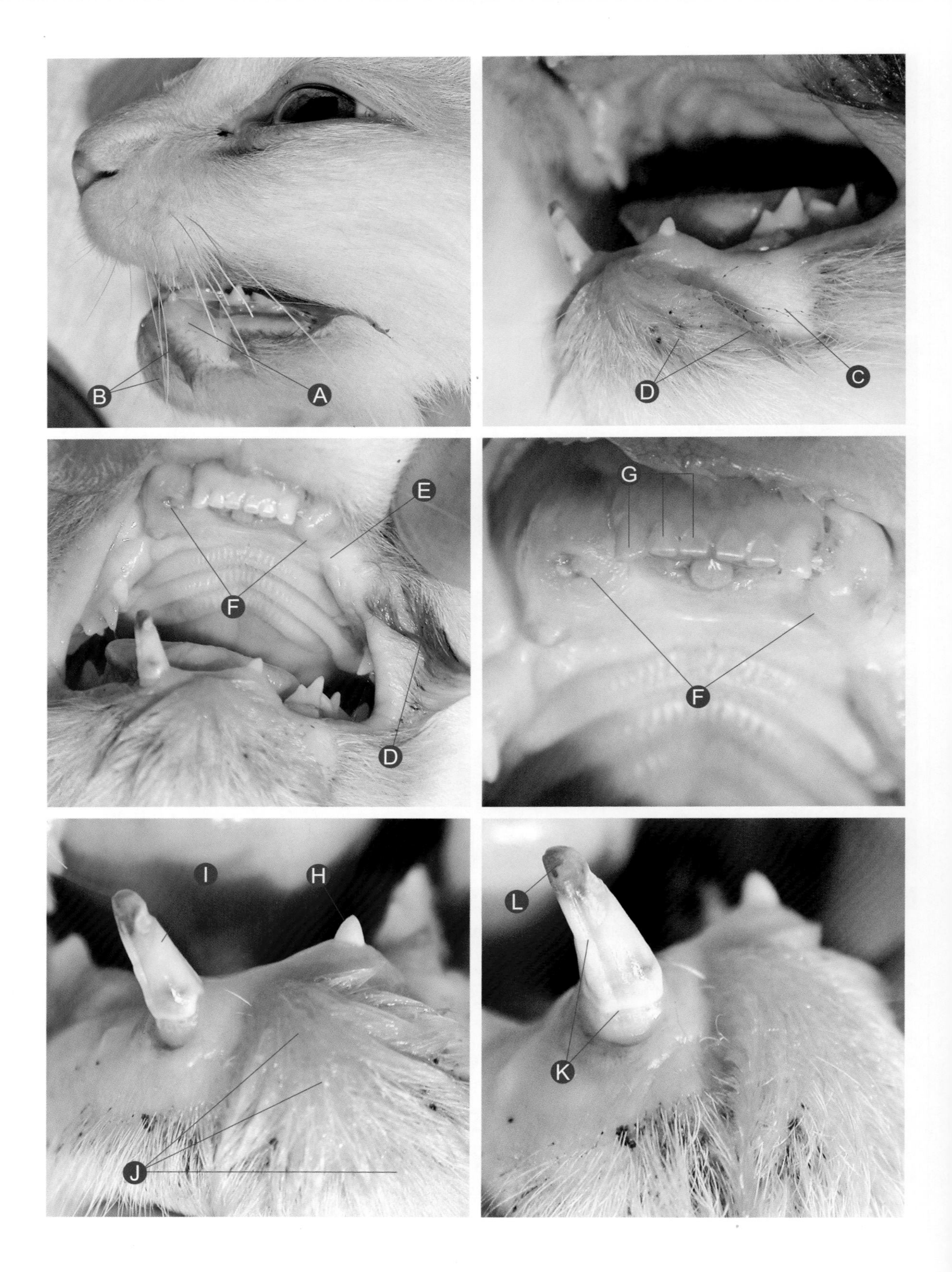
A
B
C
D
E
F
D
G
F
H
I
J
L
K

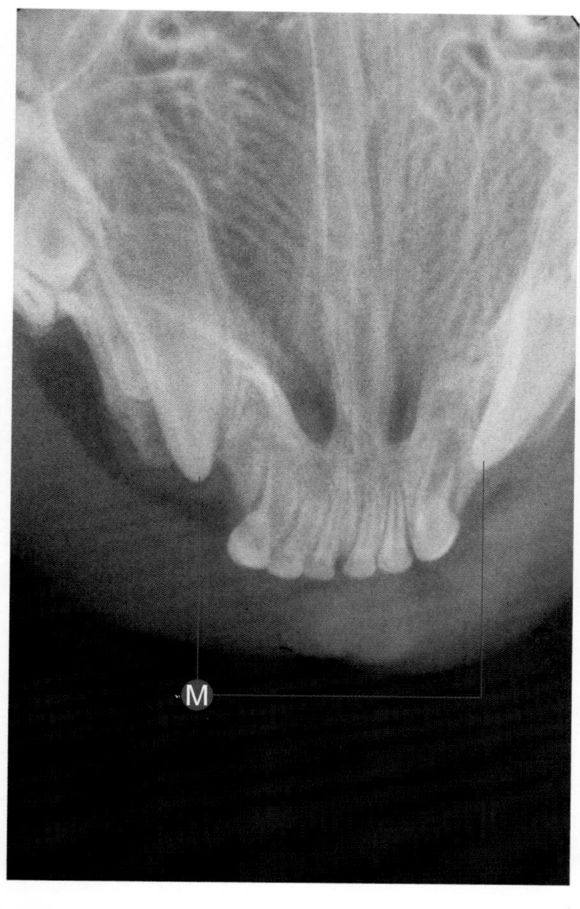

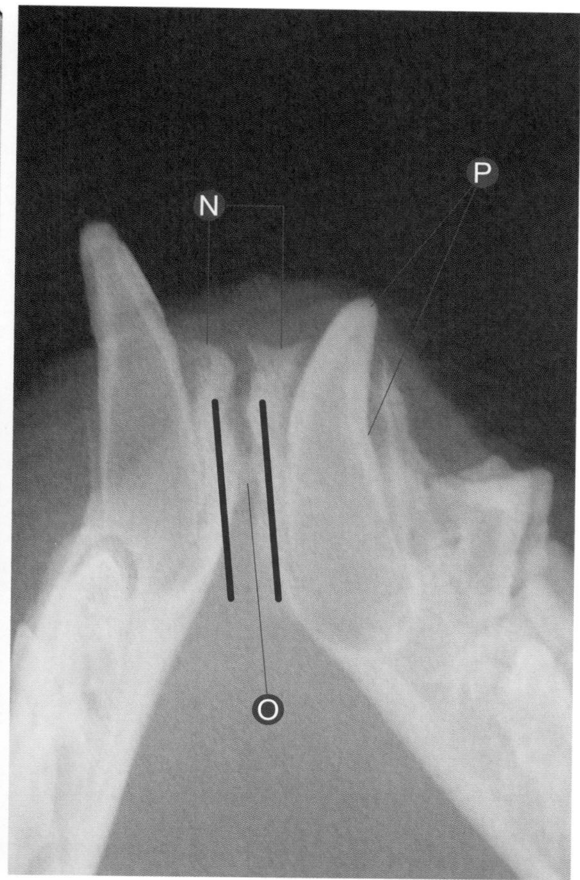

创伤性原因　软组织创伤　电线灼伤

电线灼伤病变导致软组织损伤和恒齿发生和萌出发生变化。

Ⓐ LmandC（304）左侧下颌犬齿区域下唇黏膜和下唇皮肤的伤口病变。

Ⓑ 左下颌下巴区域的中度炎症。

Ⓒ 在 LmandC（304）左侧下颌犬齿区域的下唇黏膜和皮肤中的疤痕病变的特写图。

Ⓓ 唾液密度增加；血清脓性的外观使我们怀疑是否存在感染。

Ⓔ LmaxC（204）左侧上颌犬齿区域下唇黏膜和下唇皮肤严重的瘢痕损伤。

Ⓕ 上恒齿和乳犬齿的缺失。

Ⓖ 从右到左：RmaxI1（101）右侧上颌第一切齿、RmaxI2（102）右侧上颌第二切齿、RmaxI3（103）右侧上颌第三切齿。

Ⓗ 疑似 LmandC（104）左侧下颌犬齿的尖端。

Ⓘ RmandC（404）右侧下颌犬齿。

Ⓙ 下巴区域的中度到重度炎症。

Ⓚ RmandC（404）右侧下颌犬齿因局部电灼伤而疑似发生异常发育不良。

Ⓛ 在 RmandC（404）右侧下颌犬齿的尖端灼伤的迹象。

Ⓜ 牙科 X 光片：（从右到左）放射性标志显示 LmaxC（204）左侧上颌犬齿和 RmaxC（104）右侧上颌犬齿没有萌出。

Ⓝ 牙科 X 光片：放射学征象显示下切齿缺失。

Ⓞ 牙科 X 光片：放射学征象显示下颌骨联合骨发生严重变化。

Ⓟ 牙科 X 光片：放射学征象显示 LmandC（304）左侧下颌犬齿牙齿萌出延迟和牙周韧带发生严重变化。

诊治要点

电线灼伤常见于咀嚼电线引起的电击，幼龄动物尤为常见。这种电击可导致局部软组织和硬组织的严重损伤，以及牙胚发育的变化，可影响牙齿结构和牙齿萌出。短期和中期的牙齿放射学研究对于控制病变发展是必不可少的。应着重于重建口腔功能以及预防和治疗软组织、骨骼和牙齿病变。

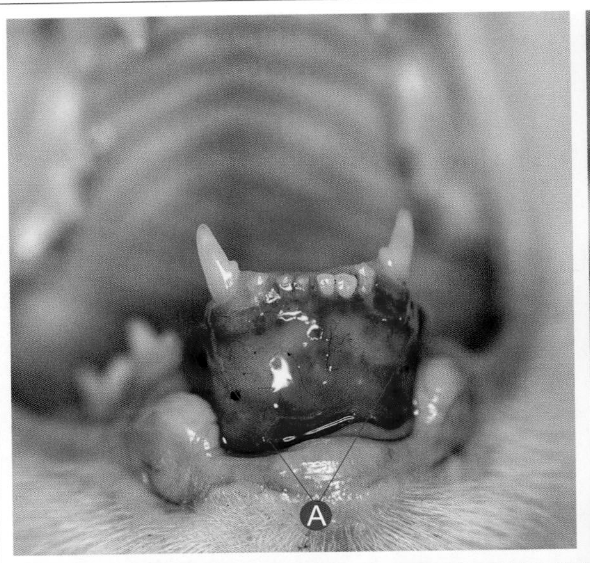

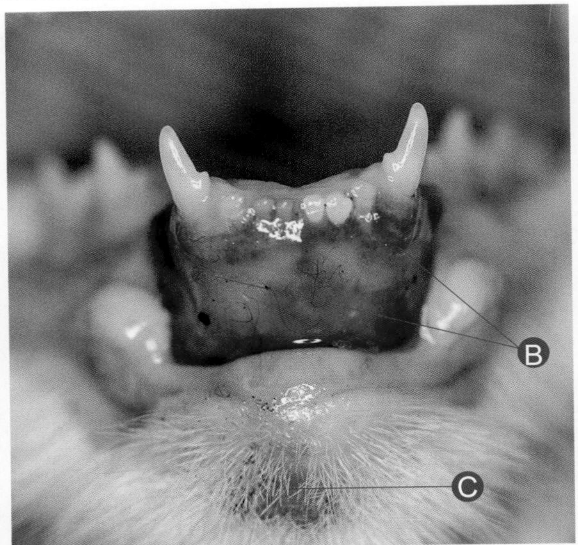

创伤性原因 **软组织创伤** **外伤**

下颌区域下唇的中度到重度严重撕裂。

Ⓐ 双侧下巴撕裂下唇区域。

Ⓑ 骨组织下唇撕裂并且骨组织外露的图片。

Ⓒ 疑似创伤性损伤的图片。

诊治要点

在病变局限于软组织（牙齿放射学确诊）的特定位置（例如在本临床病例中）的情况下，治疗是将软组织归位，预后从慎重到非常好。

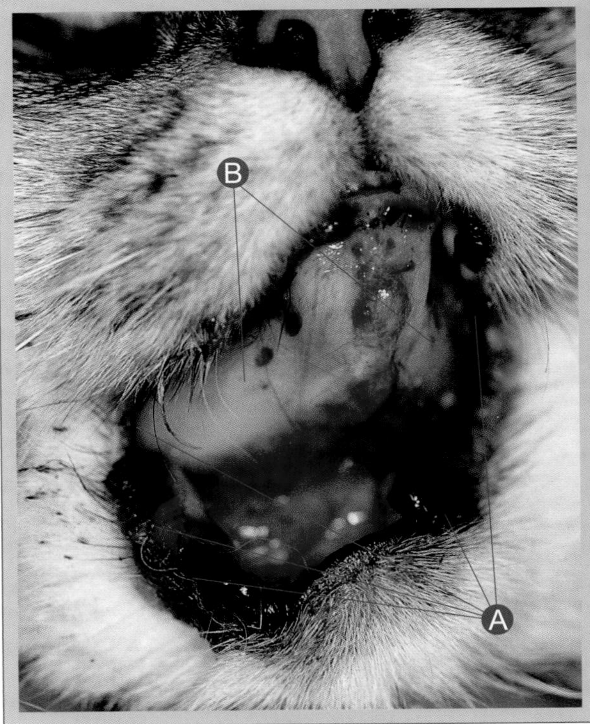

创伤病因 **软组织病变** **外伤**

未知创伤原因的下唇的极度撕裂。

Ⓐ 下唇极度撕裂。

Ⓑ 下颌骨两侧的骨外露区域。

诊治要点

当只有软组织受到影响，即使是软组织被广泛影响，只要血管形成完整，软组织恢复的预后为慎重至良好。在修复前和术后应用抗生素抗炎和镇痛治疗。

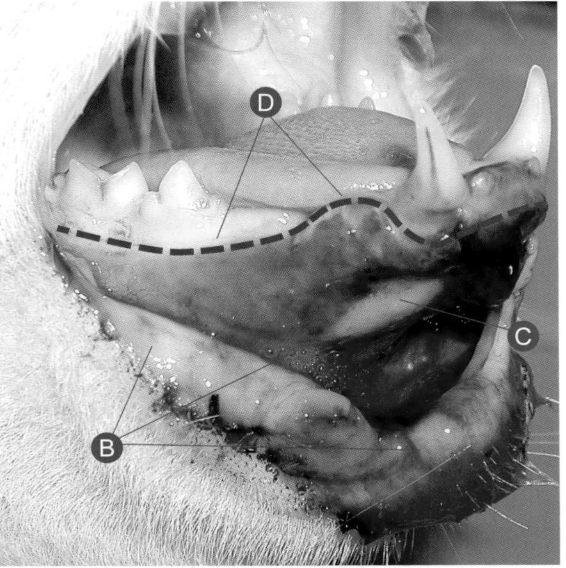

创伤性原因 **软组织创伤** **外伤**

由于车辆碾压导致下唇严重损伤。

Ⓐ 右侧下唇和交感区域的撕脱。
Ⓑ 右侧下唇撕脱，骨组织外露的特写图。
Ⓒ 右下颌骨。
Ⓓ 创伤引起的黏膜撕裂区域。
Ⓔ 两个下颌骨嘴侧区域的骨外露区域的特写图。

诊治要点

在口腔严重创伤的情况下，例如本临床病例，评估硬组织和软组织的损伤很重要。常规和牙科放射影像，尤其是计算机断层扫描（CT），对于首次评估局部骨损伤情况最为合适。治疗应使用不同的固定方式将硬组织和软组织归位，同时应用抗生素抗炎和镇痛治疗。这些病例的预后变化很大；在大多数情况下预后都是慎重。

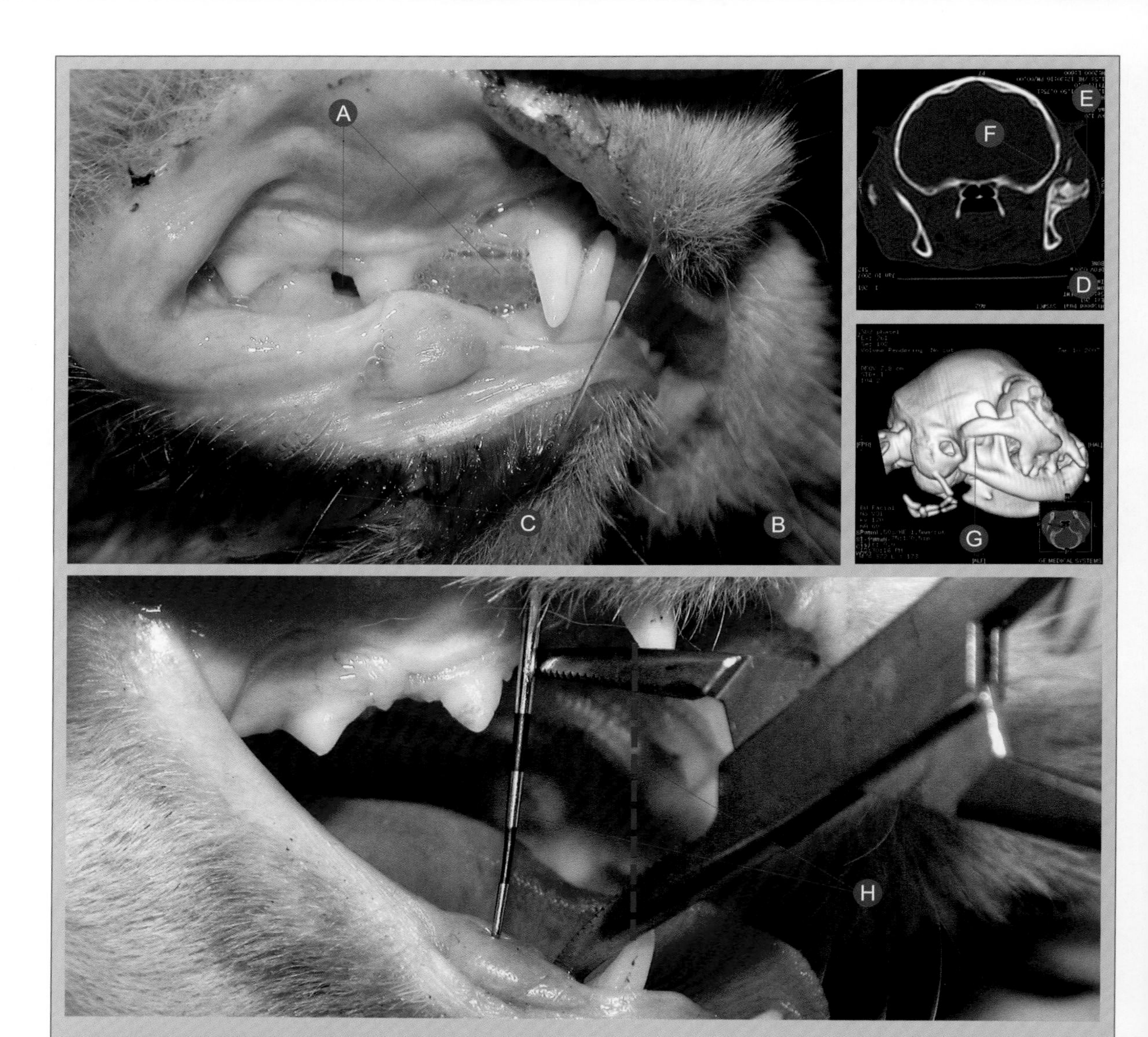

创伤性原因 | **硬组织创伤** | **颞下颌关节断裂创伤－混合种类**

因右颞下颌关节僵硬和骨样组织融合到颧弓，8月龄患猫口腔无法张开；先前的创伤。

Ⓐ 口腔完全闭合，在镇静时不能张开口腔。

Ⓑ 舌头的延髓部分被困在切齿区域。

Ⓒ 流涎引起的唾液积聚。

Ⓓ CT 扫描❶：放射学征象显示右颞下颌关节僵硬以及类骨质组织与右颧弓的融合。

Ⓔ CT 扫描❶：右颧弓。

Ⓕ CT 扫描❶：放射学征象显示右颧弓融合区域。

Ⓖ 3D-CT 扫描❶：放射学征象显示右颞下颌关节僵硬。

Ⓗ 术后：手术治疗疾病后，即刻将口腔开口大于 12mm（用牙周探针测量）。

诊治要点

在具有先前创伤（或未知病史）且不能张开口腔的临床病例中，必须进行补充诊断测试以充分诊断。大体X光片和牙科X光片不如CT精准。CT扫描和三维（3D）重建在这些情况下提供了必不可少的诊断信息。

❶ 感谢 Veterinari Marina Baixa Alicante（西班牙）医院提供CT扫描图片和3D-CT扫描图片。

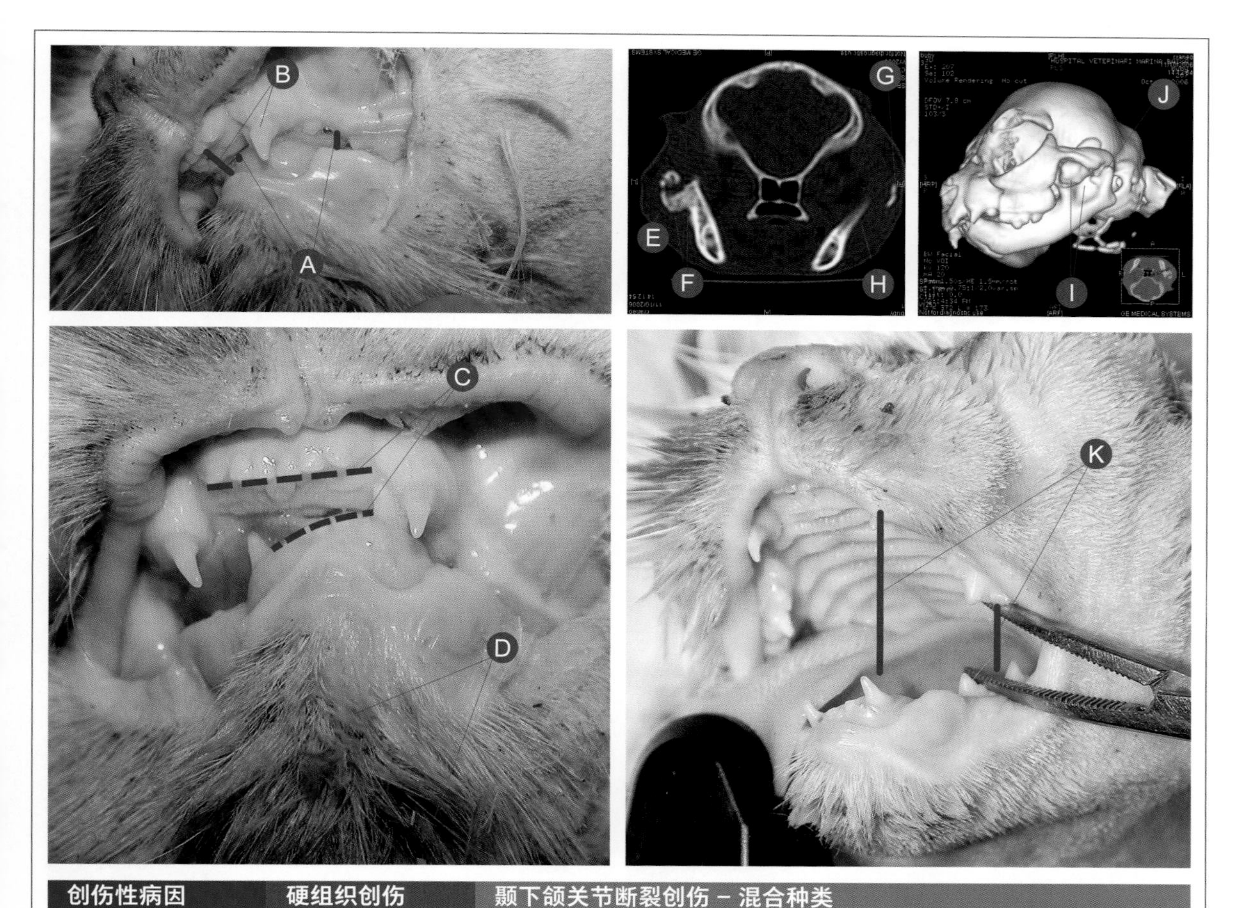

创伤性病因 **硬组织创伤** **颞下颌关节断裂创伤 – 混合种类**

左下颌骨的咬肌窝融合到颧骨弓形成的颧弓，4月龄患猫的口腔无法张开；患猫1.5月龄时有创伤史。

Ⓐ 口腔完全闭合，不能在镇静状态下张开口腔。
Ⓑ 疑似下颌骨分离，乳牙 LmaxC（604）左侧上颌犬齿的腭区域中有乳牙 LmandC（704）左侧下颌犬齿的错位。
Ⓒ 延喙尾轴方向的上下颌不对称，疑似偏离中线。
Ⓓ 流涎导致的唾液中度蓄积。
Ⓔ CT 扫描❶：左颧弓。
Ⓕ CT 扫描❶：放射学征象显示骨质组织的形成导致左下颌骨的咬肌窝融合到颧弓。
Ⓖ CT 扫描❶：右颧弓。
Ⓗ CT 扫描❶：放射学征象显示右下颌骨咬肌窝。
Ⓘ 3D-CT 扫描❶：放射学征象显示左下颌骨的咬肌窝融合到颧弓的类骨质组织。
Ⓙ 3D-CT 扫描❶：放射学征象显示颞下颌关节从正常形态到发生了轻微变化。
Ⓚ 术后即刻：手术治疗疾病后立即张开口腔。

诊治要点

应特别注意正确诊断不能张开口腔的患猫（特别是那些有创伤史的患猫）。由于常规X光片在这些临床病例中提供的信息有限（且经常令人困惑），CT及其三维（3D）图片重建对于正确诊断这些过程是必不可少的。在该临床病例中，口腔无法张开是由新形成的类骨质组织引起的，而不是由颞下颌关节的变化引起的（通过在病理性融合中消除类骨质组织后张开口腔来确认）。

常见错误

假设有创伤史的患猫无法打开口腔是基于颞下颌关节或其任何结构的变化，在这些情况下应用CT扫描图片进行诊断至关重要。

❶ 感谢 Veterinari Marina Baixa Alicante（西班牙）医院提供CT扫描图片和3D-CT扫描图片。

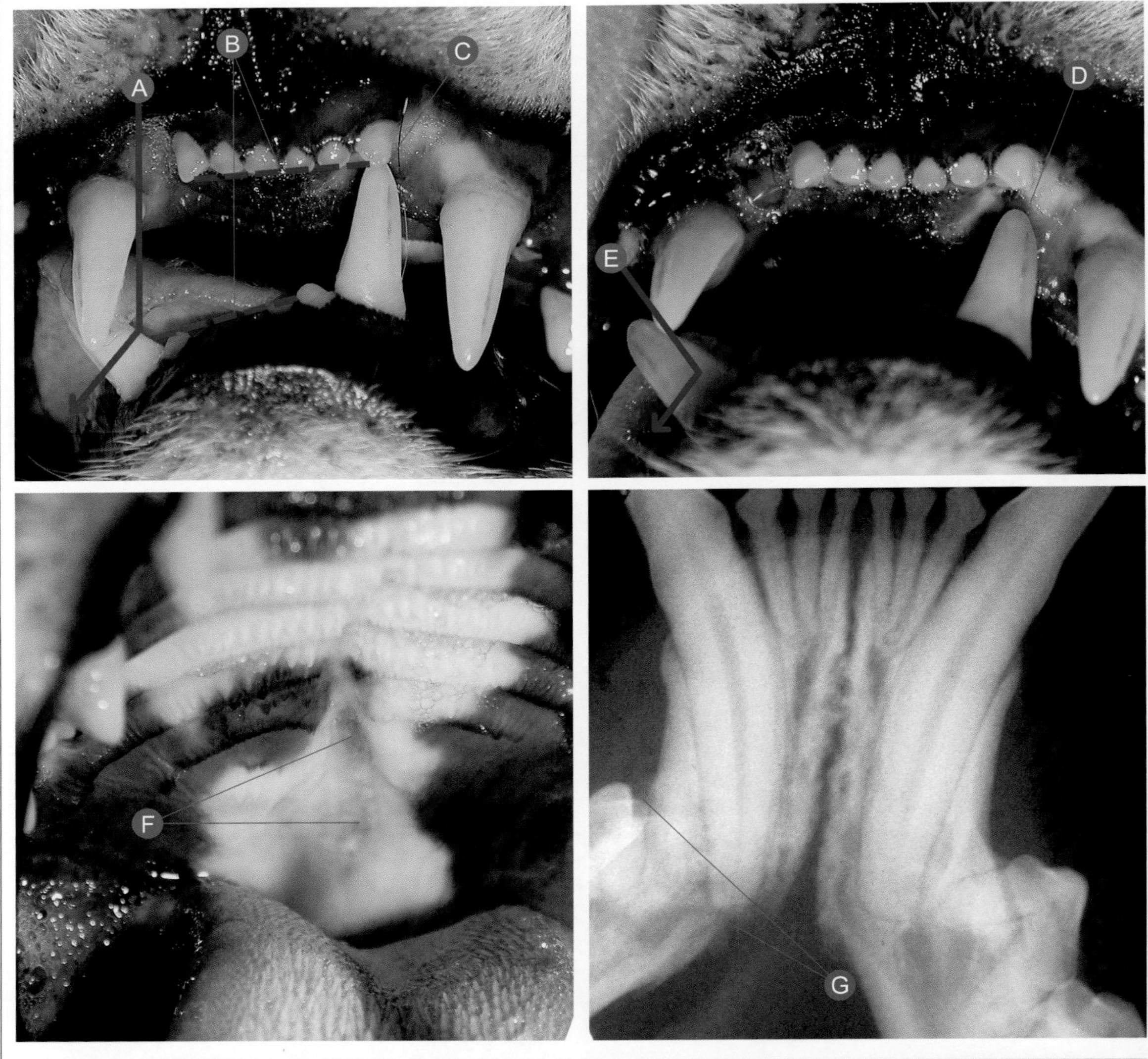

创伤性原因 **硬组织创伤** **下颌骨断裂**

疑似双侧非近期下颌骨断裂在RmandC（404）右侧下颌犬齿远端区域；由于对下颌骨骨折的治疗不足导致咬合不正。

Ⓐ 咬合不正和下颌向右侧移位；延髓视图。
Ⓑ 疑似背腹方向上下颌不对称。
Ⓒ LmandC（304）左侧下颌犬齿的尖端顶入 LmaxI3（203）左侧上颌第三切齿的远端区域。
Ⓓ LmandC（304）左侧下颌犬齿的尖端顶入 LmaxI3（203）左侧上颌第三切齿的远端区域的图片。
Ⓔ 由于疑似下颌骨断裂，RmandC（404）右侧下颌犬齿的远端移位导致其从RmaxC（104）右侧上颌犬齿远端顶入。
Ⓕ 近期闭合软腭硬黏膜伤口的轻度溃疡。
Ⓖ 牙科 X 光片：放射学征象显示 RmandC（404）右侧下颌犬齿远端下颌骨断裂。

诊治要点

当猫发生下颌骨断裂时，其手术移除骨折至关重要，不仅是因为显而易见的原因，也因为会非常可能发生中度至重度的咬合不正而会使口腔无法充分闭合。在本临床病例中，创伤后未进行下颌骨断裂的手术治疗导致了明显的咬合不正。

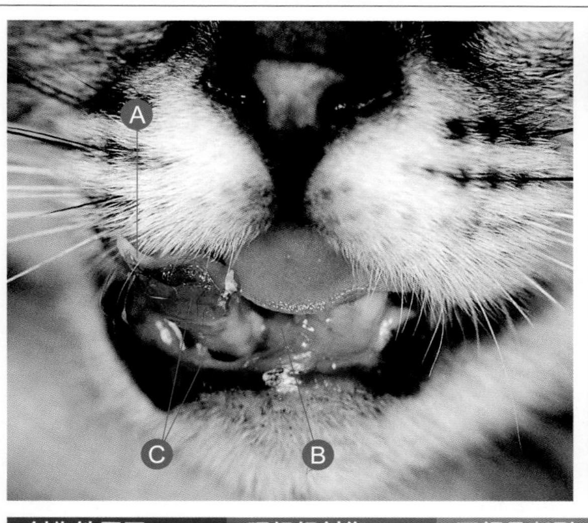

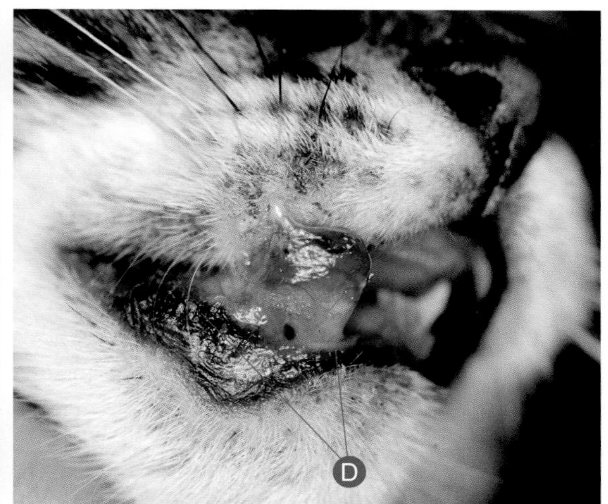

创伤性原因 | **硬组织创伤** | **下颌骨断裂**

4月龄患猫，下唇的撕脱引起交感神经分离。

Ⓐ 乳牙 RmandC（804）右侧下颌犬齿。
Ⓑ 交感神经分离。
Ⓒ 严重的右唇撕脱和骨外露。
Ⓓ 右唇撕脱的图片

诊治要点

对于口腔内有骨损伤的多创伤动物，应进行大体X光和牙科X光以及CT扫描以评估其损伤程度，并选择最合适的下颌骨断裂手术方案。

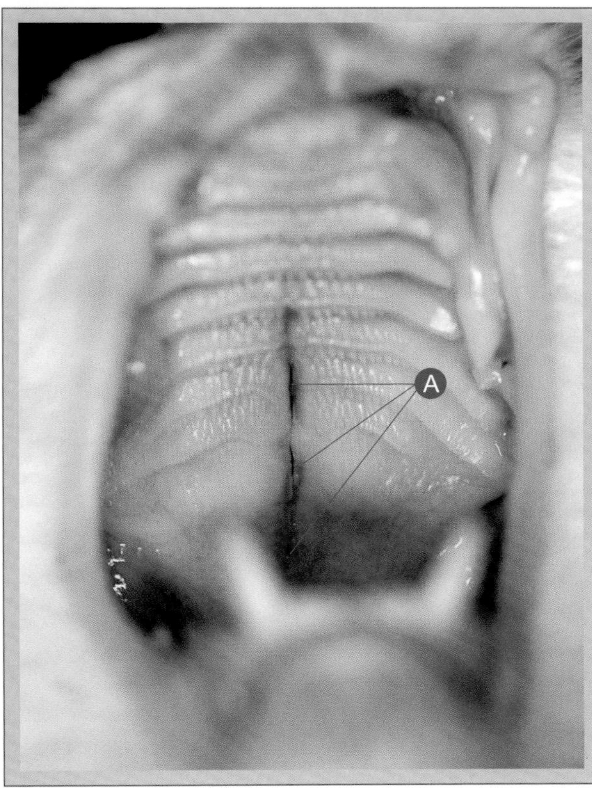

创伤性原因 | **硬组织创伤** | **上颌骨断裂**

怀疑上颌骨断裂是由于高处坠落导致的。

Ⓐ 在柔软和坚硬的口中线性缠绕。

诊治要点

当怀疑上颌骨发生断裂时，牙科X光片是评估骨组织病变程度的第一个诊断步骤。如果断裂中的腭骨组织没有明显移位，则治疗将着重于预防和治疗腭裂和口鼻瘘。从高处坠落的患猫经常呈现本临床病例中的病变。

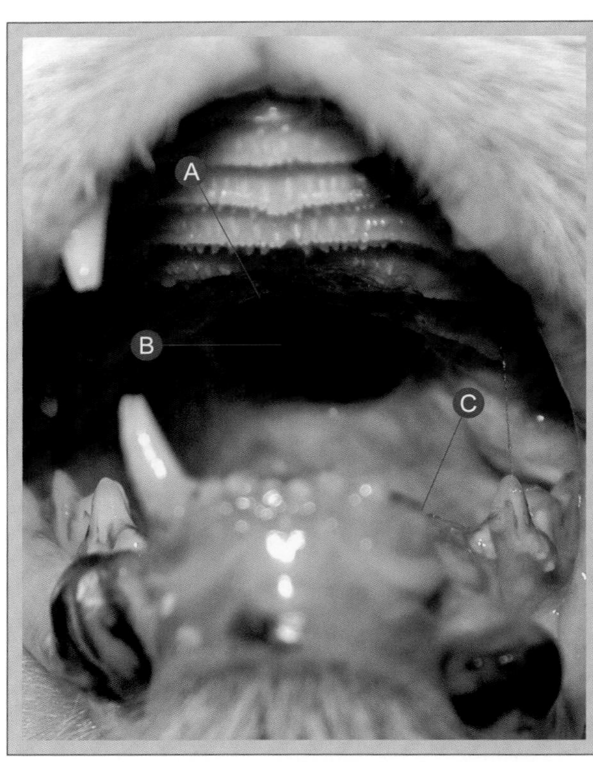

创伤性原因

硬组织创伤
上颌骨断裂

先前上颌骨断裂转为慢性，导致软腭和硬腭后天性鼻窦瘘。

Ⓐ 软腭和硬腭中严重的口鼻瘘。
Ⓑ 鼻腔。
Ⓒ LmandC（304）左侧下颌犬齿缺失。

诊治要点

当上颌骨断裂未得到治疗时，经常伴发口鼻瘘。后天性口鼻瘘的诊断必须在动物麻醉的情况下进行口腔检查，包括牙科放射学（某些病例应进行CT扫描）以确定瘘管的真实范围。这些病例的临床表现（鼻炎、打喷嚏、进食困难）通常与食物进入鼻腔有关。病情的手术治疗预后为慎重。

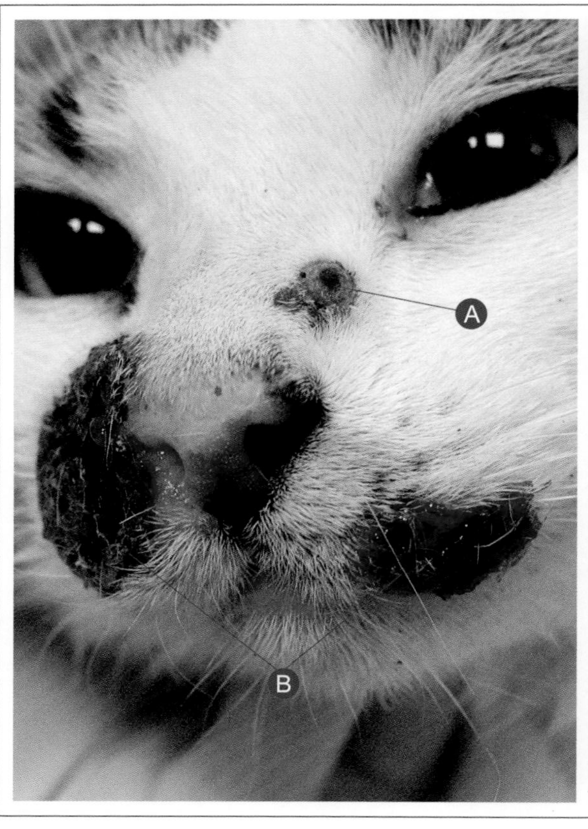

细菌、病毒、真菌和寄生虫引起的口腔疾病

隐球菌感染

隐球菌病。

Ⓐ 鼻尖上的丘疹结节病变。
Ⓑ 左上唇和邻近鼻子区域右侧的溃疡和结痂结节病变。

诊治要点

新型隐球菌引起的面部病变，在该动物的皮肤病学方式显示具有溃疡倾向。

结节性病变的鉴别诊断如下：肿瘤（多发性肥大细胞瘤、皮脂腺或大汗腺癌、鳞状细胞癌等），真菌导致的感染性肉芽肿（孢子丝菌病、皮肤暗丝孢霉菌病、皮肤真菌假性黏液瘤、隐球菌病）和细菌（毛霉菌病、放线菌、甲状腺病、分枝杆菌）导致的多发性脓肿。

在这些情况下应首先进行细胞学检查。细胞学检查可以判断该疾病是否是肿瘤、炎症或感染性的。本病例中细胞学检查可见许多包囊球形，这与隐球菌属相符合。

常见错误

不进行辅助检查。猫隐球菌病通常与免疫功能受损有关，可能或不与其他疾病相关。对猫的诊断最重要的是要排除猫免疫缺陷病毒感染、猫白血病病毒和弓形虫感染的可能性。

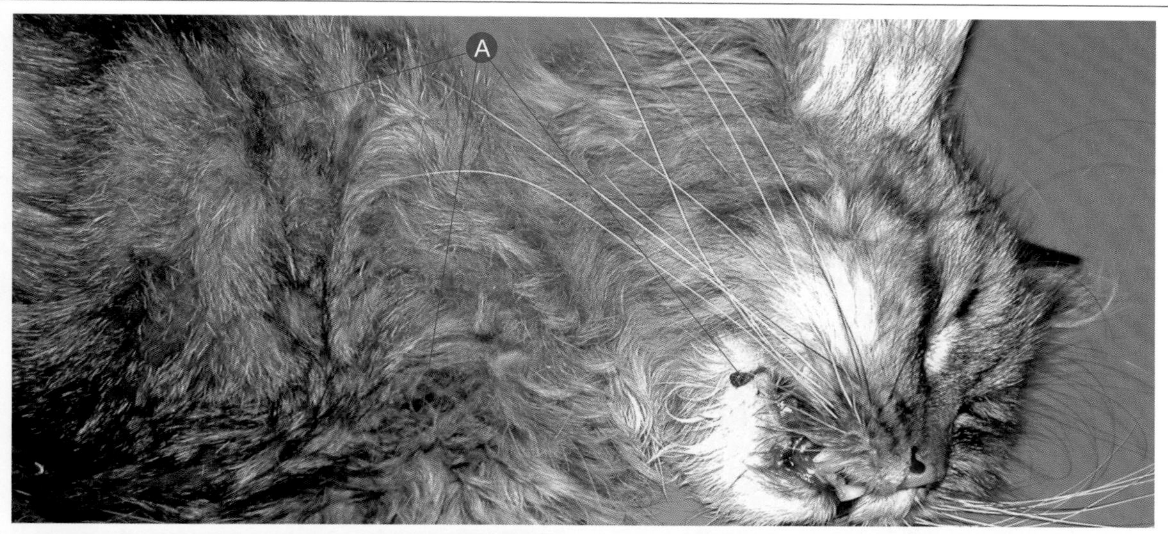

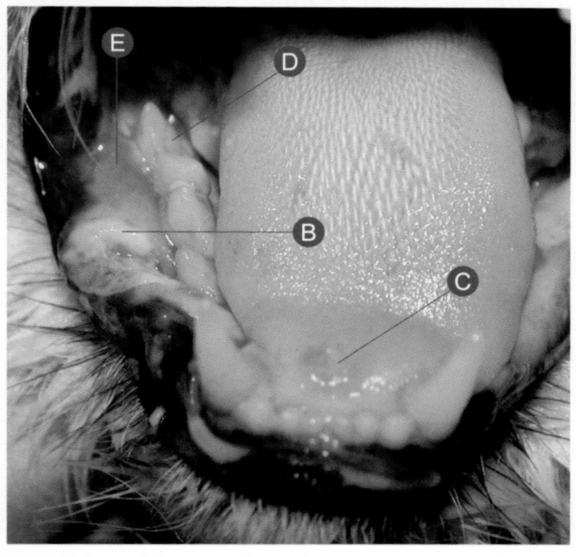

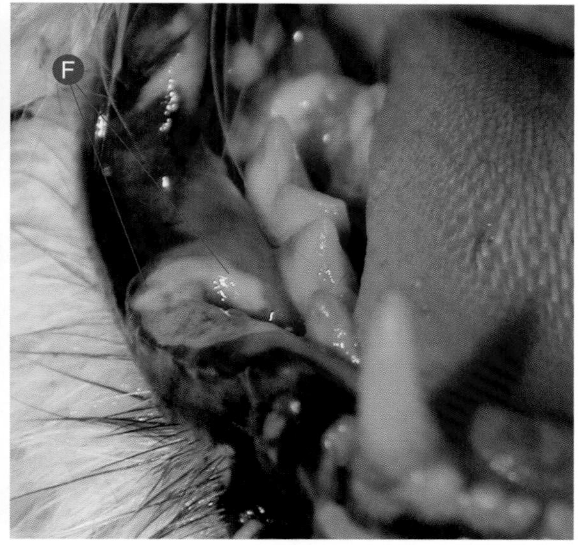

细菌、病毒、真菌和寄生虫引起的口腔疾病　白色念珠菌感染

长期应用抗生素和皮质类固醇治疗，患有念珠菌病（念珠菌属）的免疫缺陷（FIV）猫的口腔黏膜（显微镜下可见菌丝存在）。

Ⓐ 免疫缺陷病 (FIV) 患猫的系统性免疫抑制的症状（毛发，体重减轻）。
Ⓑ 典型的由念珠菌引起的白色溃疡病变。
Ⓒ 舌头背面念珠菌的疑似病变。
Ⓓ RmandM1（409）右侧下颌第一臼齿。
Ⓔ RmandM1（409）右侧下颌第一臼齿前庭黏膜疑似口腔炎。
Ⓕ 前庭黏膜中念珠菌病的病变图片。

诊治要点

口腔念珠菌病是由白色念珠菌引起的真菌疾病。犬猫均可患病，发生于嘴唇和舌头等位置，但并不常见。本病最常见的原因是患猫的免疫系统受损，并长期应用抗生素和/或皮质类固醇治疗。因此，本病常见于长期应用抗生素和/或皮质类固醇治疗牙龈炎的患猫。典型的临床症状是“白斑”及其周围溃疡区的出血倾向。诊断应显微镜下可见染色的菌丝和/或特定培养基的培养物。该疾病的重要性在于其能感染人（人畜共患病）。进行全身性抗真菌治疗。

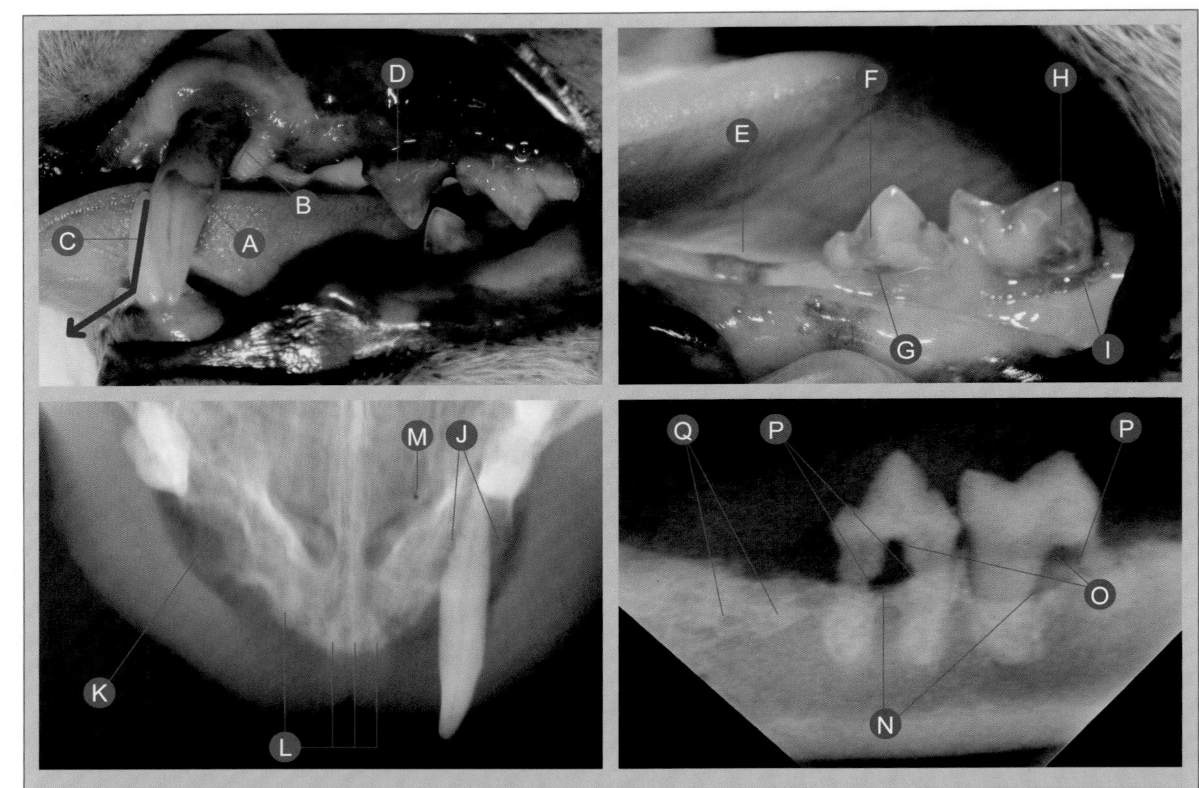

细菌、病毒、真菌和寄生虫引起的口腔疾病　　**牙周病**

LmaxC（204）左侧上颌犬齿、LmandP4（308）左侧下颌第四前臼齿和 LmandM1（309）左侧下颌第一臼齿的第四阶段牙周病。

Ⓐ LmaxC（204）左侧上颌犬齿上的牙石指数为 1。
Ⓑ 牙周病导致 LmaxC（204）左侧上颌犬齿挤出。
Ⓒ 牙周病导致 LmaxC（204）左侧上颌犬齿的间隙前庭移位。
Ⓓ LmaxP3（207）左侧上颌第三前臼齿的牙石指数为 4。
Ⓔ LmandP3（307）左侧下颌第三前臼齿缺失。
Ⓕ LmandP4（308）左侧下颌第四前臼齿的牙石指数为 2。
Ⓖ LmandP4（308）左侧下颌第四前臼齿的牙龈指数为 1。
Ⓗ LmandM1（309）左侧下颌第一臼齿的牙石指数为 3。
Ⓘ LmandM1（309）左侧下颌第一臼齿区域的牙龈指数为 2。
Ⓙ 牙科 X 光片：放射学征象显示 LmaxC(204) 左侧上颌犬齿第四阶段牙周病。
Ⓚ 牙科 X 光片：放射学征象显示 RmaxC (104) 右侧上颌犬齿缺失。
Ⓛ 牙科 X 光片：放射学征象显示上切齿牙齿的第五阶段牙齿吸收。
Ⓜ 牙科 X 光片：人工制品。
Ⓝ 牙科 X 光片：（从右到左）放射学征象显示 LmandM1（309）左侧下颌第一臼齿和 LmandP4（308）左侧下颌第四前臼齿垂直骨缺失。
Ⓞ 牙科 X 光片：放射学征象显示 LmandP4（308）左侧下颌第四前臼齿和 LmandM1（309）左侧下颌第一臼齿第四阶段牙周病，具有 3 级分叉。
Ⓟ 牙科 X 光片：放射学征象显示 LmandP4（308）左侧下颌第四前臼齿和 LmandM1（309）左侧下颌第一臼齿第二阶段牙齿吸收。
Ⓠ 牙科 X 光片：放射学征象显示 LmandP3（307）左侧下颌第三前臼齿第五阶段牙齿吸收。

诊治要点

牙周病是猫最常见的口腔疾病。必须评估每颗牙齿，并确定其相应的牙周病阶段。晚期牙周病并不总与较高的牙龈指数、牙垢指数或牙结石指数相对应。使用牙周探针和牙科X光片进行确定性口腔检查可准确评估每颗牙齿的疾病状态。

可在患有牙周病的同一患猫的不同牙齿不同阶段中观察到如牙吸收之类的病变，虽然牙吸收和牙周病并不相关。

常见错误

仅通过肉眼观察判断牙周病所处的阶段，而不辅以牙周探查和/或牙齿放射学等检查。

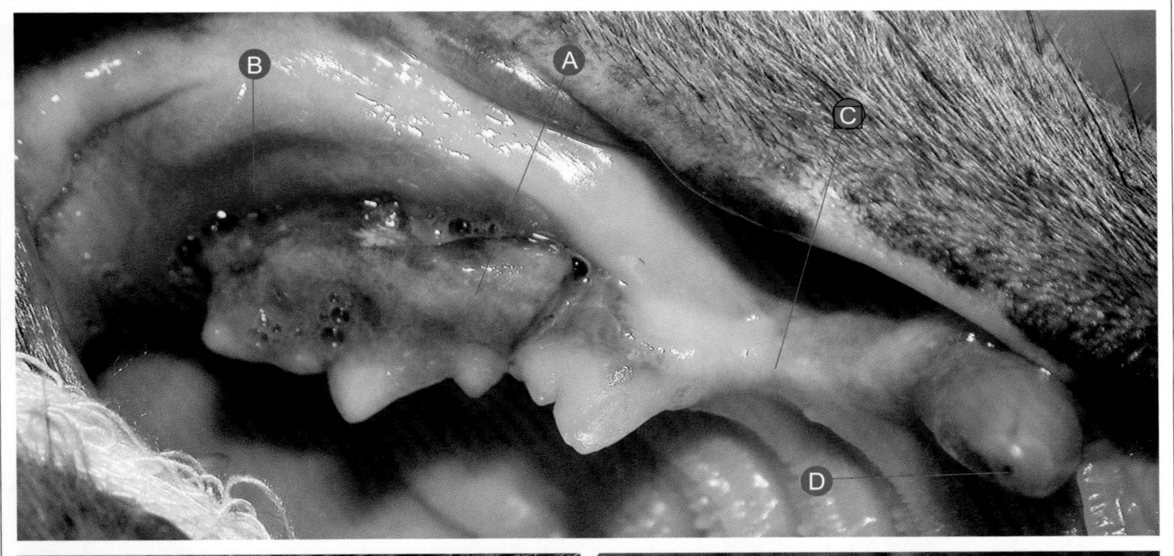

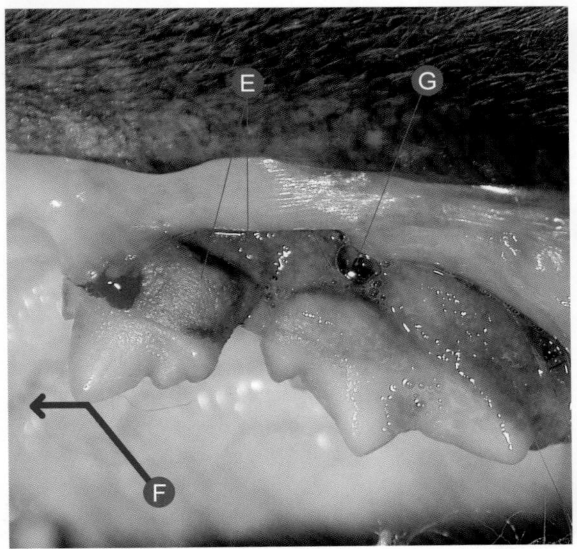

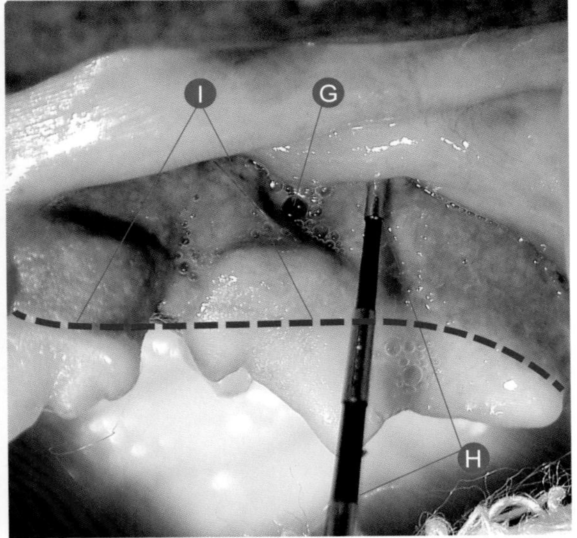

细菌、病毒、真菌和寄生虫引起的口腔疾病 **牙周病**

RmaxP4（108）右侧上颌第四前臼齿、LmaxP3（207）左侧上颌第三前臼齿和LmaxP4（208）左侧上颌第四前臼齿疑似第四阶段牙周病。

- Ⓐ RmaxP4（108）右侧上颌第四前臼齿的牙石指数为 4。
- Ⓑ RmaxP4（108）右侧上颌第四前臼齿的牙龈指数为 3。
- Ⓒ RmaxP2（106）右侧上颌第二前臼齿缺失。
- Ⓓ 疑似 RmaxC（104）右侧上颌犬齿复杂牙冠断裂。
- Ⓔ LmaxP3（207）左侧上颌第三前臼齿远端根部牙结石严重。
- Ⓕ LmaxP3（207）左侧上颌第三前臼齿的近中面移位，可能由第四阶段牙周病引起。
- Ⓖ 在 LmaxP4（208）左侧上颌第四前臼齿中疑似 3 级分叉。
- Ⓗ 使用牙周探针测定 LmaxP4（208）左侧上颌第四前臼齿前庭区域，探测深度大于 6mm。
- Ⓘ 局部生理性牙龈边缘的虚线。

诊治要点

牙周病是猫最常见的口腔疾病。应单独评估每颗牙齿的牙周病阶段。在本临床病例中，我们怀疑第四阶段牙周病在不同牙齿呈现不同的临床症状。必须通过对阻生齿全面探查以及牙科X光片来确认这一阶段。

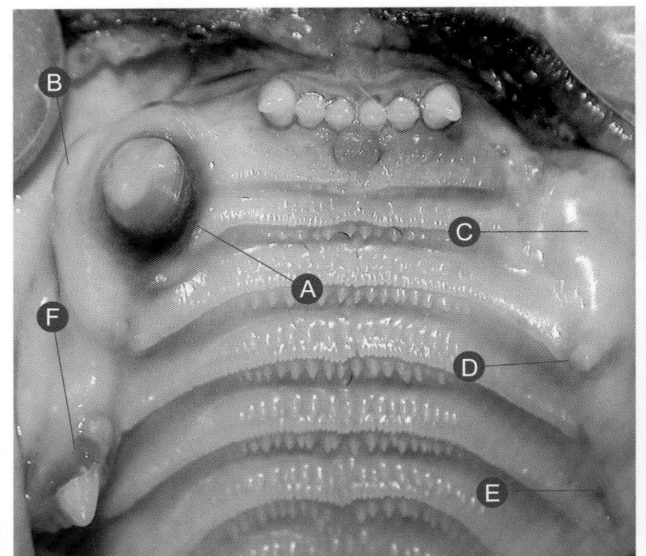

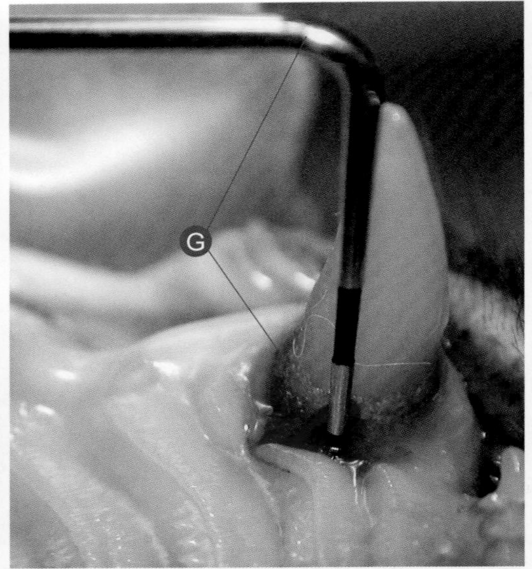

J
H
I
K

细菌、病毒、真菌和寄生虫引起的口腔疾病

牙周病

RmaxC（104）右侧上颌犬齿第四阶段牙周病。

Ⓐ RmaxC（104）右侧上颌犬齿疑似第四阶段牙周病。
Ⓑ 疑似前庭骨扩张，典型见于上犬齿牙周病晚期的患猫。
Ⓒ LmaxC（204）左侧上颌犬齿缺失。
Ⓓ LmaxP2（206）左侧上颌第二前臼齿。
Ⓔ LmaxP3（207）左侧上颌第三前臼齿缺失。
Ⓕ 疑似 RmaxP3（107）右侧上颌第三前臼齿牙吸收。
Ⓖ 在 RmaxC（104）右侧上颌犬齿腭区域中通过牙周探针测量以确认第四阶段牙周病；牙周袋大于 6mm。
Ⓗ 牙科 X 光片：放射学征象显示 RmaxC（104）右侧上颌犬齿中前庭骨扩张。
Ⓘ 牙科 X 光片：放射学征象显示 RmaxC（104）右侧上颌犬齿中第四阶段牙周病。
Ⓙ 牙科 X 光片：放射学征象显示 RmaxC（104）右侧上颌犬齿的牙根吸收。
Ⓚ 牙科 X 光片：放射学征象显示 LmaxC（204）左侧上颌犬齿的牙根碎片。

诊治要点

牙周探查与牙科X光片检查是评估猫牙周病患病阶段的基础。通常在牙周病晚期阶段，猫上犬齿中可检测到两种异常，虽然在犬中并不常见：异常一，通常可用深牙周袋检测的前庭骨的扩张（在本临床病例中存在）；异常二，牙齿伸长（经常检测到异常）。

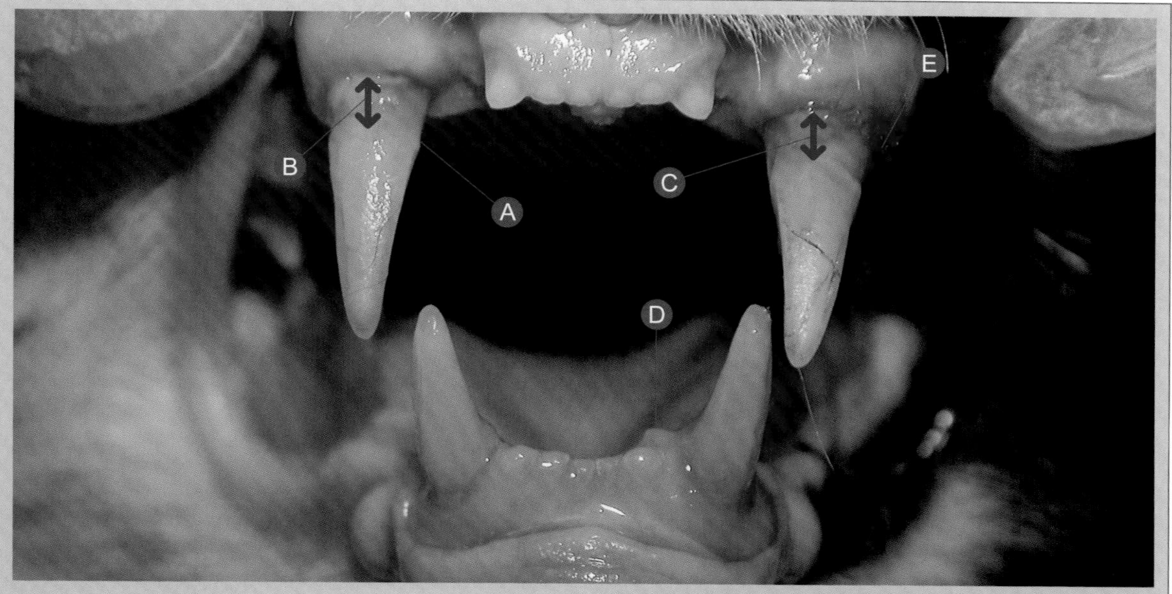

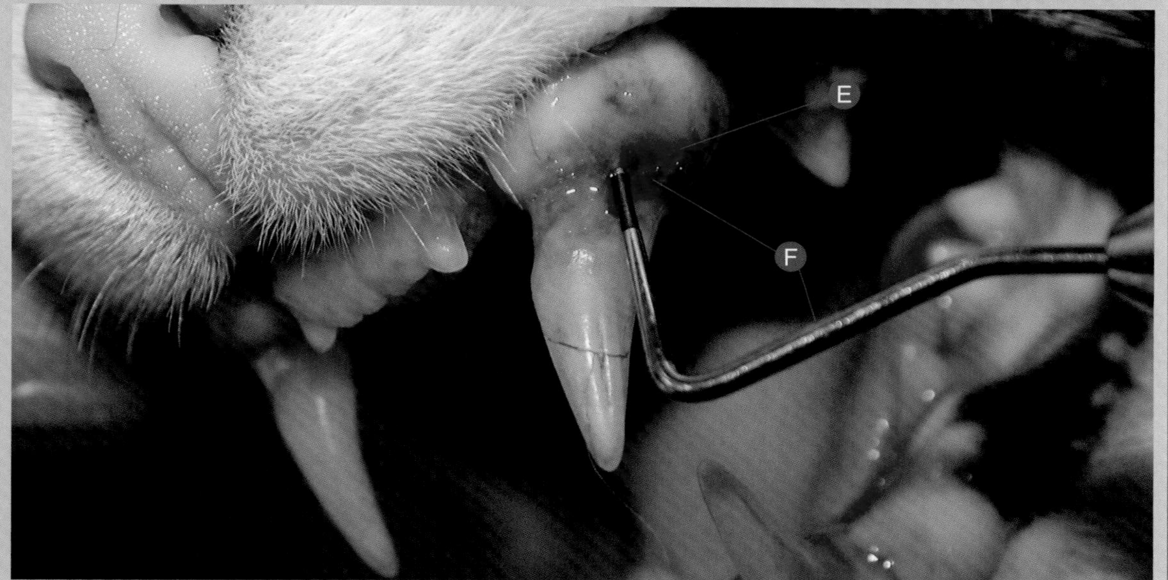

细菌、病毒、真菌和寄生虫引起的口腔疾病　　牙周病

在RmaxC（104）右侧上颌犬齿和LmaxC（204）左侧上颌犬齿疑似第四阶段牙周病，并存在中度伸长。

Ⓐ RmaxC（104）右侧上颌犬齿的牙骨质釉质连接区域。
Ⓑ RmaxC（104）右侧上颌犬齿伸出牙槽。
Ⓒ LmaxC（204）左侧上颌犬齿伸出牙槽。
Ⓓ Lmandl3（303）左侧下颌第三切齿的舌偏离。
Ⓔ LmaxC（204）左侧上颌犬齿的牙龈指数为3。
Ⓕ 通过牙周探查确认LmaxC（204）左侧上颌犬齿处于第四阶段牙周病，LmaxC（204）左侧上颌犬齿的前庭区域中探测深度大于9mm。

诊治要点

不同于犬，上犬齿有晚期牙周病的患猫常见犬齿伸长。因此临床上常见“尖牙已长大”的外观。通过局部牙齿放射学确诊后，具有第四阶段牙周病的牙齿都应拔除。

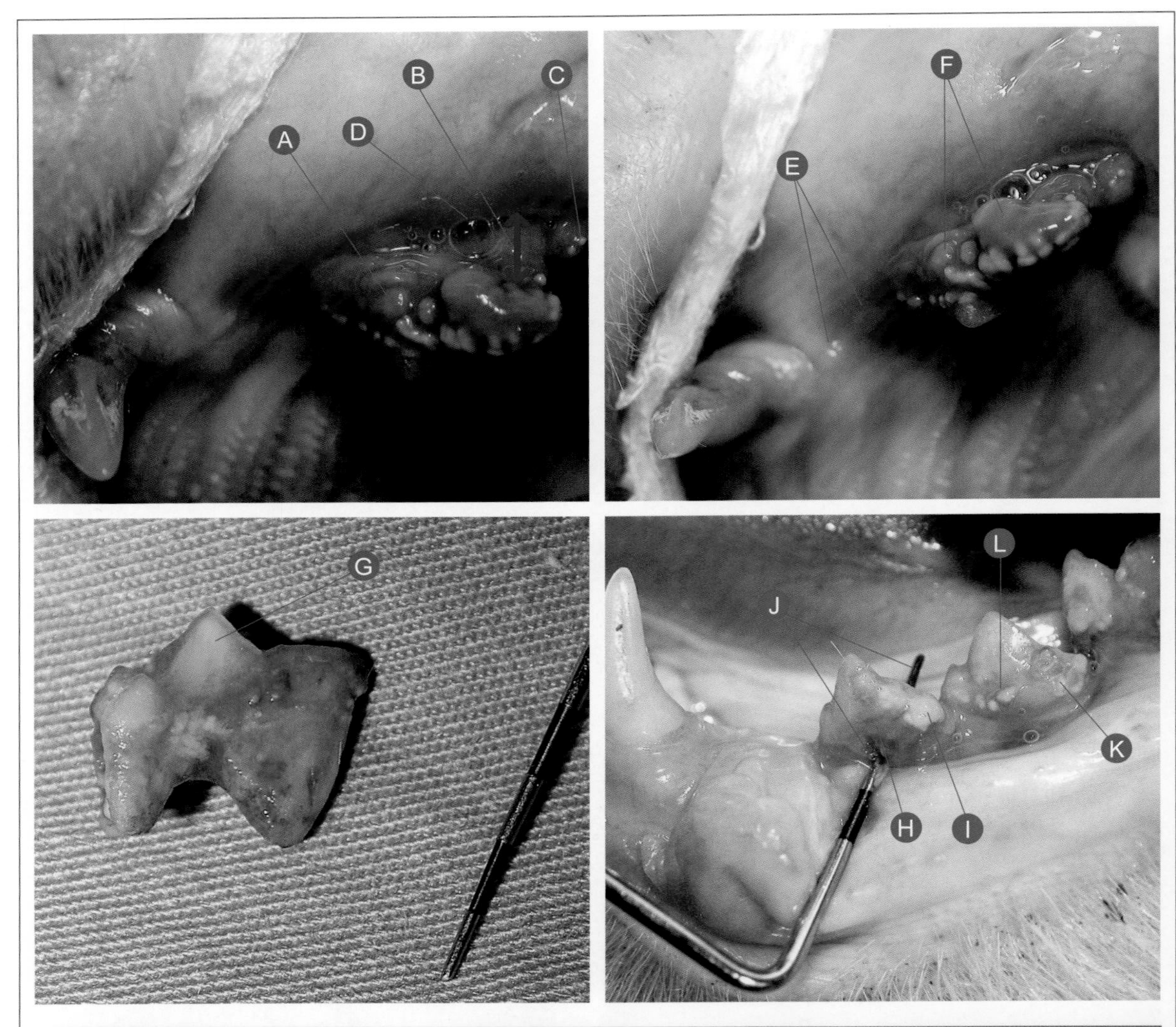

细菌、病毒、真菌和寄生虫引起的口腔疾病　牙周病

LmaxP4（208）左侧上颌第四前臼齿和LmandP3（307）左侧下颌第三前臼齿的第四阶段牙周病。

Ⓐ LmaxP4（208）左侧上颌第四前臼齿的牙石指数为 4。
Ⓑ LmaxP4（208）左侧上颌第四前臼齿远端根冠三分之一被结石覆盖。
Ⓒ LmaxM1（209）左侧上颌第一臼齿的牙石指数为 4。
Ⓓ LmaxP4（208）左侧上颌第四前臼齿的牙龈指数为 3。
Ⓔ LmaxP2（206）左侧上颌第二前臼齿和 LmaxP3（207）左侧上颌第三前臼齿缺失。
Ⓕ LmaxP4（208）左侧上颌第四前臼齿牙石指数为 4 的特写图。
Ⓖ 因第四阶段牙周病，LmaxP4（208）左侧上颌第四前臼齿被拔除后的特写图。
Ⓗ LmandP3（307）左侧下颌第三前臼齿的牙垢指数为 2。
Ⓘ LmandP3（307）左侧下颌第三前臼齿的牙石指数为 2。
Ⓙ LmandP3（307）左侧下颌第三前臼齿的 3 级分叉。
Ⓚ LmandP4（308）左侧下颌第四前臼齿的牙垢指数为 2。
Ⓛ LmandP4（308）左侧下颌第四前臼齿的牙石指数为 2。

诊治要点

尽管与牙周病密切相关，牙垢指数和牙结石指数并不总是提供关于所述疾病的阶段的信息。在 LmaxP4（208）左侧上颌第四前臼齿的病例中，牙结石指数较高对应于第四阶段牙周病。在LmandP3（307）左侧下颌第三前臼齿的病例下，尽管牙齿的牙垢指数和牙结石指数较低，但由于3级分叉，牙周病被归类为第四阶段。应用牙科X光片来确认牙周病的阶段。

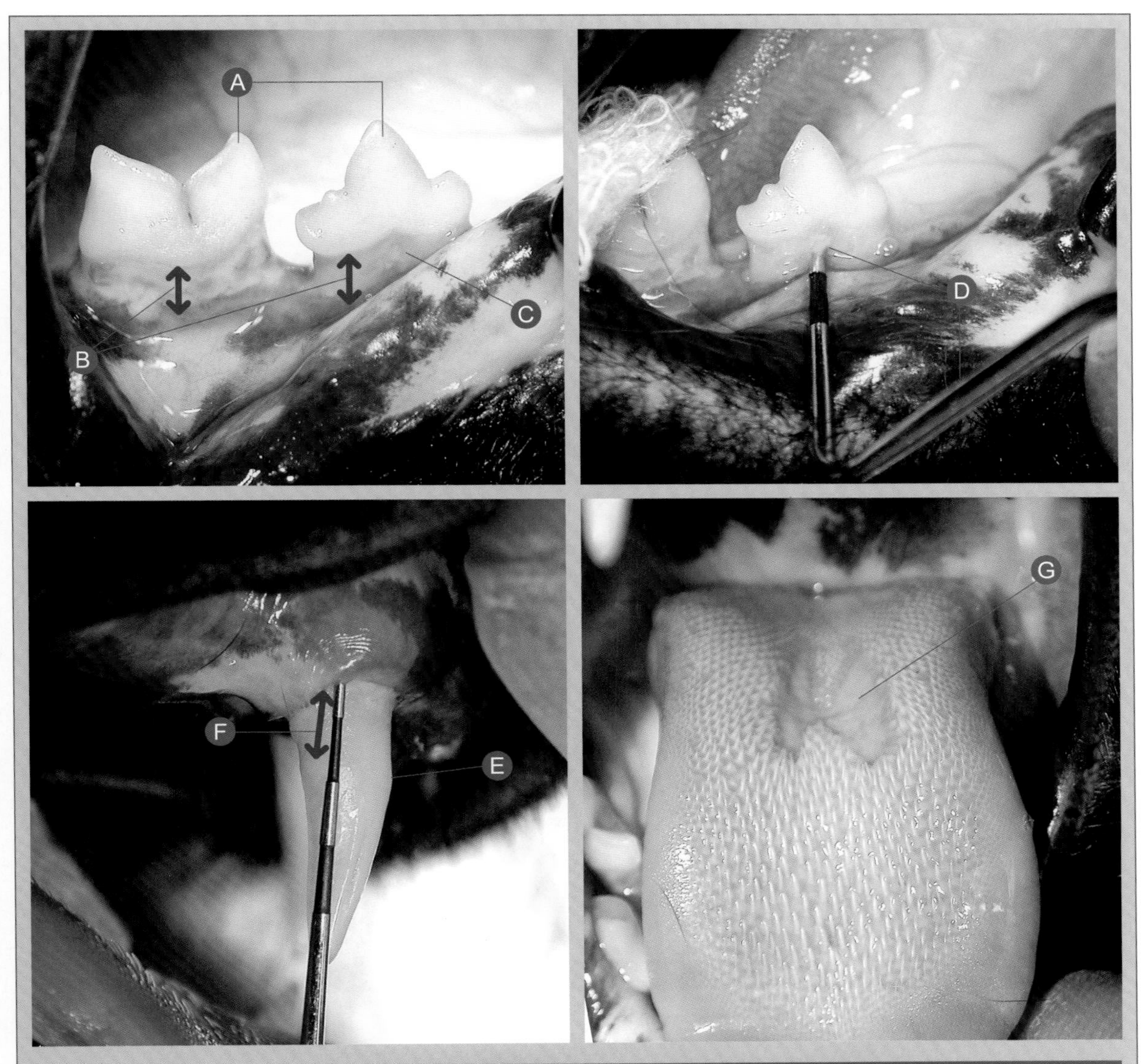

细菌、病毒、真菌和寄生虫引起的口腔疾病 **牙周病**

RmandP4（408）右侧下颌第四前臼齿中的第四阶段牙周病。

Ⓐ从右到左：RmandP4（408）右侧下颌第四前臼齿和RmandM1（409）右侧下颌第一臼齿。

Ⓑ RmandP4（408）右侧下颌第四前臼齿和RmandM1（409）右侧下颌第一臼齿中的牙龈退缩区域。

Ⓒ RmandP4（408）右侧下颌第四前臼齿疑似第四阶段牙周病，并存在3级分叉。

Ⓓ RmandP4（408）右侧下颌第四前臼齿确诊第四阶段牙周病，并存在3级分叉。

Ⓔ RmaxC（104）右侧上颌犬齿的牙骨质釉质接合区。

Ⓕ RmaxC（104）右侧上颌犬齿伸出5mm。

Ⓖ 舌背面的慢性溃疡。

诊治要点

在对牙周病所处阶段有合理怀疑时，只需使用牙齿探针进行牙周探查即可确诊。在RmandP4（408）右侧下颌第四前臼齿的病例下，通过存在3级分叉来确诊第四阶段牙周病。必须拔除这颗牙齿。有很多原因可导致舌背面上相对频繁地出现溃疡，如创伤原因到病毒原因都有可能。

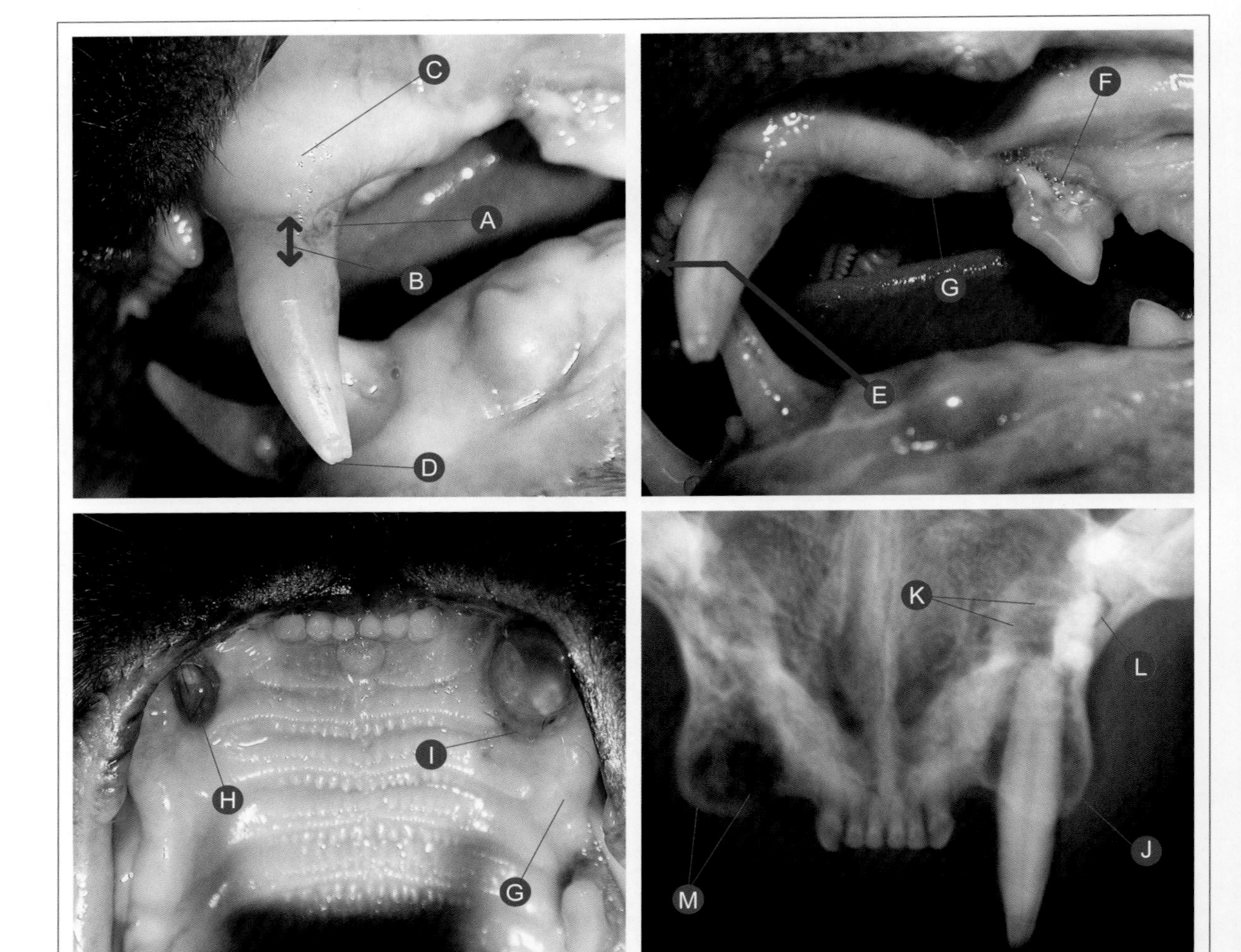

细菌、病毒、真菌和寄生虫引起的口腔疾病　牙周病

LmaxC（204）左侧上颌犬齿的第四阶段牙周病。

Ⓐ RmaxC（104）右侧上颌犬齿疑似第四阶段牙周病。
Ⓑ 牙周病导致 LmaxC（204）左侧上颌犬齿突出。
Ⓒ LmaxC（204）左侧上颌犬齿颊骨扩张引起黏膜增厚。
Ⓓ LmaxC（204）左侧上颌犬齿疑似牙釉质断裂。
Ⓔ 由于第 3 级移动，LmaxC（204）左侧上颌犬齿近中面移位。
Ⓕ LmaxP3（207）左侧上颌第三前臼齿存在第四阶段牙周病。
Ⓖ LmaxP2（206）左侧上颌第二前臼齿缺失。
Ⓗ 疑似 RmaxC（104）右侧上颌犬齿缺失，伤口未完全闭合，并且牙槽外露。
Ⓘ LmaxC（204）左侧上颌犬齿龈下区域脓性液体引流。
Ⓙ 牙科 X 光片：放射学征象显示 LmaxC（204）左侧上颌犬齿中前庭骨严重扩张。
Ⓚ 牙科 X 光片：放射学征象显示 LmaxC（204）左侧上颌犬齿的牙根尖周的病理。
Ⓛ 牙科 X 光片：放射学征象显示 LmaxP3（207）左侧上颌第三前臼齿远端牙尖周肉芽肿。
Ⓜ 牙科 X 光片：放射学征象显示 RmaxC（104）右侧上颌犬齿缺失，并具有局部骨扩张。

诊治要点

当牙齿由于牙周韧带的严重变化而失去插入牙槽骨的深度时，如在本临床病例中的LmaxC（204）左侧上颌犬齿中发生的那样，牙齿可具有高度的活动性，从而最终导致牙齿缺失。晚期牙周病也是造成RmaxC（104）右侧上颌犬齿缺失最可能的原因。LmaxC（204）左侧上颌犬齿第四阶段牙周病的治疗方法是拔除。

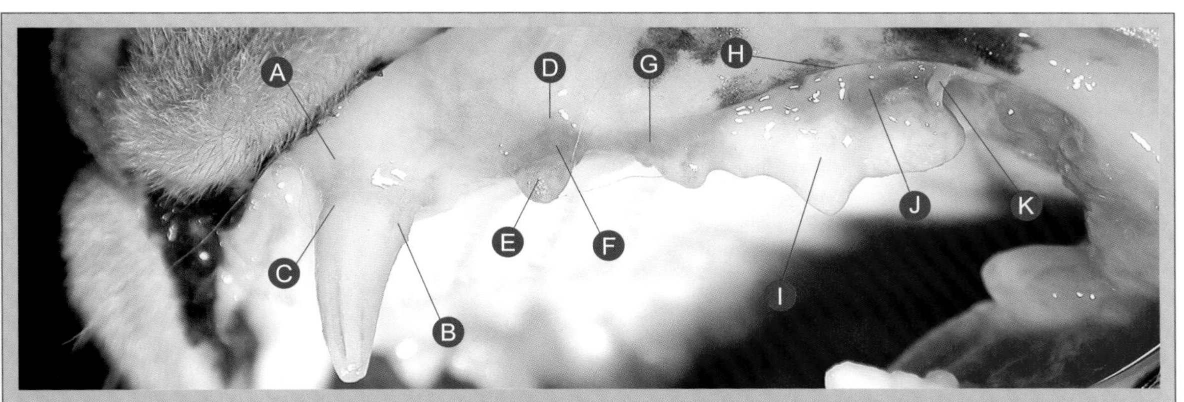

细菌、病毒、真菌和寄生虫引起的口腔疾病　牙周病

不同牙齿中疑似存在第一阶段至第三阶段的牙周病。

Ⓐ LmaxC（204）左侧上颌犬齿疑似第一阶段牙周病。
Ⓑ LmaxC（204）左侧上颌犬齿的牙石指数为1。
Ⓒ LmaxC（204）左侧上颌犬齿的牙垢指数为3。
Ⓓ LmaxP2（206）左侧上颌第二前臼齿疑似第二阶段牙周病。
Ⓔ LmaxP2（206）左侧上颌第二前臼齿的牙石指数为2。
Ⓕ LmaxP2（206）左侧上颌第二前臼齿的牙龈指数为3。
Ⓖ LmaxP3（207）左侧上颌第三前臼齿疑似复杂牙冠断裂。
Ⓗ LmaxP4（208）左侧上颌第四前臼齿疑似第三阶段牙周病。
Ⓘ LmaxP4（208）左侧上颌第四前臼齿的牙垢指数为4。
Ⓙ LmaxP4（208）左侧上颌第四前臼齿的牙龈指数为3。
Ⓚ LmaxP4（208）左侧上颌第四前臼齿牙冠表面唾液。

诊治要点

牙垢指数、牙结石指数和牙龈指数仅提供评估牙周病阶段的信息，但不是决定性的。为充分评估牙周病阶段，我们须使用牙周探针并使用牙齿放射学诊断进行确诊。

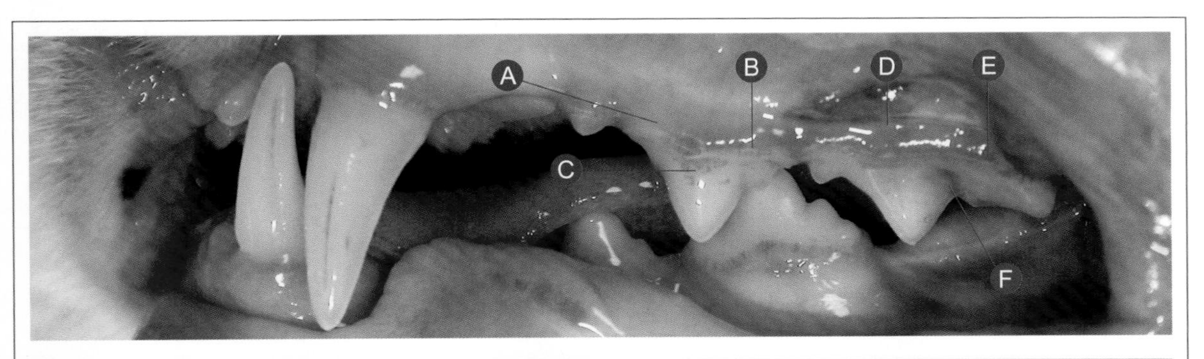

细菌、病毒、真菌和寄生虫引起的口腔疾病　牙周病

LmaxP3（207）左侧上颌第三前臼齿和LmaxP4（208）左侧上颌第四前臼齿的第一阶段牙周病。

Ⓐ LmaxP3（207）左侧上颌第三前臼齿的第一阶段牙周病。
Ⓑ LmaxP3（207）左侧上颌第三前臼齿的牙龈指数为1。
Ⓒ LmaxP3（207）左侧上颌第三前臼齿的牙石指数为1。
Ⓓ LmaxP4（208）左侧上颌第四前臼齿的第一阶段牙周病。
Ⓔ LmaxP4（208）左侧上颌第四前臼齿的牙龈指数为2。
Ⓕ LmaxP4（208）左侧上颌第四前臼齿的牙石指数为2。

诊治要点

在许多临床病例中，轻度牙周病是可治愈的。充分的常规牙周治疗（牙齿清洁）并且保持动物在家里的口腔卫生可有助于确保口腔健康。

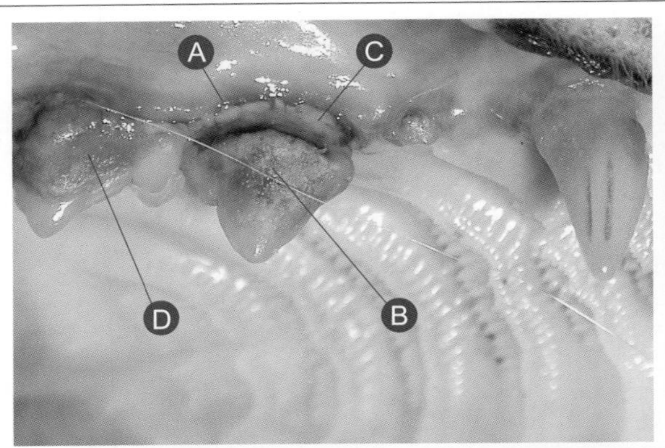

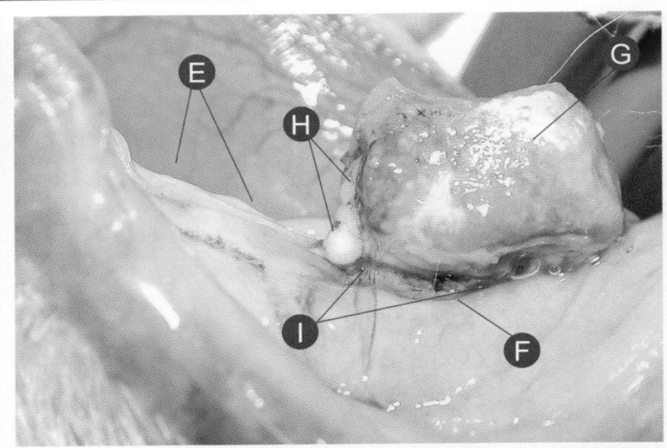

细菌、病毒、真菌和寄生虫引起的口腔疾病　　牙周病

RmaxP3（107）右侧上颌第三前臼齿和LmandM1（309）左侧下颌第一臼齿疑似第四阶段牙周病。

Ⓐ RmaxP3(107)右侧上颌第三前臼齿疑似第四阶段牙周病。
Ⓑ RmaxP3（107）右侧上颌第三前臼齿的牙石指数为 4。
Ⓒ 牙龈区域中细菌斑块积聚并存在脓液。
Ⓓ RmaxP4（108）右侧上颌第四前臼齿的牙石指数为 3。
Ⓔ 从右到左：RmandP4（308）右侧下颌第四前臼齿和LmandP3（307）左侧下颌第三前臼齿缺失。
Ⓕ LmandM1(309)左侧下颌第一臼齿疑似第四阶段牙周病。
Ⓖ LmandM1（309）左侧下颌第一臼齿的牙石指数为 4。
Ⓗ 脓液在牙冠表面并覆盖牙结石。
Ⓘ 阻生牙龈边缘的血性浆液引流。

诊治要点

尽管有可见的结石指数，以及与晚期牙周病相符合的明显的临床特征，但仍需要通过探测深度和牙科X光片来确定疾病的确切阶段。

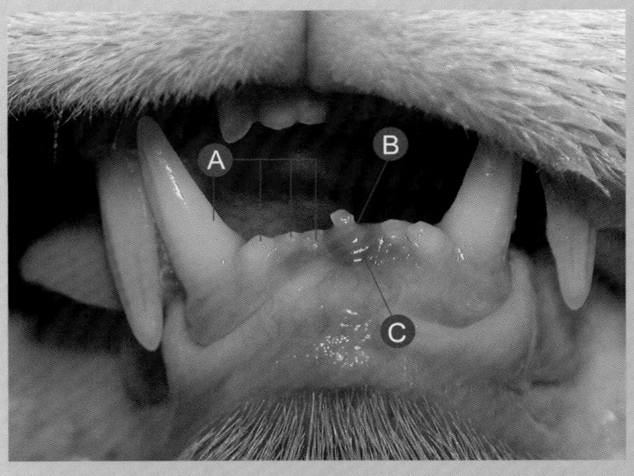

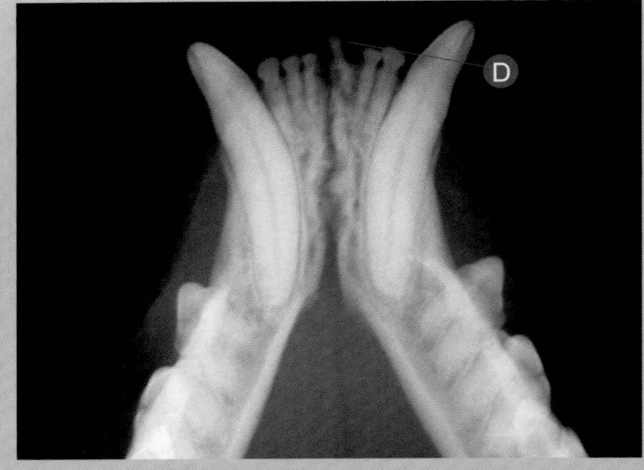

细菌、病毒、真菌和寄生虫引起的口腔疾病　　牙周病

LmandI1（301）左侧下颌第一切齿期间的第四阶段牙周病。

Ⓐ 从右到左：RmandI1（401）右侧下颌第一切齿、RmandI2（402）右侧下颌第二切齿、RmandI3（403）右侧下颌第三切齿、RmandC（404）右侧下颌犬齿。
Ⓑ 由于牙齿突出，LmandI1（301）左侧下颌第一切齿疑似第四阶段牙周病。
Ⓒ LmandI1（301）左侧下颌第一切齿的牙龈指数为 3。
Ⓓ 牙科 X 光片：放射学征象显示 LmandI1（301）左侧下颌第一切齿存在第四阶段牙周病。

诊治要点

偶尔，我们可以检测出处于牙周病晚期但不显著影响周围牙齿的牙齿。在本临床病例中，第四阶段牙周病需要拔除牙齿，以避免疾病影响到局部其他牙齿。

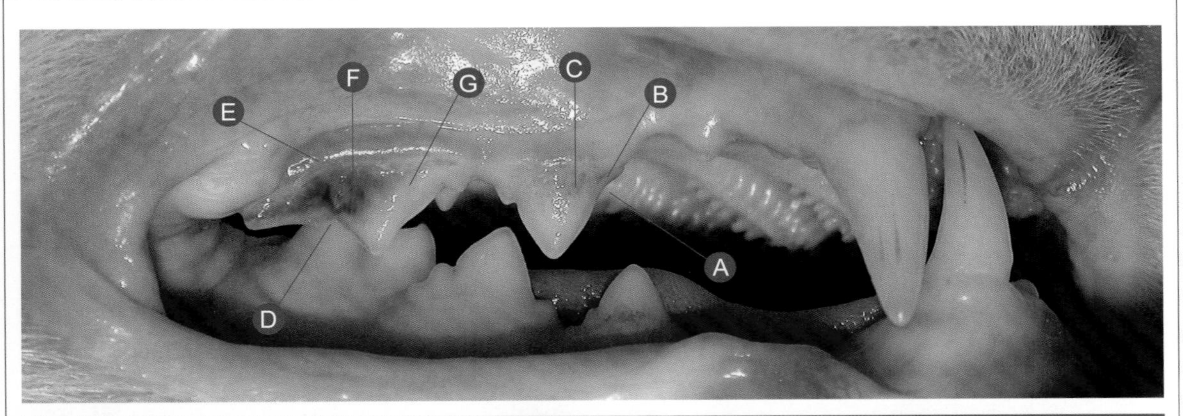

细菌、病毒、真菌和寄生虫引起的口腔疾病　　牙周病

RmaxP3（107）右侧上颌第三前臼齿和 RmaxP4（108）右侧上颌第四前臼齿中的第一阶段牙周病。

- Ⓐ RmaxP3（107）右侧上颌第三前臼齿的第一阶段牙周病。
- Ⓑ RmaxP3（107）右侧上颌第三前臼齿的牙石指数为 1。
- Ⓒ RmaxP3（107）右侧上颌第三前臼齿的牙垢指数为 2。
- Ⓓ RmaxP4（108）右侧上颌第四前臼齿的第一阶段牙周病。
- Ⓔ RmaxP4（108）右侧上颌第四前臼齿的牙龈指数为 1。
- Ⓕ RmaxP4（108）右侧上颌第四前臼齿的牙石指数为 2。
- Ⓖ RmaxP4（108）右侧上颌第四前臼齿的牙垢指数为 2。

诊治要点

在一些临床病例中，牙结石可能呈现不同的颜色（从黄色到深棕色，包括在本临床病例中看到的橙色），这可能与唾液的成分以及动物食物的类型和成分有关。当疾病过程可逆时，如果未得到适当治疗，疾病随着时间将会不可逆转，因此推荐在疾病过程可逆时应及时进行牙周治疗。

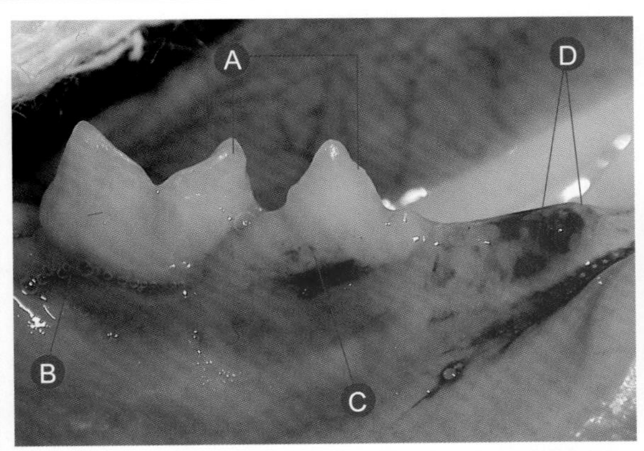

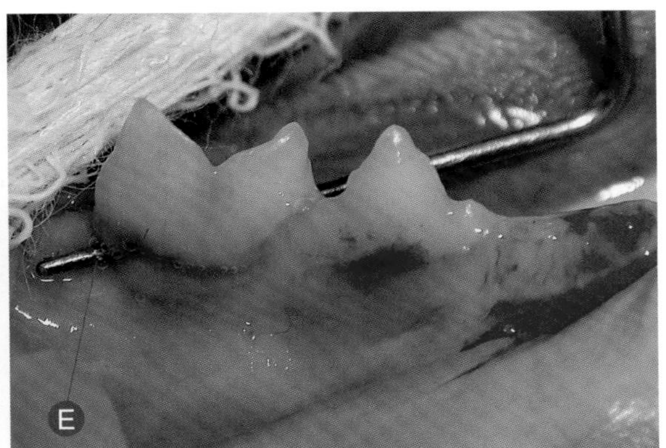

细菌、病毒、真菌和寄生虫引起的口腔疾病　　牙周病

RmandM1（409）右侧下颌第一臼齿疑似第四阶段牙周病。

- Ⓐ 从右到左：RmandP4（408）右侧下颌第四前臼齿、RmandM1（409）右侧下颌第一臼齿。
- Ⓑ RmandM1（409）右侧下颌第一臼齿疑似第二阶段牙周病。
- Ⓒ RmandP4（408）右侧下颌第四前臼齿疑似第二阶段牙齿吸收。
- Ⓓ RmandP3（407）右侧下颌第三前臼齿缺失，疑似第四 b 阶段牙齿吸收。
- Ⓔ RmandM1（409）右侧下颌第一臼齿的第四阶段牙周病，牙周探查证实具有 3 级分叉。

诊治要点

在某些病例中，甚至在牙科X光片检查之前，使用探头和牙齿探测器对评估牙周病阶段具有决定作用。后者在本临床病例中特别有用，可以确定RmandM1（409）右侧下颌第一臼齿是否受到牙齿吸收的影响。对具有3级分叉的RmandM1（409）右侧下颌第一臼齿充分治疗的方法是拔除。

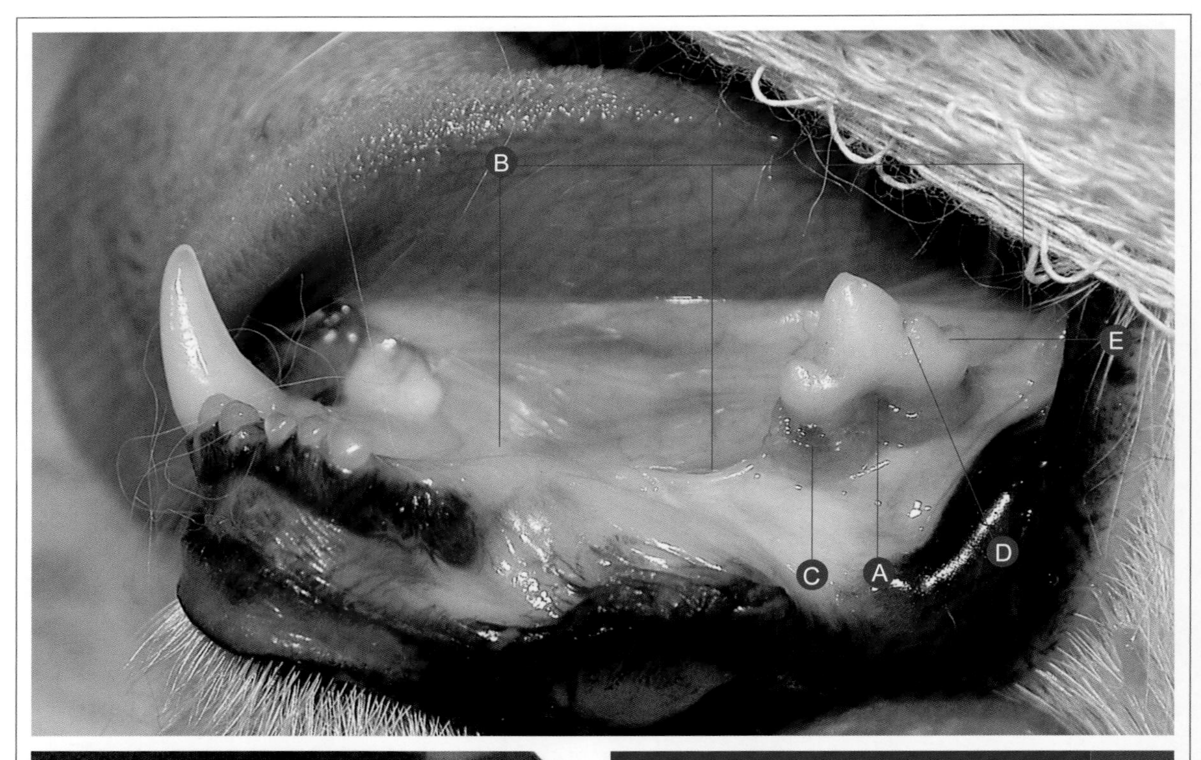

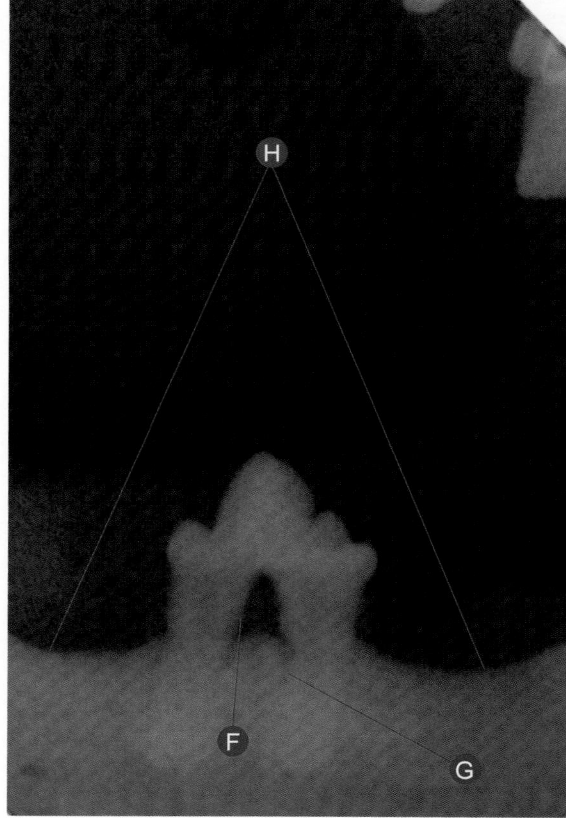

细菌、病毒、真菌和寄生虫引起的口腔疾病 牙周病

LmandP4（308）第四阶段牙周病。

Ⓐ RmandP4（308）疑似第四阶段牙周病。
Ⓑ 从右到左：LmandM1（309）左侧下颌第一臼齿、LmandP3（307）左侧下颌第三前臼齿、LmandC（304）左侧下颌犬齿缺失。
Ⓒ LmandP4（308）左侧下颌第四前臼齿的牙龈指数为 2。
Ⓓ LmandP4（308）左侧下颌第四前臼齿的牙垢指数为 1。
Ⓔ LmandP4（308）左侧下颌第四前臼齿的牙石指数为 0。
Ⓕ 牙科 X 光片：放射学征象显示 LmandP4（308）左侧下颌第四前臼齿的第四阶段牙周病，并具有 3 级分叉。
Ⓖ 牙科 X 光片：放射学征象显示 LmandP4（308）左侧下颌第四前臼齿的第二阶段牙齿吸收。
Ⓗ 牙科 X 光片：（从右到左）放射学征象显示 LmandM1（309）左侧下颌第一臼齿和 LmandP3（307）左侧下颌第三前臼齿缺失。

诊治要点

除使用牙周探针外，还可以通过局部牙科X光片来检测分叉的病变类别。在本临床病例中，放射性检测分叉区域外露证明了LmandP4（308）左侧下颌第四前臼齿存在第4阶段牙周病。

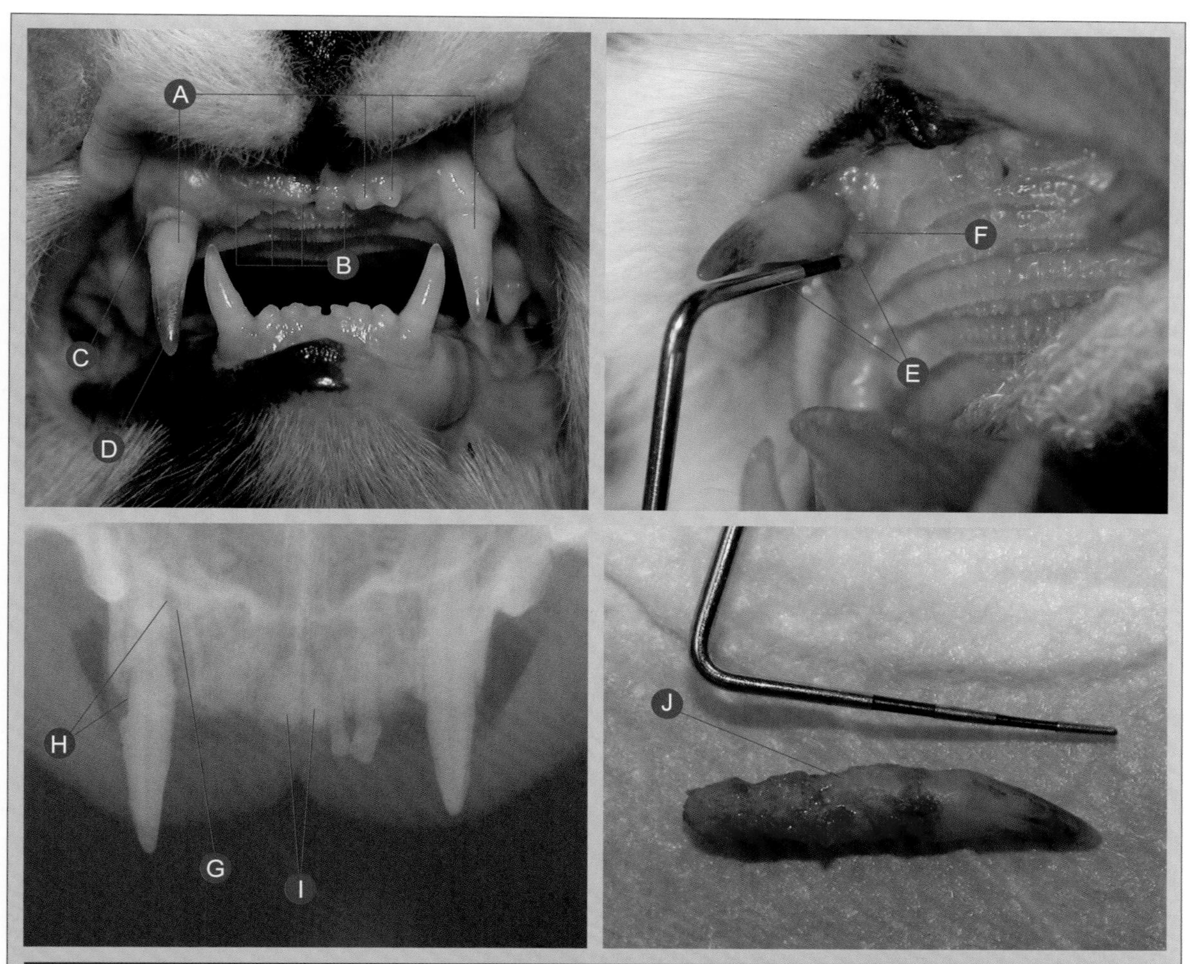

细菌、病毒、真菌和寄生虫引起的口腔疾病 | 牙周病

RmaxC（104）右侧上颌犬齿的第四阶段牙周病；疑似Ⅱ型内－牙周病变导致牙齿变色。

Ⓐ 从右到左：LmaxC（204）左侧上颌犬齿、LmaxI3（203）左侧上颌第三切齿、LmaxI2（202）左侧上颌第二切齿和RmaxC（104）右侧上颌犬齿。

Ⓑ 从右到左：LmaxI1（201）左侧上颌第一切齿、RmaxI1（101）右侧上颌第一切齿、RmaxI2（102）右侧上颌第二切齿和RmaxI3（103）右侧上颌第三切齿缺失。

Ⓒ RmaxC（104）右侧上颌犬齿疑似第三阶段牙周病。

Ⓓ RmaxC（104）右侧上颌犬齿牙冠部分三分之一的牙齿变色。

Ⓔ 在RmaxC（104）右侧上颌犬齿颚区域应用牙周探针评估，确认RmaxC（104）右侧上颌犬齿存在第四阶段牙周病；牙周袋深度8mm。

Ⓕ 龈下脓液的引流。

Ⓖ 牙科X光片：放射学征象显示由于牙周韧带损失在RmaxC（104）右侧上颌犬齿中第四阶段牙周病。

Ⓗ 牙科X光片：放射学征象显示RmaxC（104）右侧上颌犬齿中第二阶段牙齿吸收。

Ⓘ 牙科X光片：（从右到左）放射学征象显示LmaxI1（201）左侧上颌第一切齿和RmaxI1（101）右侧上颌第一切齿中的第四b阶段牙齿吸收。

Ⓙ RmaxC（104）右侧上颌犬齿在手术拔除后的特写镜头。

诊治要点

上颌犬齿的牙周病晚期阶段并不总是表现出严重的颊骨扩张或眼观表现。应始终根据牙周探查深度和牙科X光片来确定牙周病阶段。偶尔，如在本临床病例中，可以检测出与牙髓病变（Ⅱ型内－牙周病变）密切相关的牙齿变色。本临床病例的有效治疗手段是拔除。

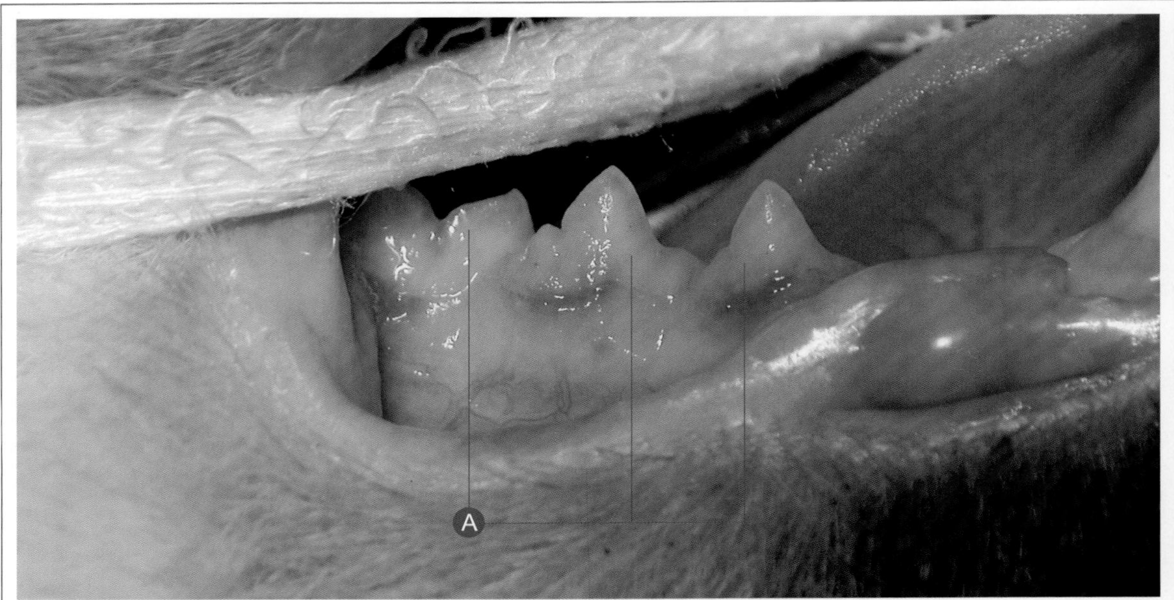

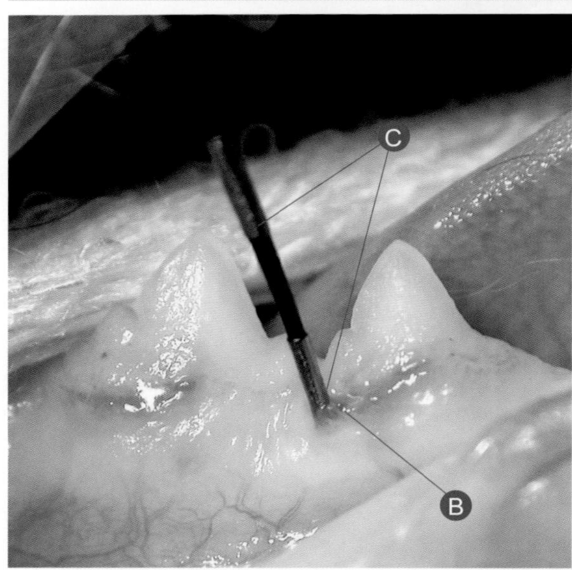

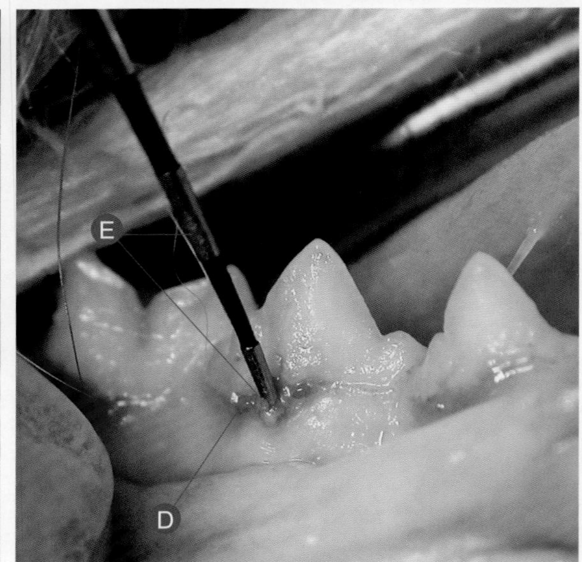

RmandP3（407）右侧下颌第三前臼齿和 RmandP4（408）右侧下颌第四前臼齿疑似第一阶段牙周病。

Ⓐ 从右到左：RmandP3（407）右侧下颌第三前臼齿、RmandP4（408）右侧下颌第四前臼齿、RmandM1（409）右侧下颌第一臼齿。

Ⓑ RmandP3（407）右侧下颌第三前臼齿的牙龈指数为 1。

Ⓒ 使用牙周探针测定 RmandP3（407）右侧下颌第三前臼齿的远端前庭区域中牙龈沟深度为 1mm。

Ⓓ RmandP4（408）右侧下颌第四前臼齿的牙龈指数为 1。

Ⓔ 使用牙周探针测定 RmandP4（408）右侧下颌第四前臼齿的前庭区域中牙龈沟深度为 1mm。

诊治要点

在检测到牙周病处于初始阶段时，应建议牙周治疗（牙齿清洁）。如果不进行牙齿清洁，牙周病发展迅速，并且牙龈指数和牙周病阶段会增加。

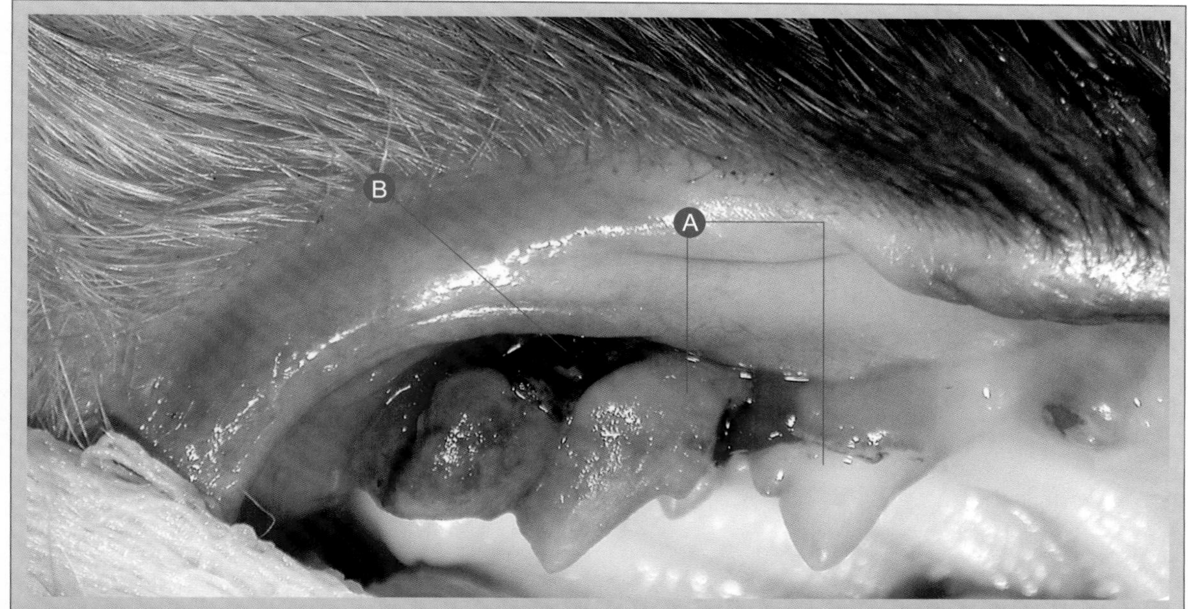

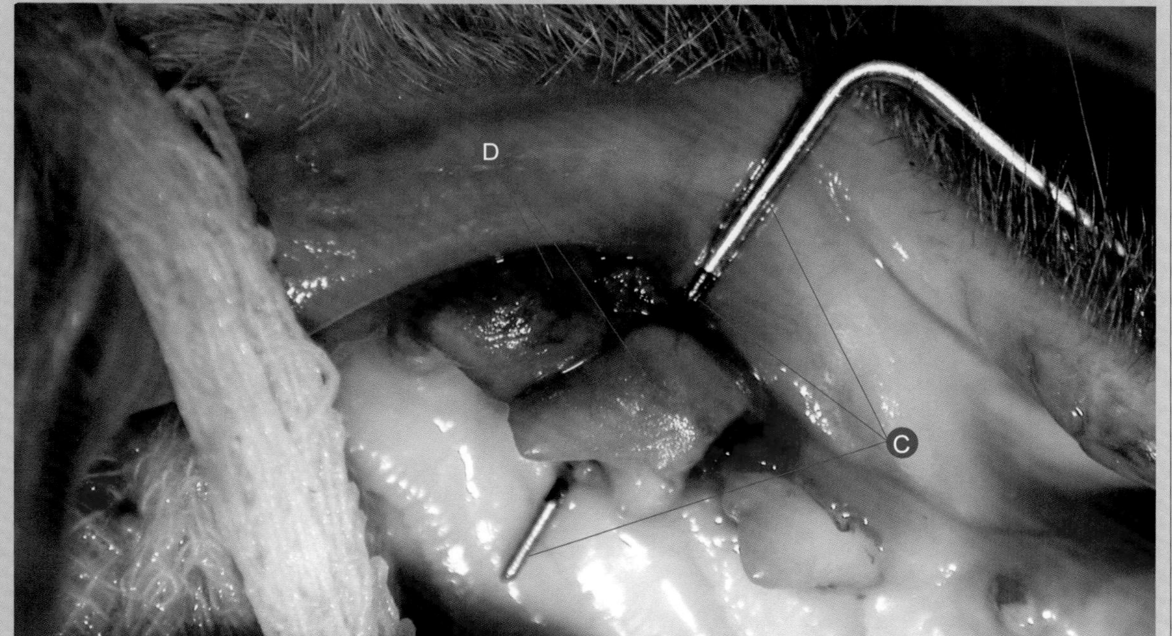

细菌、病毒、真菌和寄生虫引起的口腔疾病　牙周病

RmaxP4（108）右侧上颌第四前臼齿的第四阶段牙周病。

Ⓐ从右到左：RmaxP3（107）右侧上颌第三前臼齿和RmaxP4（108）右侧上颌第四前臼齿。
Ⓑ RmaxP4（108）右侧上颌第四前臼齿疑似第四阶段牙周病。
Ⓒ RmaxP4（108）右侧上颌第四前臼齿的第四阶段牙周病，具有3级分叉（通过牙周探查确认）。
Ⓓ 关于RmaxP4（108）右侧上颌第四前臼齿的牙石指数为4。

诊治要点

再强调一遍，使用探针和牙齿探测器可检测牙周病阶段，偶尔可用于牙周病分类，正如本临床病例所示。该患猫的最佳治疗方法是拔除RmaxP4（108）右侧上颌第四前臼齿。

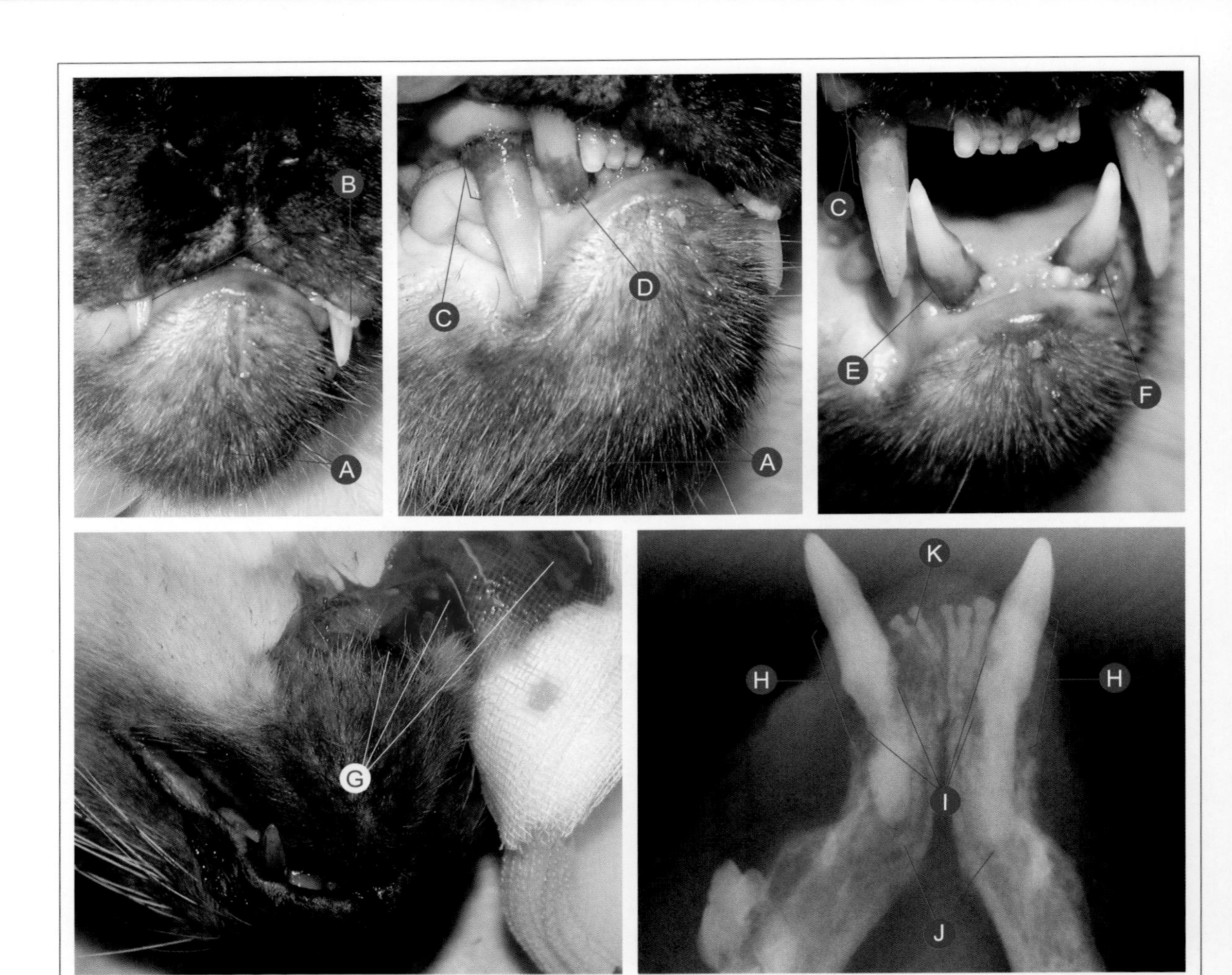

细菌、病毒、真菌和寄生虫引起的口腔疾病　　牙周病

LmandC（304）左侧下颌犬齿和 RmandC（404）右侧下颌犬齿存在第四阶段牙周病和第三阶段的牙齿吸收；严重的下颌尖周脓肿。

Ⓐ 下颌区严重的（下颌）脓肿。
Ⓑ 上颌尖牙的牙尖口腔外可见，这可能是晚期牙周病的表现。
Ⓒ RmaxC（104）右侧上颌犬齿的第四阶段牙周病。
Ⓓ RmandC（404）右侧下颌犬齿疑似第四阶段牙周病。
Ⓔ RmandC（404）右侧下颌犬齿确认第四阶段牙周病。
Ⓕ LmandC（304）左侧下颌犬齿疑似第四阶段牙周病。
Ⓖ 对下颌区严重的下颌脓肿和产生的血清脓性液体进行引流。
Ⓗ 牙科 X 光片：（从右到左）放射学征象显示 LmandC（304）左侧上颌第一切齿和 RmandC（404）右侧上颌第一切齿的第四阶段牙周病。
Ⓘ 牙科 X 光片：（从右到左）放射学征象显示 LmandC（304）左侧下颌犬齿和 RmandC（404）右侧下颌犬齿的第三阶段牙齿吸收。
Ⓙ 牙科 X 光片：放射学征象显示 LmandC（304）左侧下颌犬齿和 RmandC（404）右侧下颌犬齿牙根尖周的病理。
Ⓚ 牙科 X 光片：放射学征象显示 RmandI2（402）右侧下颌第二切齿的第四 c 阶段牙齿吸收。

诊治要点

正如本临床病例的上下颌犬齿所呈现的，牙周病晚期的患猫的牙齿可能伸长。牙周病处于此阶段可导致牙根尖周病变，也可发展成牙脓肿。此过程可因牙齿吸收的同时存在而变得复杂。牙齿吸收如影响牙髓腔，会加速牙根尖周病变。本临床病例的治疗方法是拔除LmandC（304）左侧下颌犬齿和 RmandC（404）右侧下颌犬齿。

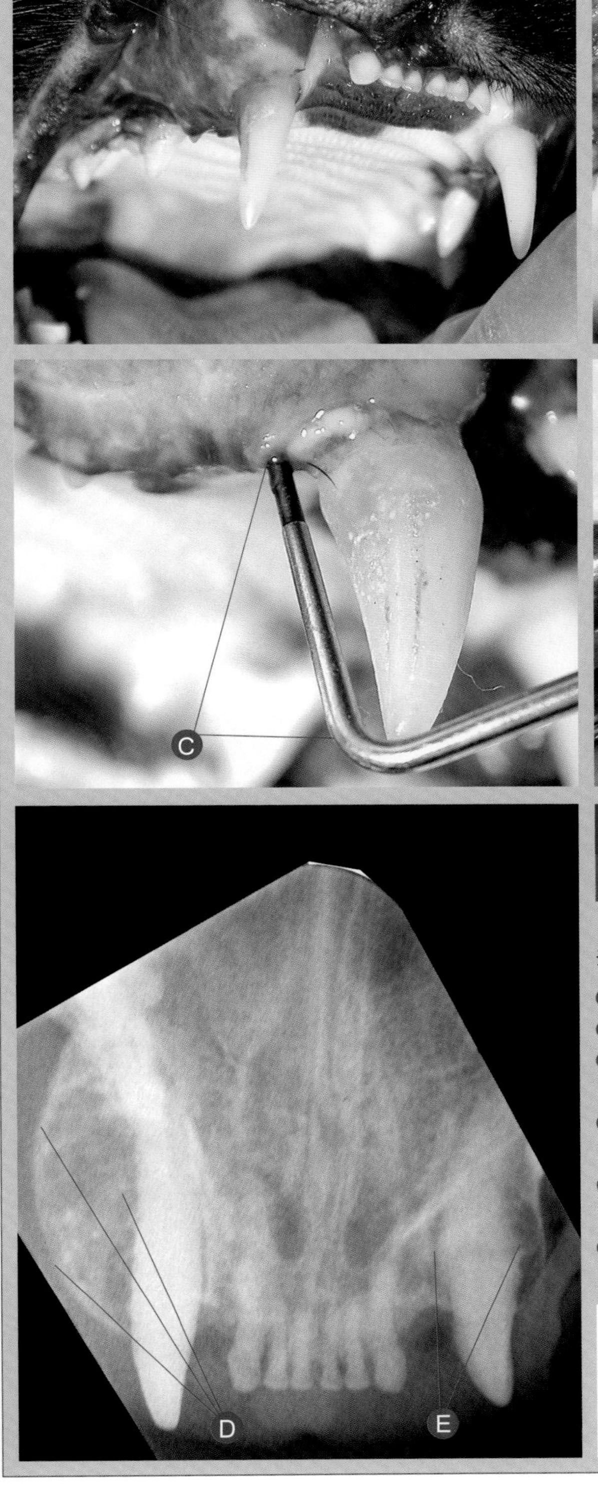

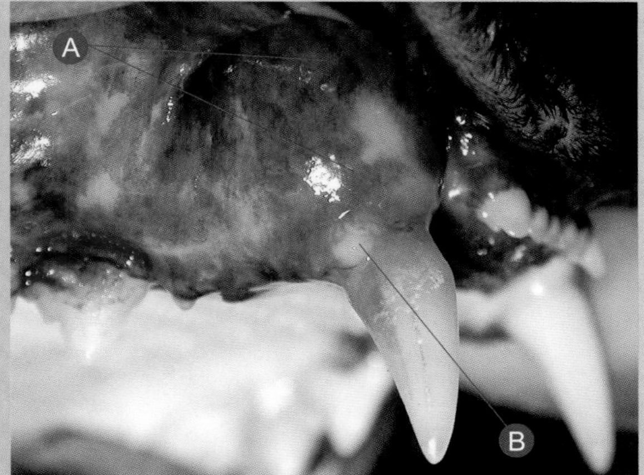

细菌、病毒、真菌和寄生虫引起的口腔疾病

牙周病

RmaxC（104）右侧上颌犬齿的第四阶段牙周病，并伴有前庭骨严重扩张。

Ⓐ RmaxC（104）右侧上颌犬齿疑似严重的前庭骨扩张。
Ⓑ 从 RmaxC（104）右侧上颌犬齿的前庭牙龈排出脓液。
Ⓒ 使用牙周探针测量 RmaxC（104）右侧上颌犬齿的前庭区域的牙周探测深度为 9mm。
Ⓓ 牙科 X 光片：放射学征象显示 RmaxC（104）右侧上颌犬齿的第四阶段牙周病和前庭骨严重扩张。
Ⓔ 牙科 X 光片：放射学征象显示 LmaxC（204）左侧上颌犬齿疑似第四阶段牙周病。
Ⓕ 拔除 RmaxC（104）右侧上颌犬齿后，其牙根表面脓的特写图片。

诊治要点

在晚期牙周病的病例中，前庭骨扩张可发生在上犬齿区域，偶尔在其产生的空间会有化脓物。本病例必须进行鉴别诊断以排除肿瘤的可能性。

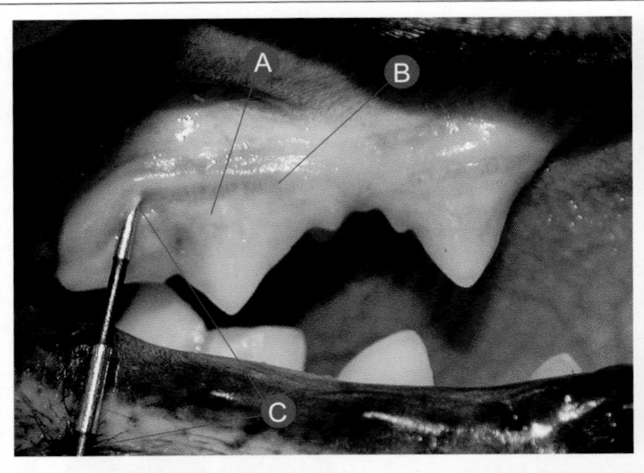

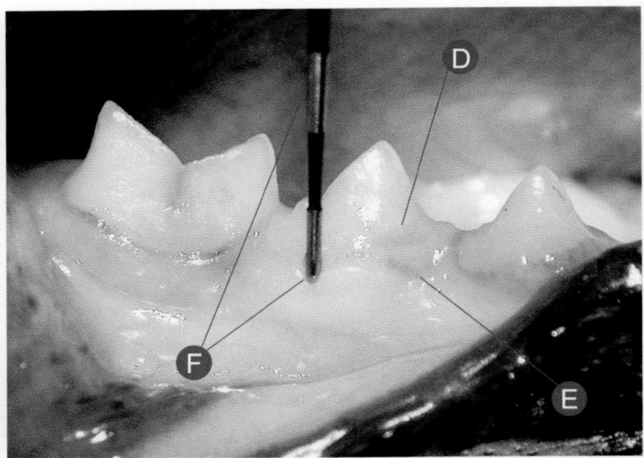

细菌、病毒、真菌和寄生虫引起的口腔疾病　牙周病

RmaxP4（108）右侧上颌第四前臼齿和RmandP4（408）右侧下颌第四前臼齿疑似第一阶段牙周病。

Ⓐ RmaxP4（108）右侧上颌第四前臼齿的牙垢指数为 3。
Ⓑ RmaxP4（108）右侧上颌第四前臼齿的牙龈指数为 1。
Ⓒ RmaxP4（108）右侧上颌第四前臼齿的前庭区使用牙周探针探测牙龈沟的图片，沟深度为 1mm。
Ⓓ RmandP4（408）右侧下颌第四前臼齿的牙垢指数为 1。
Ⓔ RmandP4（408）右侧下颌第四前臼齿的牙龈指数为 1。
Ⓕ RmandP4（408）右侧下颌第四前臼齿的前庭区域中使用牙周探针探测牙龈沟的图片，沟深度小于 1mm。

诊治要点

当牙周病处于早期阶段时，应对我们的客户提供如何保持猫口腔清洁的建议，应使用特定牙膏刷牙以保持口腔卫生。

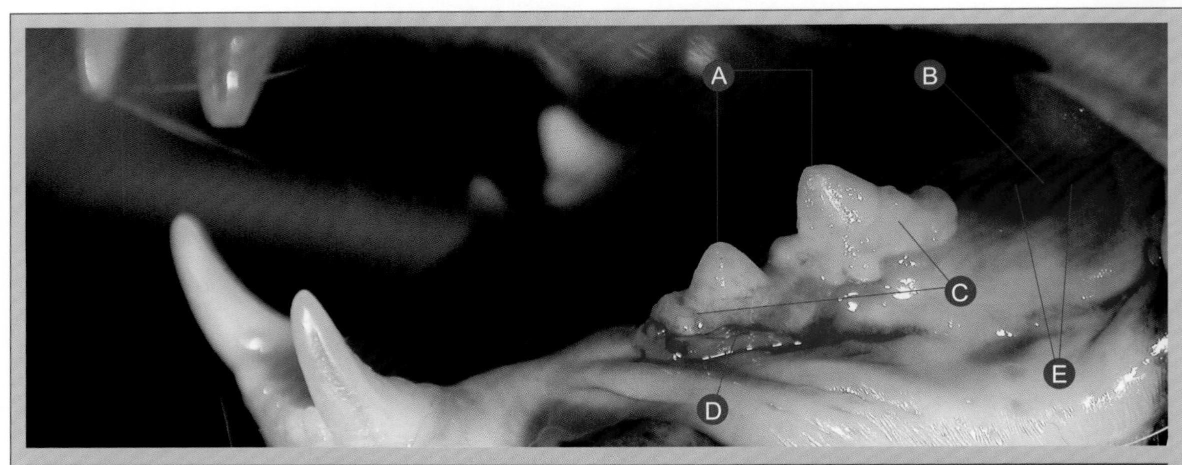

细菌、病毒、真菌和寄生虫引起的口腔疾病　牙周病

LmandP3（307）左侧下颌第三前臼齿和 RmandP4（308）右侧下颌第四前臼齿疑似第二阶段牙周病。

Ⓐ 从右到左：LmandP4（308）左侧下颌第四前臼齿和 LmandP3（307）左侧下颌第三前臼齿。
Ⓑ LmandM1（309）左侧下颌第一臼齿缺失。
Ⓒ LmandP3（307）左侧下颌第三前臼齿和 LmandP4（308）左侧下颌第四前臼齿的牙垢指数为 3。
Ⓓ LmandP3（307）左侧下颌第三前臼齿的牙龈指数为 2。
Ⓔ LmandM1（309）左侧下颌第一臼齿缺失区域的中度至重度牙龈炎。

诊治要点

控制牙周病的主要目标之一是通过在家中保持口腔卫生和定期专业牙周治疗以控制和消除牙垢。

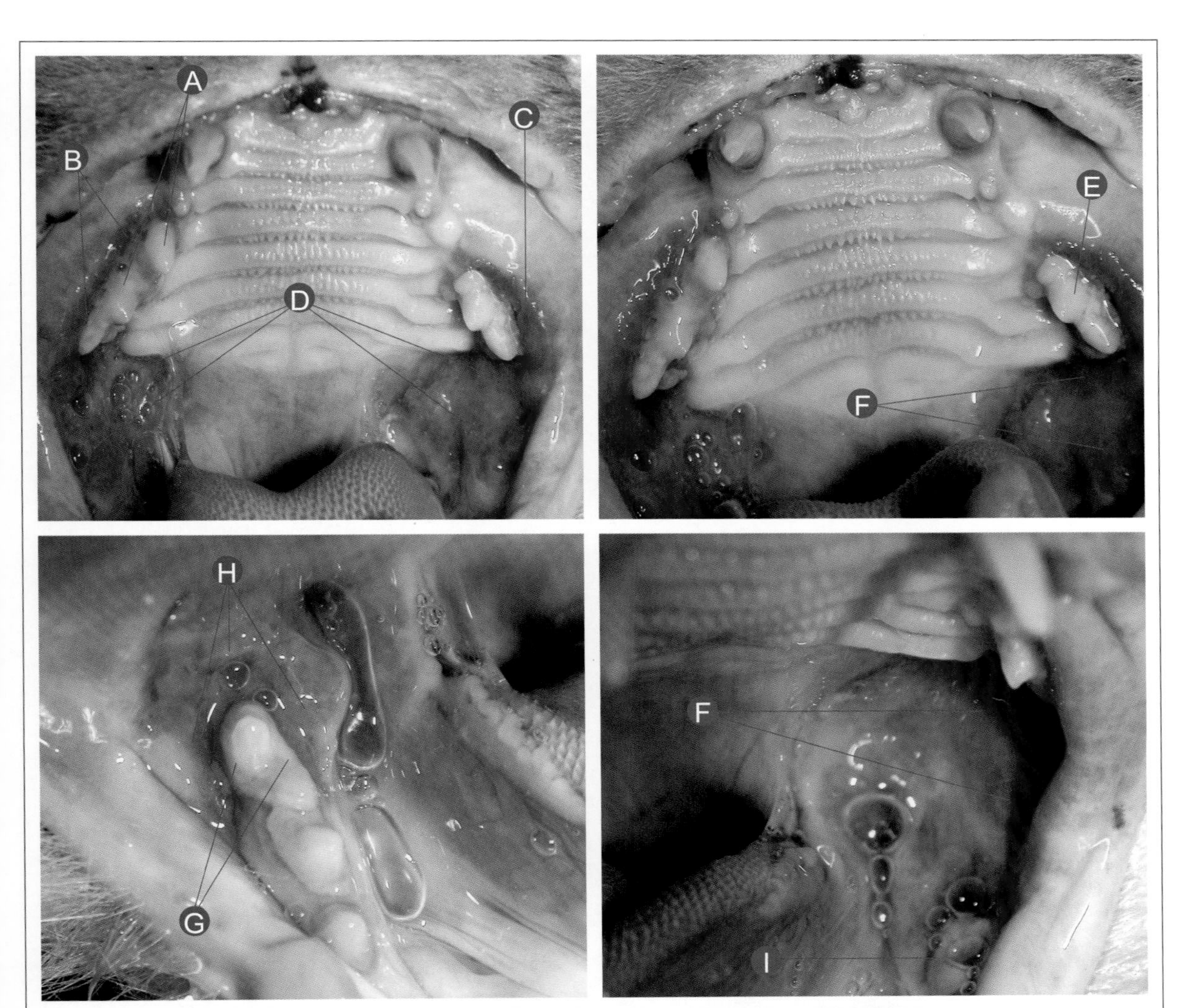

细菌、病毒、真菌和寄生虫引起的口腔疾病　猫龈口炎

11岁患猫严重慢性牙龈炎。病毒分析（PCR）：猫白血病阴性（FeLV-），猫免疫缺陷阴性（FIV-），猫杯状病毒阳性（FCV+），猫疱疹病毒阴性（FHV-）。

Ⓐ RmaxP3（107）右侧上颌第三前臼齿和 RmaxP4（108）右侧上颌第四前臼齿的牙斑指数为 4。
Ⓑ RmaxP3（107）右侧上颌第三前臼齿和 RmaxP4（108）右侧上颌第四前臼齿的牙龈指数为 3。
Ⓒ LmaxP4（208）左侧上颌第四前臼齿的牙龈指数为 3。
Ⓓ 左侧和右侧远端颊黏膜有严重的口腔炎。
Ⓔ LmaxP4（208）左侧上颌第四前臼齿的牙斑指数为 4 的图片。
Ⓕ 左侧远端颊黏膜有严重口腔炎的特写图。
Ⓖ RmandM1（409）右侧下颌第一臼齿的牙斑指数为 4。
Ⓗ RmandM1（409）右侧下颌第一臼齿的前庭、远端和舌侧区域有严重的牙龈炎。
Ⓘ LmandM1（309）左侧下颌第一臼齿。

诊治要点

猫慢性牙龈炎在猫临床中非常常见。已进行很多研究以确定其病因和应如何治疗。牙周病和病毒感染似乎和这种疾病密切相关。猫杯状病毒可能在该综合征中起决定性作用。充分的病毒检测和控制牙周病（包括在需要时拔除多颗前臼齿和臼齿）是控制这种猫科疾病的第一步。

一般临床症状和口腔中检测到的症状变化很大，临床表现可为无明显体征至厌食症和严重口腔疼痛。在这两种极端情况之间存在多种临床症状。

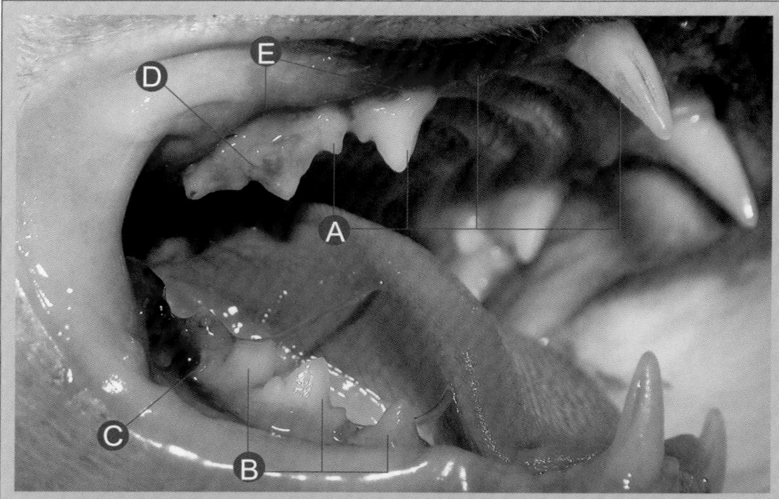

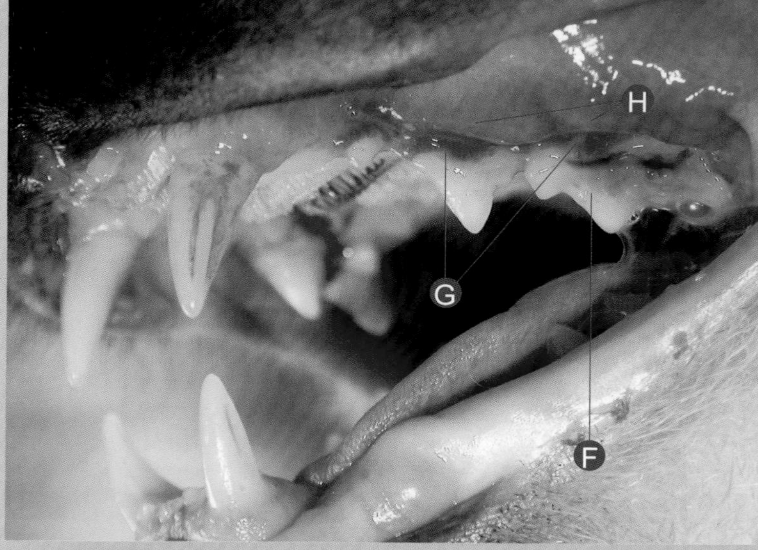

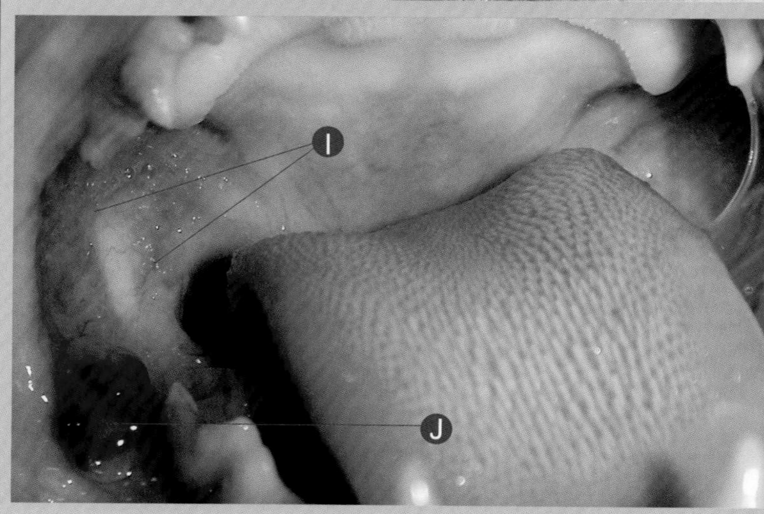

细菌、病毒、真菌和寄生虫引起的口腔疾病

猫龈口炎

4岁猫患有中度慢性牙龈炎；长期应用皮质类固醇治疗。病毒分析（PCR）：猫白血病阴性（FeLV-），猫免疫缺陷阴性（FIV-），猫杯状病毒阳性（FCV+），猫疱疹病毒阴性（FHV-）。

Ⓐ 从右到左：RmaxC（104）右侧上颌犬齿、RmaxP2（106）右侧上颌第二前臼齿、RmaxP3（107）右侧上颌第三前臼齿和RmaxP4（108）右侧上颌第四前臼齿。

Ⓑ 从右到左：RmandP3（407）右侧下颌第三前臼齿、RmandP4（408）右侧下颌第四前臼齿和RmandM1（409）右侧下颌第一臼齿。

Ⓒ RmandM1（409）右侧下颌第一臼齿疑似第3级牙齿吸收。

Ⓓ RmaxP4（108）右侧上颌第四前臼齿的牙斑指数为4。

Ⓔ RmaxP3（107）右侧上颌第三前臼齿和RmaxP4（108）右侧上颌第四前臼齿的牙龈指数为3。

Ⓕ LmaxP4（208）左侧上颌第四前臼齿的牙斑指数为4。

Ⓖ LmaxP3（207）左侧上颌第三前臼齿和LmaxP4（208）左侧上颌第四前臼齿的牙龈指数为3。

Ⓗ LmaxP3（207）左侧上颌第三前臼齿和LmaxP4（208）左侧上颌第四前臼齿的前庭区域存在严重口腔炎。

Ⓘ 右侧远端颊黏膜中度损害。

Ⓙ RmandM1（409）右侧下颌第一臼齿前庭区的增生组织。

诊治要点

在这个猫慢性牙龈炎的病例中，尽管动物正在长期应用皮质类固醇治疗，上前臼齿中的牙龈指数为3（现有研究认为牙周病是可能的病因之一）。皮质类激素的使用可能是导致左右两侧远端颊黏膜中度损伤的原因。在本病例中控制牙周病是治疗临床症状所必需的。

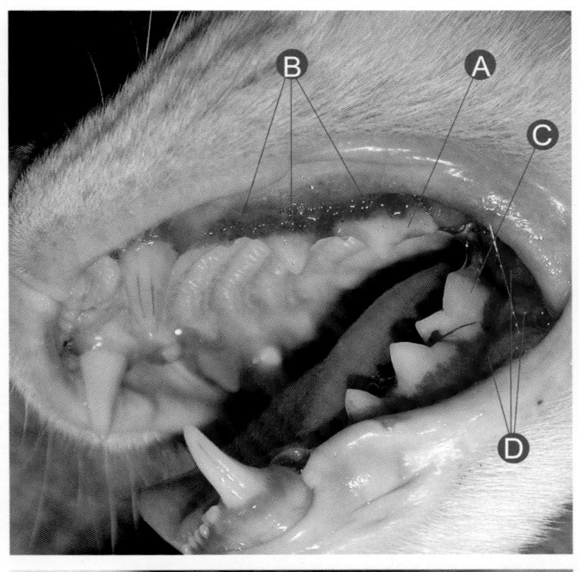

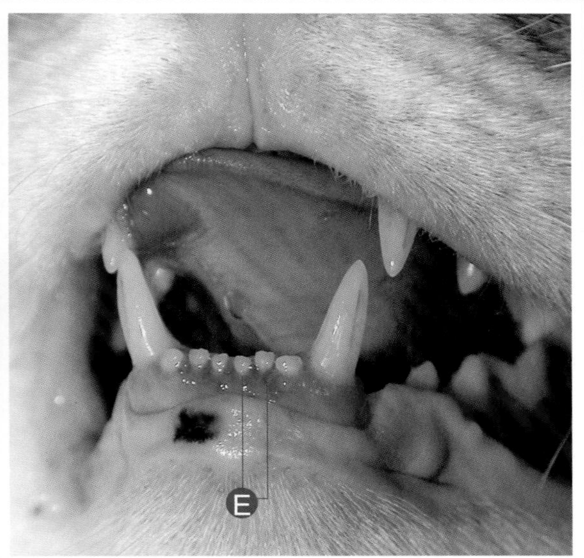

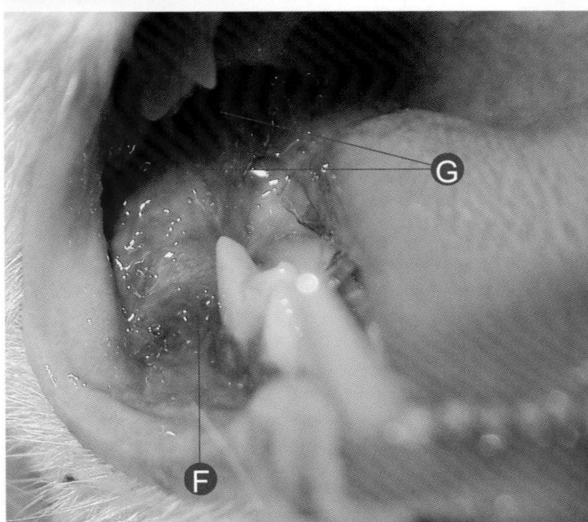

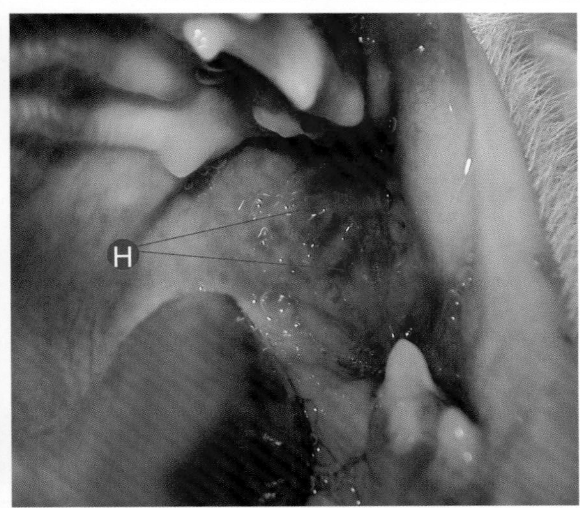

细菌、病毒、真菌和寄生虫引起的口腔疾病　猫龈口炎

13月龄患猫的严重慢性牙龈炎。病毒分析（PCR）：猫白血病阴性（FeLV-），猫免疫缺陷阴性（FIV-），猫杯状病毒阳性（FCV+），猫疱疹病毒阴性（FHV-）。

Ⓐ LmaxP4（208）左侧上颌第四前臼齿的牙垢指数为4。
Ⓑ LmaxP2（206）左侧上颌第二前臼齿、LmaxP3（207）左侧上颌第三前臼齿和LmaxP4（208）左侧上颌第四前臼齿的牙龈指数为3。
Ⓒ LmandM1（309）左侧下颌第一臼齿的牙垢指数为3。
Ⓓ LmandM1（309）左侧下颌第一臼齿的前庭和远端区域存在严重牙龈炎。
Ⓔ 从右到左：LmandI2（302）左侧下颌第二切齿和LmandI1（301）左侧下颌第一切齿的牙龈指数为3。
Ⓕ RmandM1（409）右侧下颌第一臼齿远端区域存在严重的牙龈炎。
Ⓖ 右尾侧颊黏膜中度－严重口炎。
Ⓗ 左尾侧颊黏膜严重口炎。

诊治要点

慢性猫牙龈炎可在口腔中与牙齿、尾颊黏膜或腭舌弓紧密接触的那些区域中检测到。如果切口活检是可行的，强烈建议确认疾病过程以及进行病毒检测。

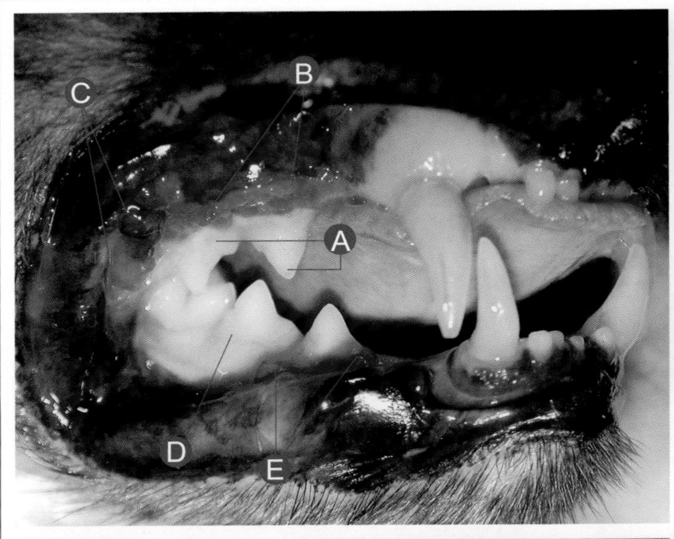

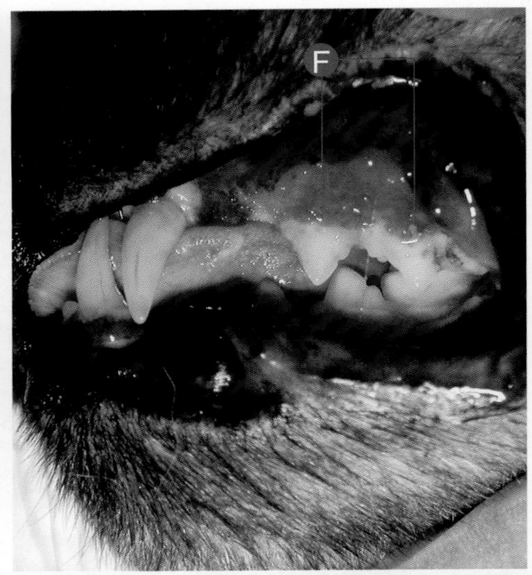

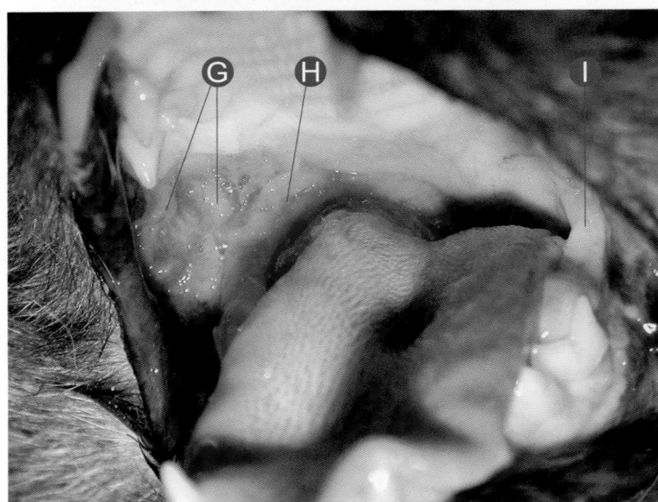

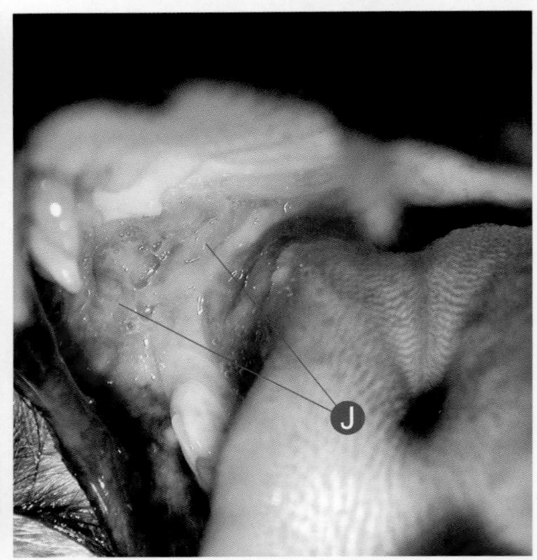

细菌、病毒、真菌和寄生虫引起的口腔疾病　　猫龈口炎

11岁患猫的严重慢性牙龈炎。病毒分析（PCR）：猫白血病阴性（FeLV-），猫免疫缺陷阴性（FIV-），猫杯状病毒阳性（FCV+），猫疱疹病毒阴性（FHV-）。

Ⓐ 从右到左：RmaxP3（107）右侧上颌第三前臼齿和 RmaxP4（108）右侧上颌第四前臼齿的菌斑指数为 3。

Ⓑ RmaxP3（107）右侧上颌第三前臼齿和 RmaxP4（108）右侧上颌第四前臼齿的牙龈指数为 3。

Ⓒ 与 RmaxP4（108）右侧上颌第四前臼齿接触的前庭黏膜中的增生组织。

Ⓓ RmandP4（408）右侧下颌第四前臼齿的牙龈指数为 0。

Ⓔ RmandP3（407）右侧下颌第三前臼齿的牙龈指数为 3。

Ⓕ 从右到左：LmaxP4（208）左侧上颌第四前臼齿和 LmaxP3（207）左侧上颌第三前臼齿的牙龈指数为 3。

Ⓖ 右侧远端颊黏膜存在严重口腔炎。

Ⓗ 右侧腭舌弓存在中度至重度的严重口腔炎。

Ⓘ 左侧腭舌弓未观测到口腔炎。

Ⓙ 右侧后部颊黏膜存在严重口腔炎的特写图。

诊治要点

在该临床病例中可以看出，慢性牙龈炎可影响与牙齿以及后部颊黏膜和腭舌弓直接接触的牙龈和黏膜。在后两个地方，一方比另一方更受损害或者没有任何明显原因造成的单个损伤的情况并不少见。在任何情况下，这都不影响一般的临床表现，并且口腔和一般临床体征之间的许多组合是可能存在的。

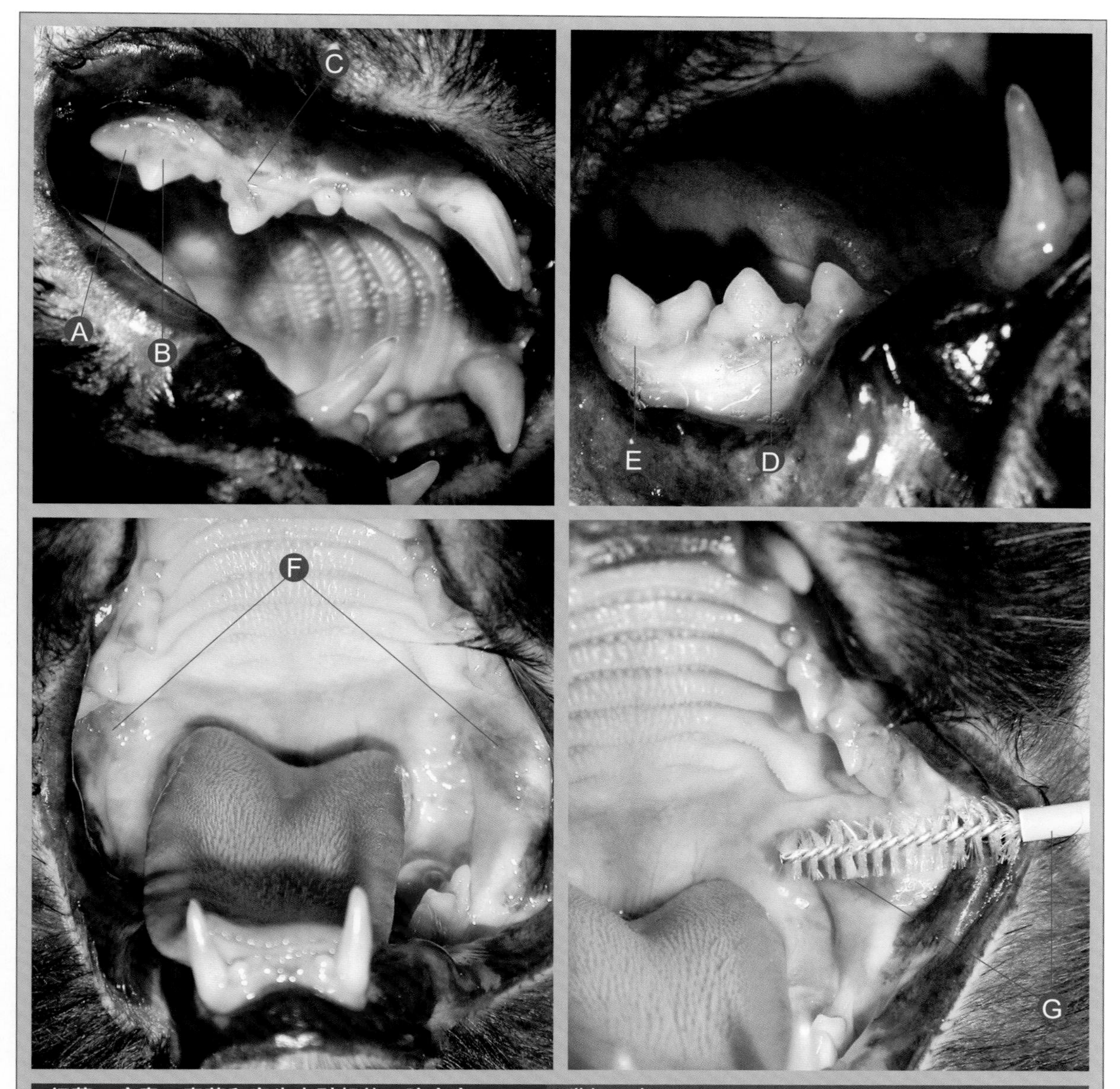

细菌、病毒、真菌和寄生虫引起的口腔疾病　　猫龈口炎

5岁患猫的轻度的慢性猫牙龈炎。病毒分析（PCR）：猫白血病阴性（FeLV-），猫免疫缺陷阴性（FIV-），猫杯状病毒阳性（FCV+），猫疱疹病毒阴性（FHV-）。

Ⓐ RmaxP4（108）右侧上颌第四前臼齿的牙斑指数为3。
Ⓑ 关于RmaxP4(108)右侧上颌第四前臼齿的牙石指数为3。
Ⓒ RmaxP3（107）右侧上颌第三前臼齿的牙龈指数为0。
Ⓓ RmandP4（408）右侧下颌第四前臼齿的牙龈指数为1。
Ⓔ RmandM1（409）右侧下颌第一臼齿的牙龈指数为0。
Ⓕ 左侧和右侧尾部颊黏膜存在轻度口腔炎。
Ⓖ 病毒检测（PCR）：猫杯状病毒（FCV）和猫疱疹病毒（FHV）的细胞样品的图片。

诊治要点

在一些轻度牙龈炎的病例中，例如在本患猫中，我们还可以检测到牙周病早期阶段。在本案例中，我们只检测到远端颊黏膜两侧的轻微程度的口腔炎。细胞刷可用于收集口腔黏膜细胞，以通过病毒分析（PCR）检测猫杯状病毒（FCV）（在该临床病例中为阳性）和猫疱疹病毒（在该患猫中为阴性）的存在。

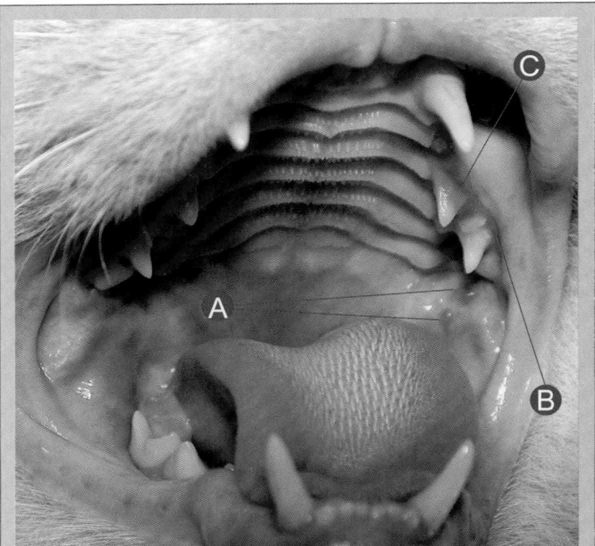

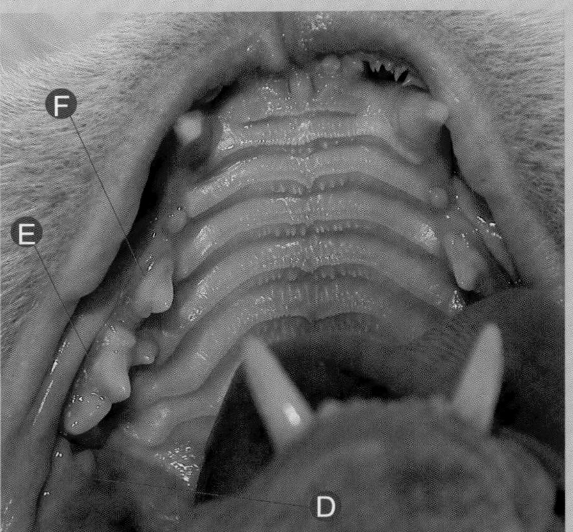

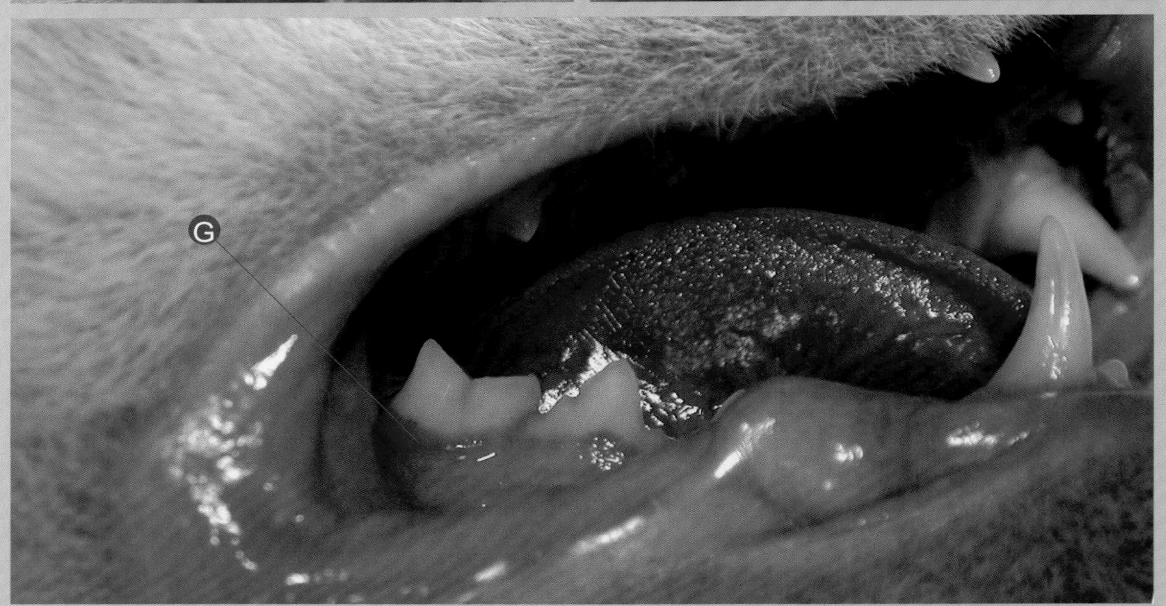

细菌、病毒、真菌和寄生虫引起的口腔疾病 **猫龈口炎**

10月龄患猫的轻度慢性猫龈炎。病毒分析（PCR）：猫白血病阴性（FeLV−），猫免疫缺陷阴性（FIV−），猫杯状病毒阳性（FCV+），猫疱疹病毒阴性（FHV−）。

Ⓐ 左侧远端颊黏膜中轻度的口腔炎。
Ⓑ LmaxP4（208）左侧上颌第四前臼齿的牙龈指数为1。
Ⓒ LmaxP3（207）左侧上颌第三前臼齿的牙龈指数为1。
Ⓓ 右侧远端颊黏膜中轻度的口腔炎，位于 RmaxM1（109）右侧上颌第一臼齿远端区域。
Ⓔ RmaxP4（108）右侧上颌第四前臼齿的牙龈指数为1。
Ⓕ RmaxP3（107）右侧上颌第三前臼齿的牙龈指数为1。
Ⓖ RmandM1（409）右侧下颌第一臼齿的牙龈指数为2。

诊治要点

在一些有轻度牙龈炎并伴有早期牙周病的患猫中，仅在特定区域检测到轻度牙龈炎和口腔炎。虽然在这些情况下没有明显的临床症状，但建议进行病毒检测，控制牙周病，并监测口腔和行为体征的变化（出现疼痛迹象）。

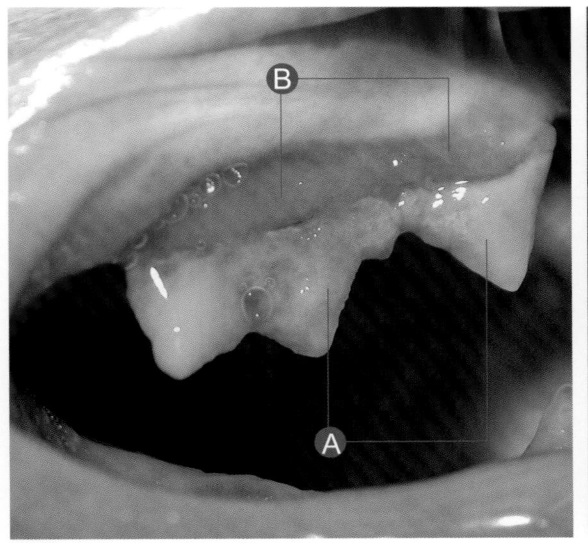

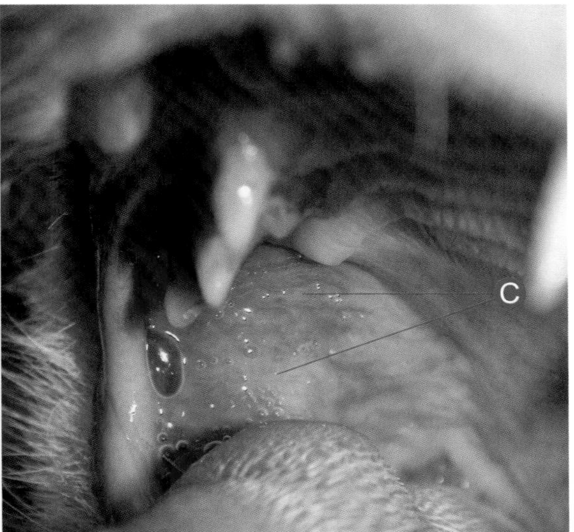

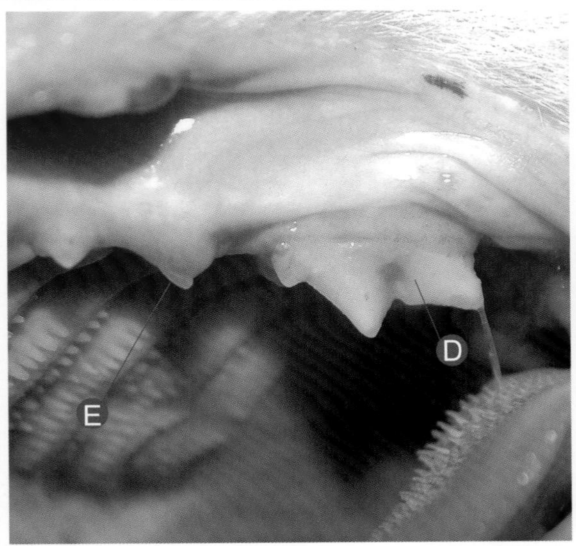

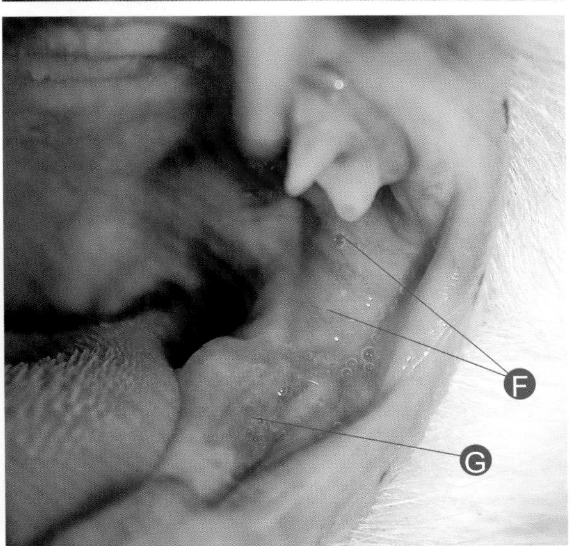

细菌、病毒、真菌和寄生虫引起的口腔疾病 **猫龈口炎**

8岁患猫中度到重度的慢性猫牙龈炎。病毒分析（PCR）：猫白血病阴性（FeLV−），猫免疫缺陷阴性（FIV−），猫杯状病毒阳性（FCV+），猫疱疹病毒阴性（FHV−）。

Ⓐ从右到左：RmaxP3（107）右侧上颌第三前臼齿和RmaxP4（108）右侧上颌第四前臼齿的牙垢指数为4。

Ⓑ从右到左：RmaxP3（107）右侧上颌第三前臼齿和RmaxP4（108）右侧上颌第四前臼齿的牙龈指数为2。

Ⓒ右侧远端颊黏膜中严重的口腔炎。

Ⓓ LmaxP4（208）左侧上颌第四前臼齿的牙斑指数为3。

Ⓔ LmaxP3（207）左侧上颌第三前臼齿疑似4级牙齿吸收。

Ⓕ左侧颊侧黏膜的中度口腔炎。

Ⓖ LmandM1（309）左侧下颌第一臼齿缺失区域疑似第四b阶段牙齿吸收。可能存在牙根碎片和局部性牙龈炎。

诊治要点

在很多慢性牙龈炎的临床病例中，几颗牙齿受到牙齿吸收的影响。虽然牙齿吸收可能会使临床症状恶化［牙齿吸收会使细菌斑块的沉积和积聚更多（导致牙龈炎和局部性口炎），在患猫中慢性龈口炎通常会增加口腔疼痛］，但这两种疾病并没有关联。

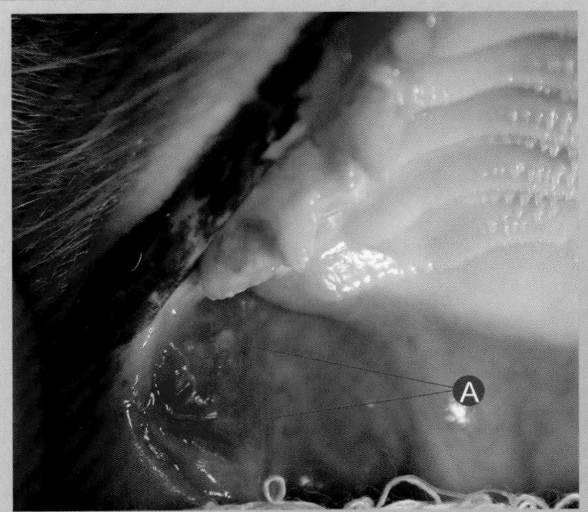

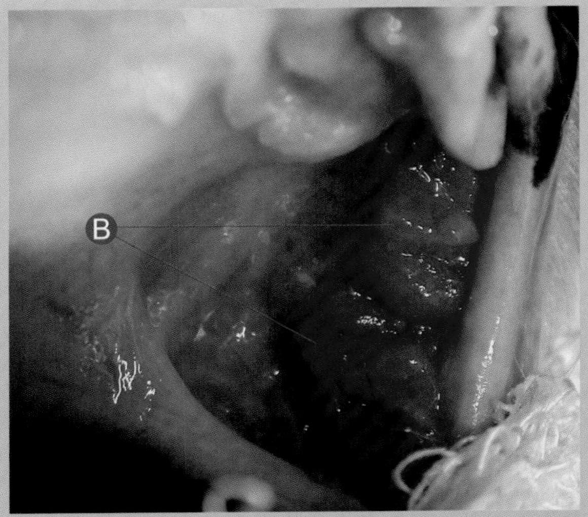

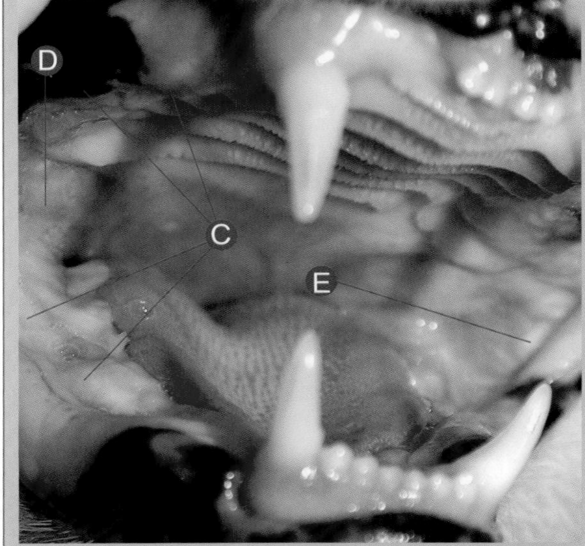

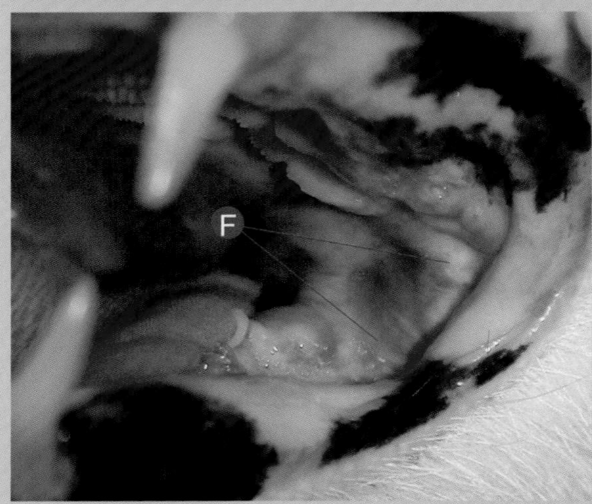

细菌、病毒、真菌和寄生虫引起的口腔疾病

猫龈口炎

9岁患猫的严重慢性猫牙龈炎。病毒分析（PCR）：猫白血病阴性（FeLV-），猫免疫缺陷阴性（FIV-），猫杯状病毒阳性（FCV+），猫疱疹病毒阴性（FHV-）。

Ⓐ 右侧远端颊黏膜的严重的口腔炎。
Ⓑ 左侧远端黏膜中的严重口腔炎，并具有组织增生的表现。
Ⓒ 21天后的术后随访（牙周治疗和多次拔除前臼齿和臼齿）：牙龈充分闭合。
Ⓓ 21天后的术后随访：右侧远端黏膜未观测到口腔炎。
Ⓔ 21天后的术后随访：左侧远端黏膜未观测到口腔炎。

诊治要点

大量文献描述了拔除多颗前臼齿和臼齿可作为猫慢性牙龈炎的手术治疗选择，特别是伴发口腔疼痛时。在本临床病例中，干预可以暂时缓解疾病及其临床症状（包括检测到增生组织形成的区域），但需要进行密集监测。

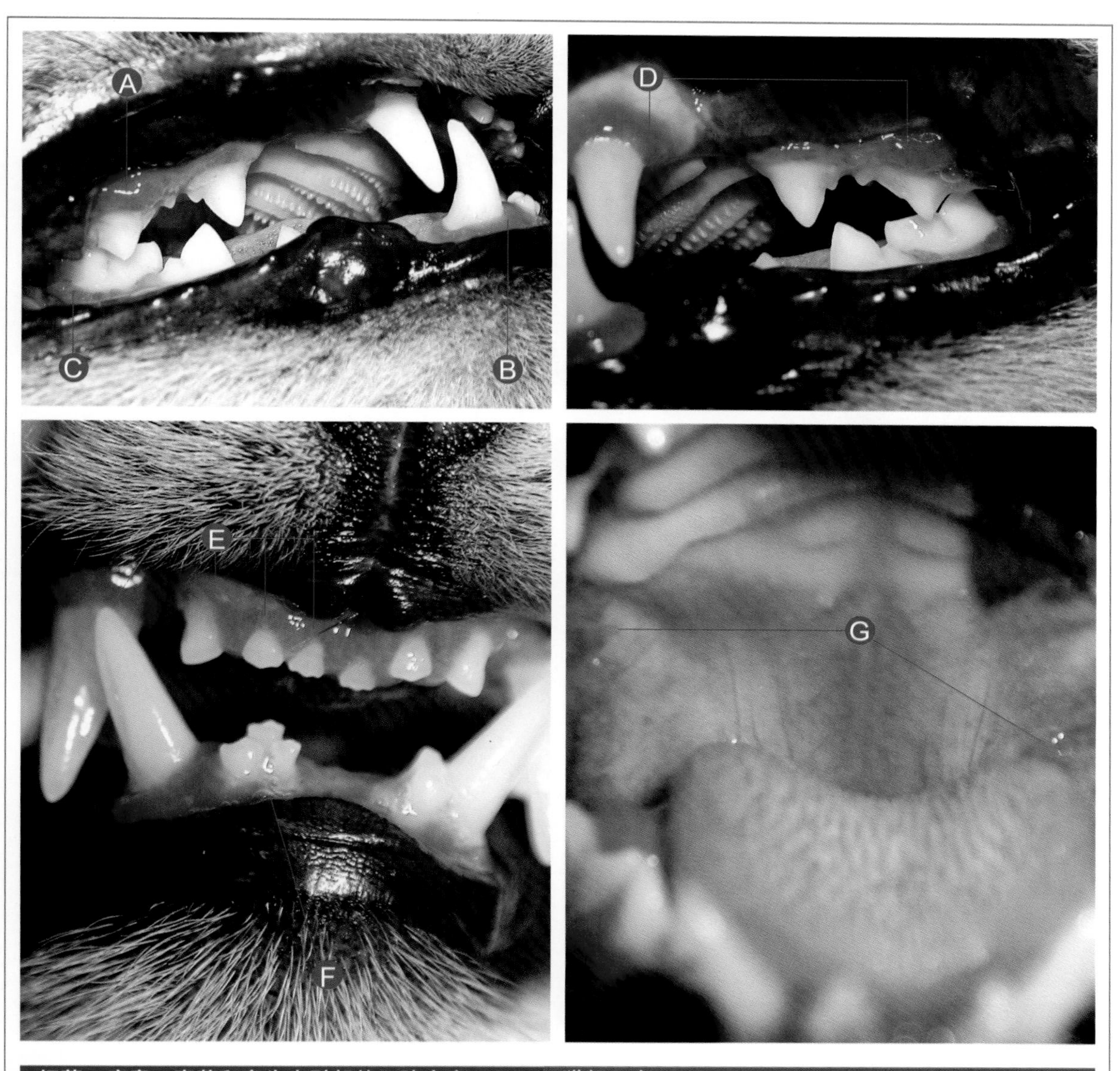

细菌、病毒、真菌和寄生虫引起的口腔疾病　　猫龈口炎

8月龄猫患有中度至重度慢性牙龈炎。病毒分析（PCR）：猫白血病阴性（FeLV-），猫免疫缺陷阴性（FIV-），猫杯状病毒阳性（FCV+）。

- Ⓐ RmaxP4（108）右侧上颌第四前臼齿的牙龈指数为3。
- Ⓑ RmandC（404）右侧下颌犬齿的牙龈指数为3。
- Ⓒ RmandM1（409）右侧下颌第一臼齿的牙龈指数为3。
- Ⓓ 从右到左：LmaxP4（208）左侧上颌第四前臼齿和LmaxC（204）左侧上颌犬齿的牙龈指数为3。
- Ⓔ 从右到左：RmaxI1（101）右侧上颌第一切齿，RmaxI2（102）右侧上颌第二切齿和RmaxI3（103）右侧上颌第三切齿的牙龈指数为2。
- Ⓕ RmandI1（401）右侧下颌第一切齿，RmandI2（402）右侧下颌第二切齿和RmandI3（403）右侧下颌第三切齿疑似第四阶段牙周病。
- Ⓖ 右侧和左侧远端黏膜中存在轻度口腔炎。

诊治要点

幼年患猫也可以检测到可能与病毒感染相关的牙龈炎。在这些病例中，牙垢的沉积并不严重。然而，就像本病例一样，其牙龈炎非常严重。在这些幼龄患猫中，我们首先应考虑病毒原因，并进行合适的病毒检测。

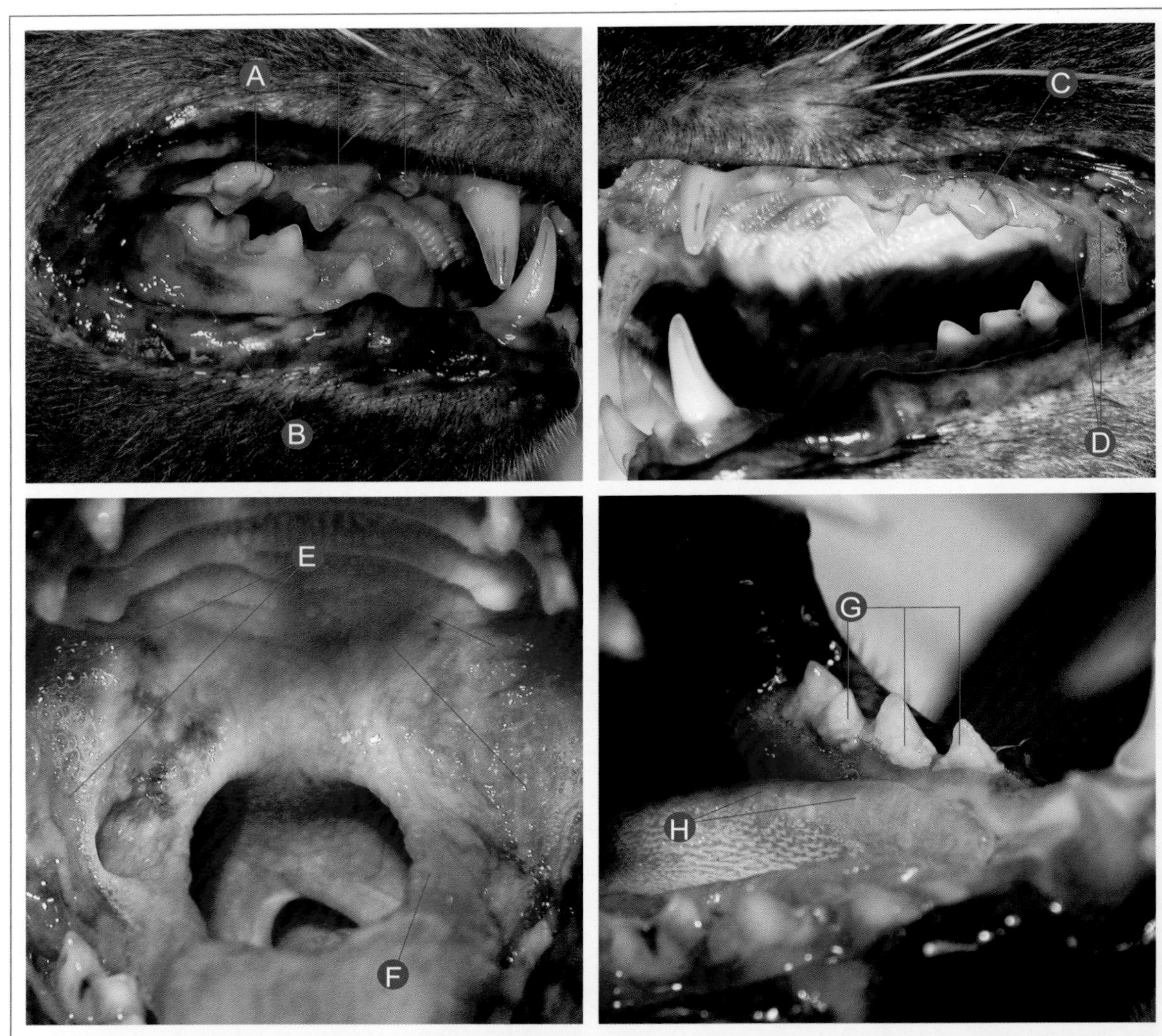

细菌、病毒、真菌和寄生虫引起的口腔疾病　　猫龈口炎

18 岁患猫中度至重度慢性牙龈炎。病毒分析（PCR）：猫白血病阴性（FeLV-），猫免疫缺陷阴性（FIV-），猫杯状病毒阳性（FCV+），猫疱疹病毒阴性（FHV-）。

Ⓐ 从右到左：RmaxP2（106）右侧上颌第二前臼齿，RmaxP3（107）右侧上颌第三前臼齿和 RmaxP4（108）右侧上颌第四前臼齿的牙石指数为 4。

Ⓑ RmandM1（409）右侧下颌第一臼齿的前庭区域的牙龈和黏膜出现组织增生。

Ⓒ LmaxP4（208）左侧上颌第四前臼齿的牙石指数为 4。

Ⓓ 左侧远端颊黏膜存在中度严重的口腔炎。

Ⓔ 左侧和右侧远端颊黏膜存在严重的口腔炎。

Ⓕ 左侧腭舌弓存在中度口腔炎。

Ⓖ 从右到左：LmandP3（307）左侧下颌第三前臼齿、LmandP4（308）左侧下颌第四前臼齿和 LmandM1（309）左侧下颌第一臼齿的舌侧区域上的牙斑指数 4。

Ⓗ 由于与 LmandP3（307）左侧下颌第三前臼齿、LmandP4（308）左侧下颌第四前臼齿和 LmandM1（309）左侧下颌第一臼齿的舌面上的细菌斑块相接触，舌头左侧边缘损伤。

诊治要点

在慢性牙龈炎的病例中，在评估诊断可能性和以改善全身和局部口腔体征为目的的治疗时，年龄不是决定性因素。此 18 岁的猫患有杯状病毒（FCV）病和不同阶段的牙周病。其牙周病一定要治疗。

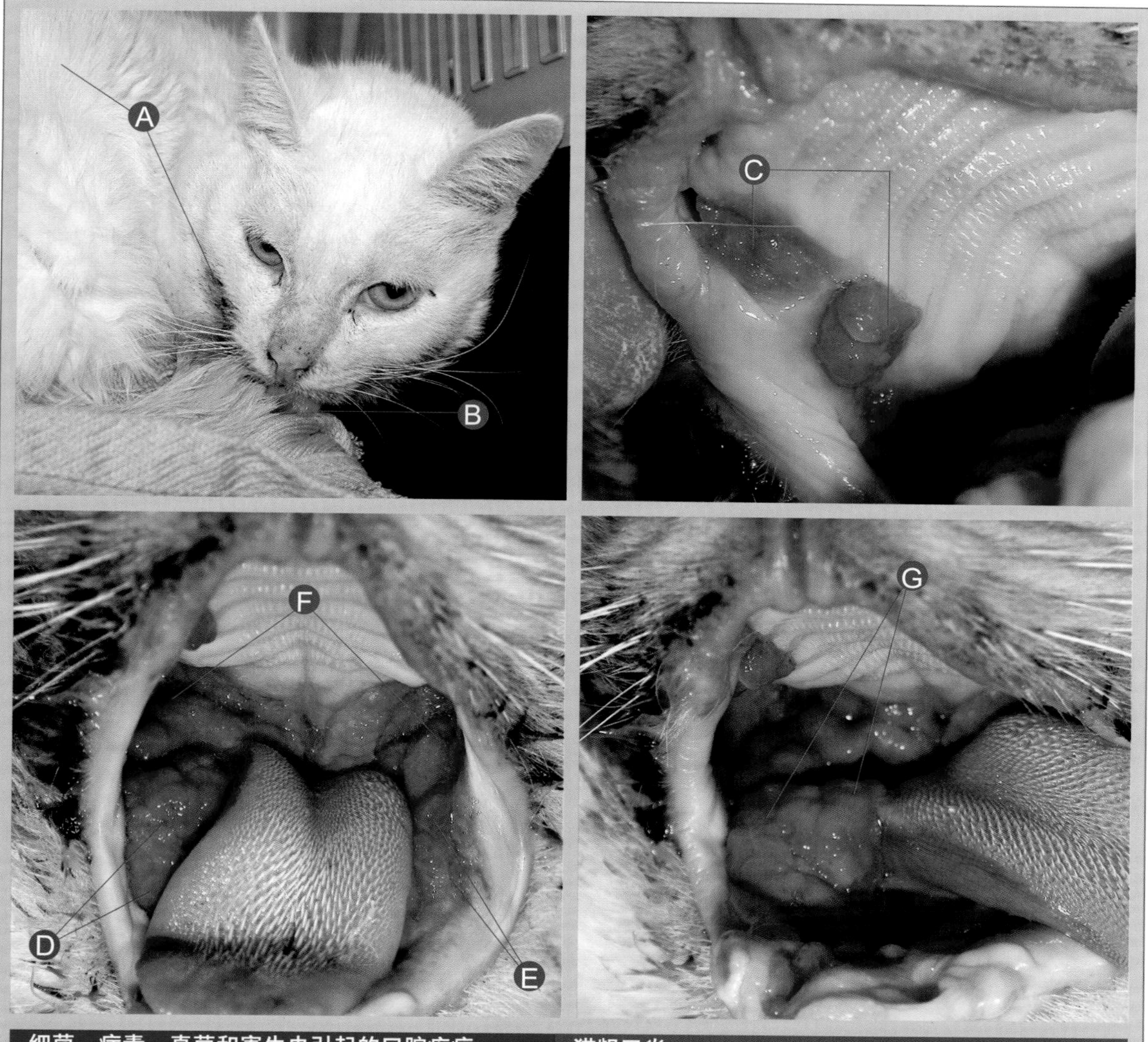

细菌、病毒、真菌和寄生虫引起的口腔疾病　猫龈口炎

未知年龄的患有严重慢性牙龈炎的患猫。病毒分析（PCR）：猫白血病阴性（FeLV−），猫免疫缺陷阴性（FIV−），猫杯状病毒阳性（FCV+），猫疱疹病毒阴性（FHV−）。

Ⓐ 慢性口腔疼痛导致沉郁的患猫。
Ⓑ 舌尖突出到口腔外。
Ⓒ 从右到左：组织增生，在 RmaxP4（108）右侧上颌第四前臼齿和 RmaxC（104）右侧上颌犬齿（全部缺失）的区域中发现重度牙龈炎（先前的手术拔除）。
Ⓓ 在 RmandP3（407）右侧下颌第三前臼齿、RmandP4（408）右侧下颌第四前臼齿和 RmandM1（409）右侧下颌第一臼齿（全部缺失）的区域中发现重度牙龈炎，并伴有严重的组织增生（先前进行的手术拔除）。
Ⓔ LmandP3（307）左侧下颌第三前臼齿、LmandP4（308）左侧下颌第四前臼齿和 LmandM1（309）左侧下颌第一臼齿（全部缺失）区域的重度牙龈炎（进行手术拔取）。
Ⓕ 左侧和右侧远端颊黏膜的重度口腔炎。
Ⓖ 右侧腭舌弓的重度口腔炎和增生组织。

诊治要点

在很多慢性猫牙龈炎的病例中，尽管进行了病毒感染检测和多种原因下建议的手术治疗（例如多次拔除前臼齿和臼齿），以及进行多种方法治疗（抗生素、类固醇类和非类固醇类的抗炎药、免疫调节剂、抗病毒药治疗，顺势疗法等），但对于此综合征的治疗不总是令人满意的。因此，应进行更具体的诊断研究，并探寻适合的治疗方法。

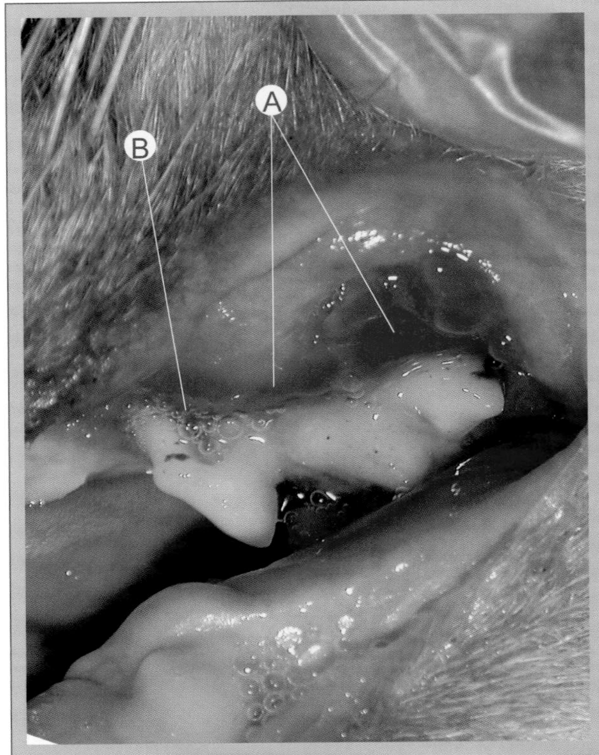

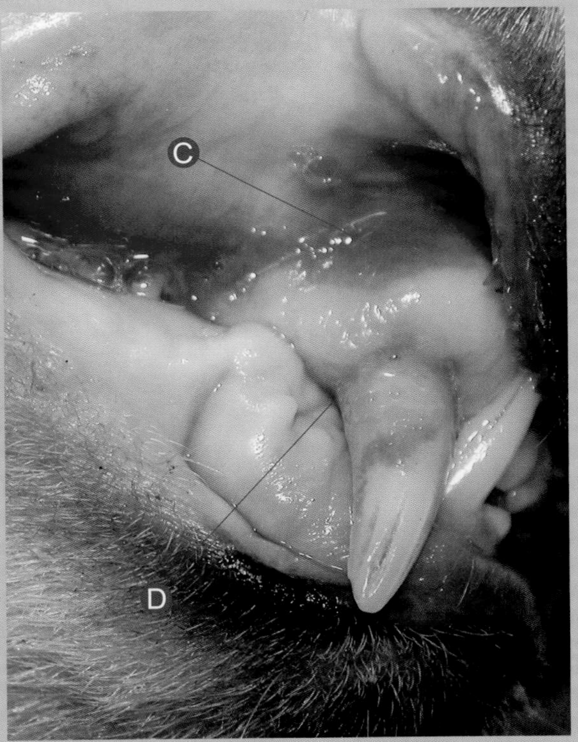

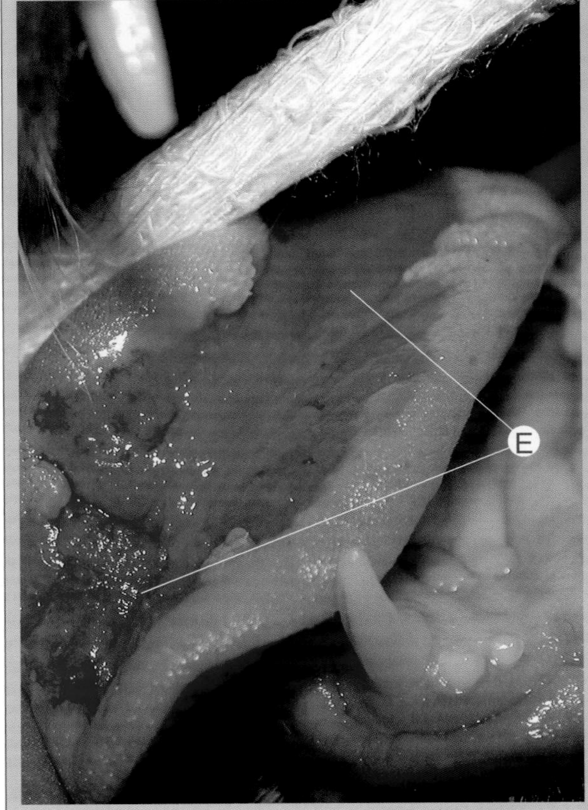

细菌、病毒、真菌和寄生虫引起的口腔疾病

猫龈口炎

重度的慢性猫牙龈炎，舌头背面黏膜有严重病变。

- Ⓐ LmaxP3（207）左侧上颌第三前臼齿和 LmaxP4（208）左侧上颌第四前臼齿区域中重度牙龈炎。
- Ⓑ LmaxP3（207）左侧上颌第三前臼齿中的第四阶段牙周病。
- Ⓒ 顶端至 RmaxC（104）右侧上颌犬齿黏膜的重度口腔炎。
- Ⓓ RmaxC（104）右侧上颌犬齿的疑似第四阶段牙周病。
- Ⓔ 舌背面的重度溃疡。

诊治要点

舌表面上的溃疡可能是由于猫杯状病毒和/或猫疱疹病毒感染所引起的。因此，应检测这些病毒并进行充分的鉴别诊断。在大多数患猫中可以观察到其他支持病毒感染的临床症状。必须妥善治疗继发感染，并对患猫进行适当的护理（补水、纠正并控制饲喂等）。

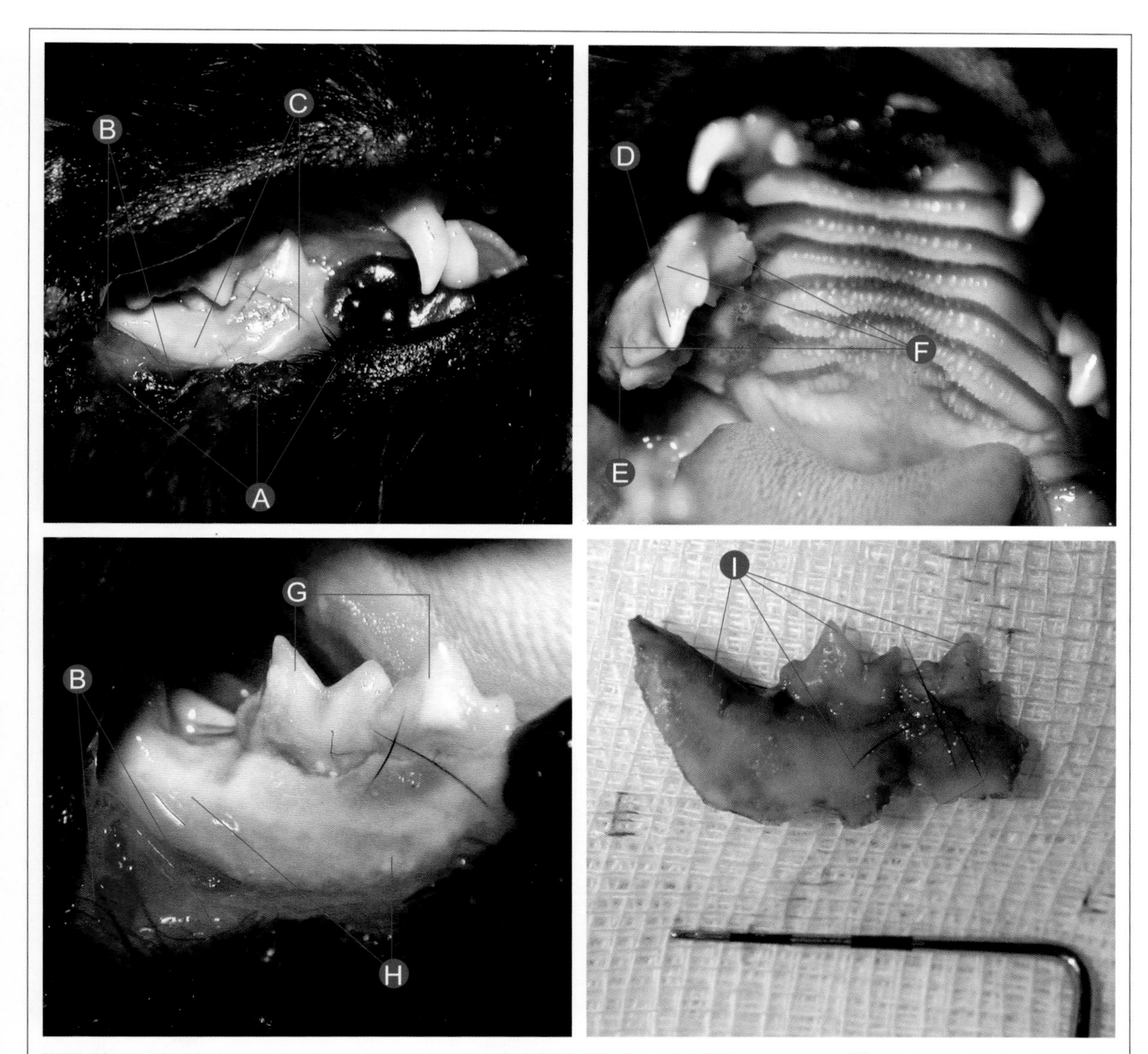

细菌、病毒、真菌和寄生虫引起的口腔疾病　口腔骨髓炎

骨髓炎和电线灼伤引起的局部软组织病变（组织病理学证实）。

Ⓐ 右下唇的病变和咬电线引起的灼伤导致的软组织缺损。
Ⓑ 下唇软组织感染的迹象。
Ⓒ 疑似非重要骨组织外露。
Ⓓ RmaxP4（108）右侧上颌第四前臼齿。
Ⓔ RmaxM1（109）右侧上颌第一臼齿。
Ⓕ RmaxP4（108）右侧上颌第四前臼齿和 RmaxM1（109）右侧上颌第一臼齿区域的骨髓炎的图片。
Ⓖ 从右到左：RmandP4（408）右侧下颌第四前臼齿和 RmandM1（409）右侧下颌第一臼齿。
Ⓗ RmandP4（408）右侧下颌第四前臼齿和 RmandM1（409）右侧下颌第一臼齿区域骨髓炎的特写图。
Ⓘ 从口腔中拔除后，牙髓质部分和 RmandP4（408）右侧下颌第四前臼齿和 RmandM1（409）右侧下颌第一臼齿的特写图。

诊治要点

与犬类似，这些损伤经常发生在因咬电线而受伤的幼猫。损伤包括软组织损伤、骨髓炎和骨组织坏死。这些病变和感染的组织经常引起不同程度的口臭，并伴有口腔疼痛。诊断和治疗应基于组织病理学诊断以及受伤组织的去除，并辅以特定抗生素治疗。

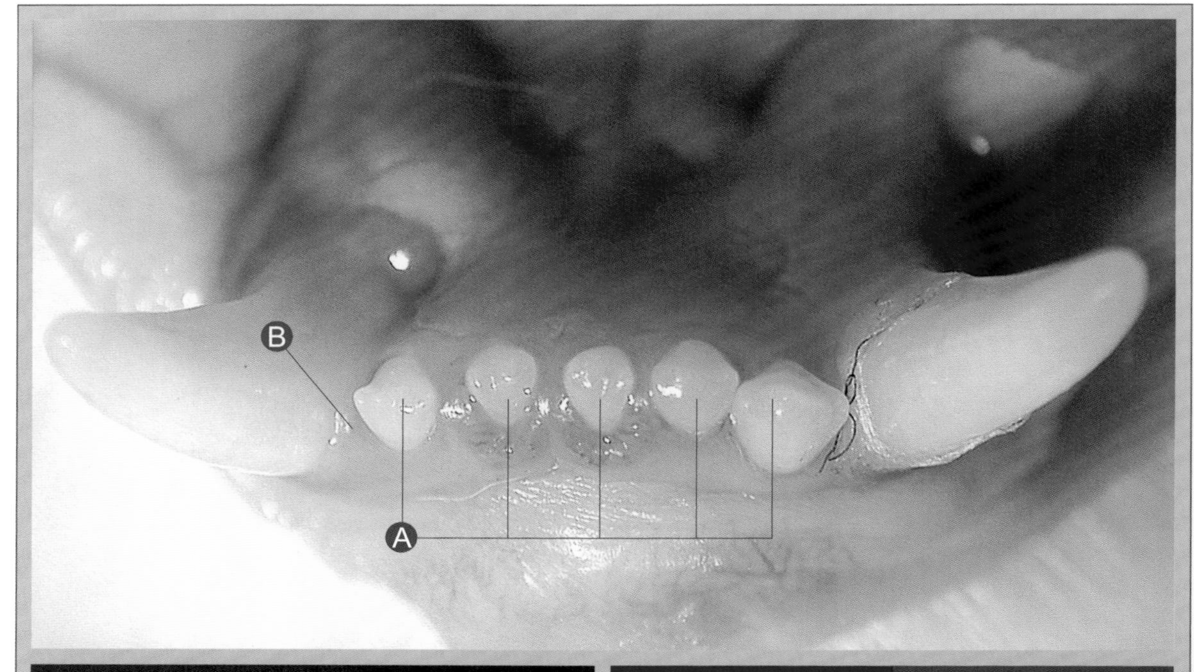

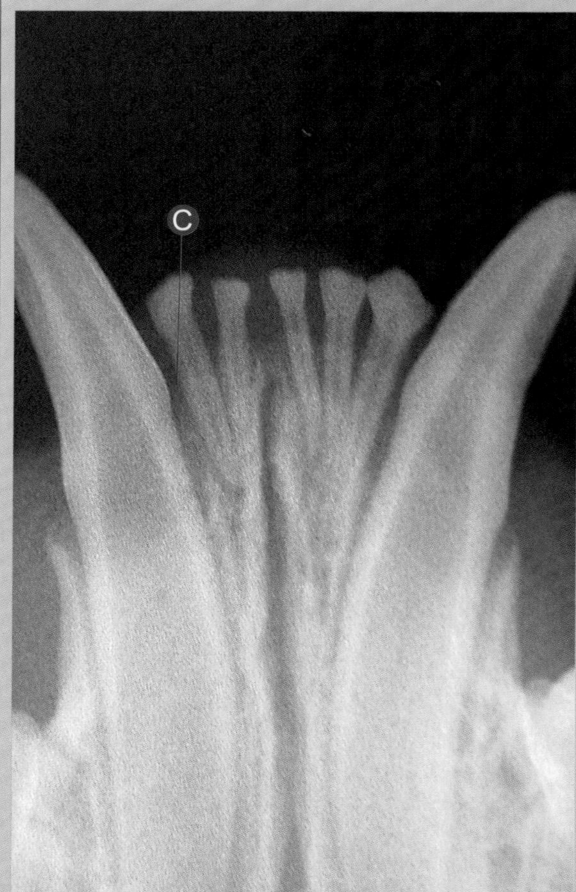

异常的牙齿发育与萌出　牙齿发育不全

一只6月大的猫怀疑Rmandl3 (403)右侧下颌第三切齿发育异常。

Ⓐ 从右到左：Lmandl3 (303) 左侧下颌第三切齿，Lmandl2 (302) 左侧下颌第二切齿，Lmandl1（301）左侧下颌第一切齿，Rmandl1（401）右侧下颌第一切齿，Rmandl2 (402) 右侧下颌第二切齿。

Ⓑ 怀疑 Rmandl3 (403) 右侧下颌第三切齿发育异常。

Ⓒ 牙科 X 光片：X 光影像特征符合 Rmandl3 (403) 右侧下颌第三切齿发育异常的诊断。

诊治要点

对于那些处于恒牙萌出末期并且有缺牙情况的年轻动物来说，最可能的诊断结果就是牙齿发育异常。但是我们也不能排除创伤原因造成的牙齿缺失，所以牙科X光对于确诊来说必不可少。

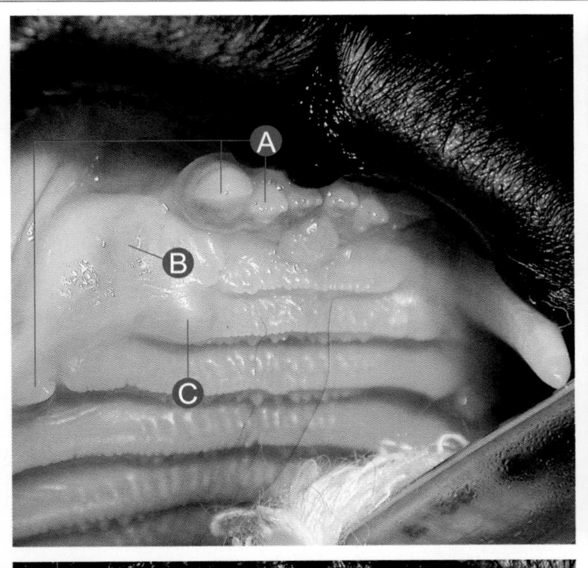

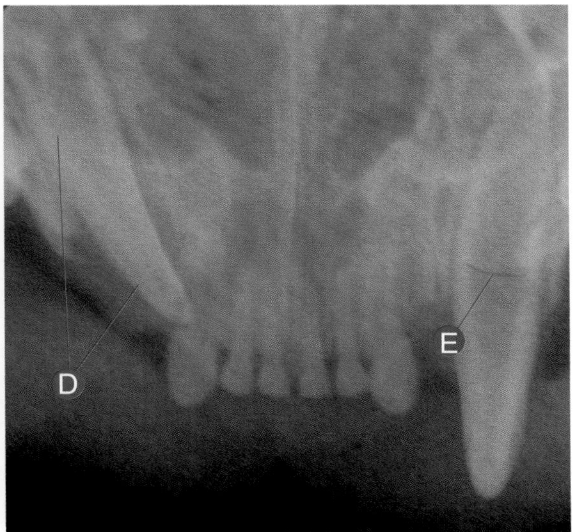

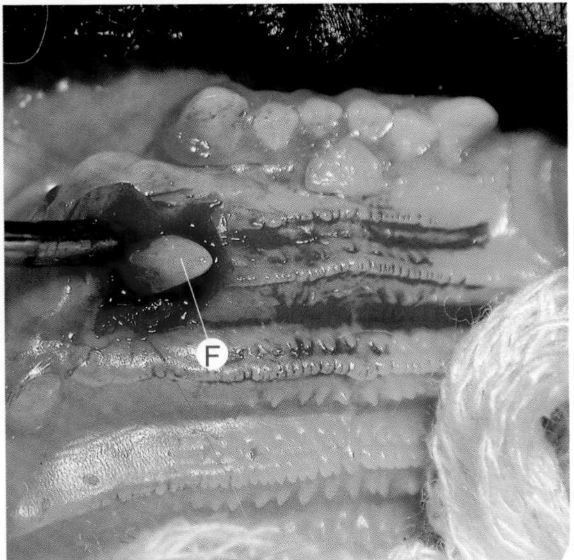

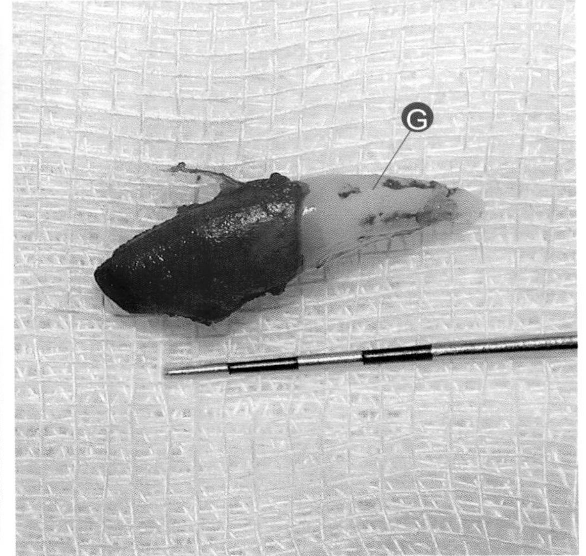

异常的牙齿发育与萌出　阻生牙

RmaxC (104)右侧上颌犬齿完全阻生。

Ⓐ 从右到左：RmaxI2 (102) 右侧上颌第二切齿，RmaxI3 (103) 右侧上颌第三切齿，RmaxP2 (106) 右侧上颌第二前臼齿。

Ⓑ RmaxC (104) 右侧上颌犬齿缺失。

Ⓒ 局部上颚黏膜的增厚，怀疑黏膜下存在牙齿。

Ⓓ 牙科 X 光片：影像特征说明 RmaxC (104) 右侧上颌犬齿存在，并且完全阻生。

Ⓔ 牙科 X 光片：伪像。

Ⓕ RmaxC (104) 右侧上颌犬齿拔牙中的特写。

Ⓖ RmaxC (104) 右侧上颌犬齿拔牙后的特写。

诊治要点

对于那些外表上看有牙齿缺失但是X光影像可以发现牙齿的临床病例，我们很可能就是遇到了牙齿阻生的问题。在这些病例中，有可能是牙齿萌出过程中发生了异常（牙齿的旋转和/或偏移）。应该密切监视阻生牙的情况以防止局部并发症的发生。防止牙齿阻生引发牙科病的非保守疗法就是移除阻生牙。

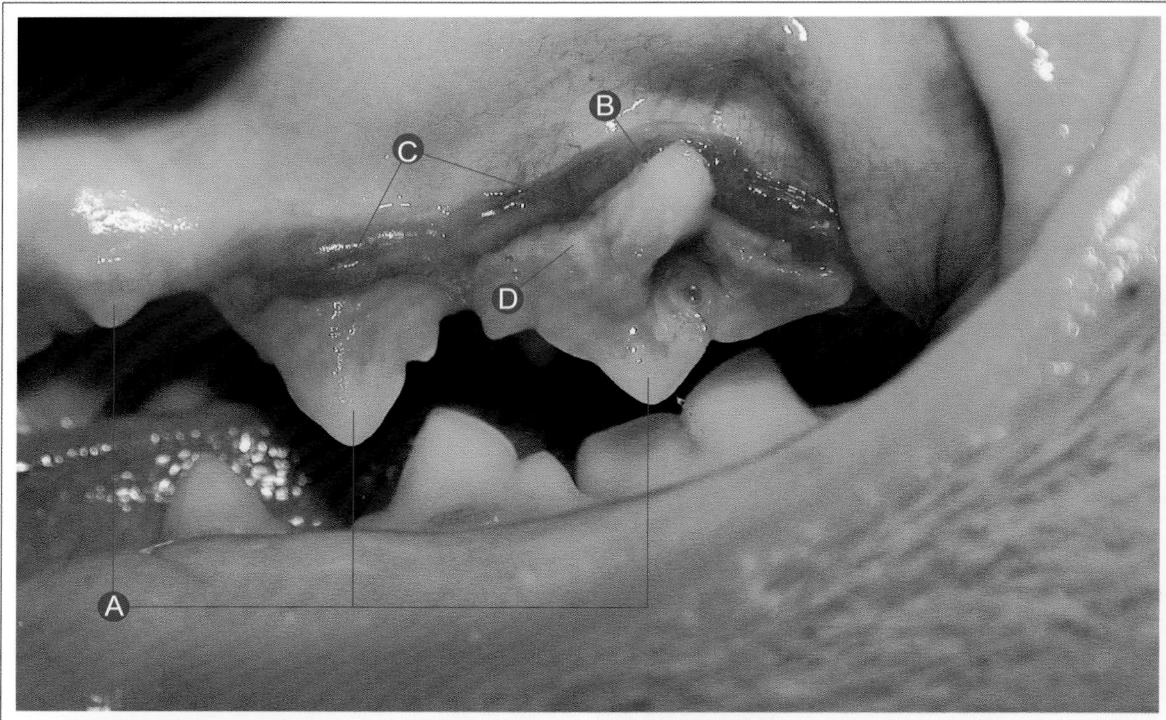

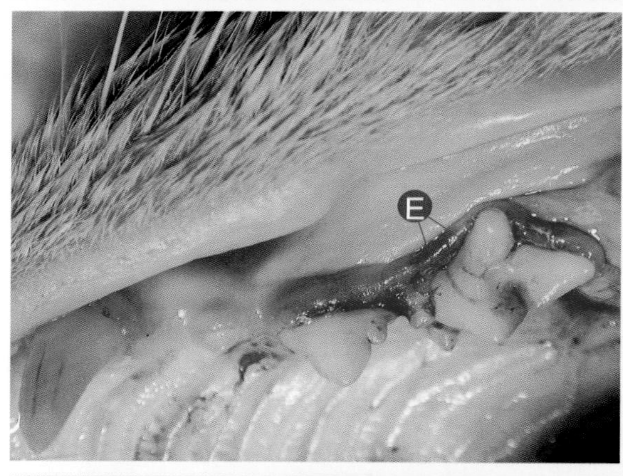

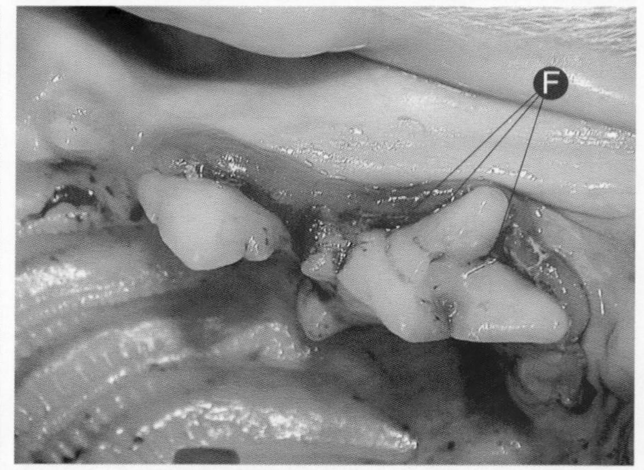

异常的牙齿发育与萌出 **双生牙**

LmaxP4 (208) 左侧上颌第四前臼齿双生牙。

- Ⓐ 从右到左：LmaxP4 (208) 左侧上颌第四前臼齿，LmaxP3 (207) 左侧上颌第三前臼齿，LmaxP2 (206) 左侧上颌第二前臼齿。
- Ⓑ 怀疑 LmaxP4 (208) 左侧上颌第四前臼齿双生牙。
- Ⓒ LmaxP4 (208) 左侧上颌第四前臼齿和 LmaxP3 (208) 左侧上颌第三前臼齿（207）牙龈指数 3。
- Ⓓ LmaxP4 (208) 左侧上颌第四前臼齿牙垢指数 3。
- Ⓔ LmaxP4 (208) 左侧上颌第四前臼齿双生牙，在此牙齿的牙槽座部位，牙冠正在尝试形成一个牙尖。图片展示的是清除牙齿表面牙垢和牙石后的景象。
- Ⓕ LmaxP4 (208) 左侧上颌第四前臼齿双生牙的图片。

诊治要点

双生牙是一个牙胚尝试长成两颗牙齿的情况。双生牙在猫中非常罕见。在这些临床病例中，需要用X光来诊断牙根的形态和牙周病的情况。

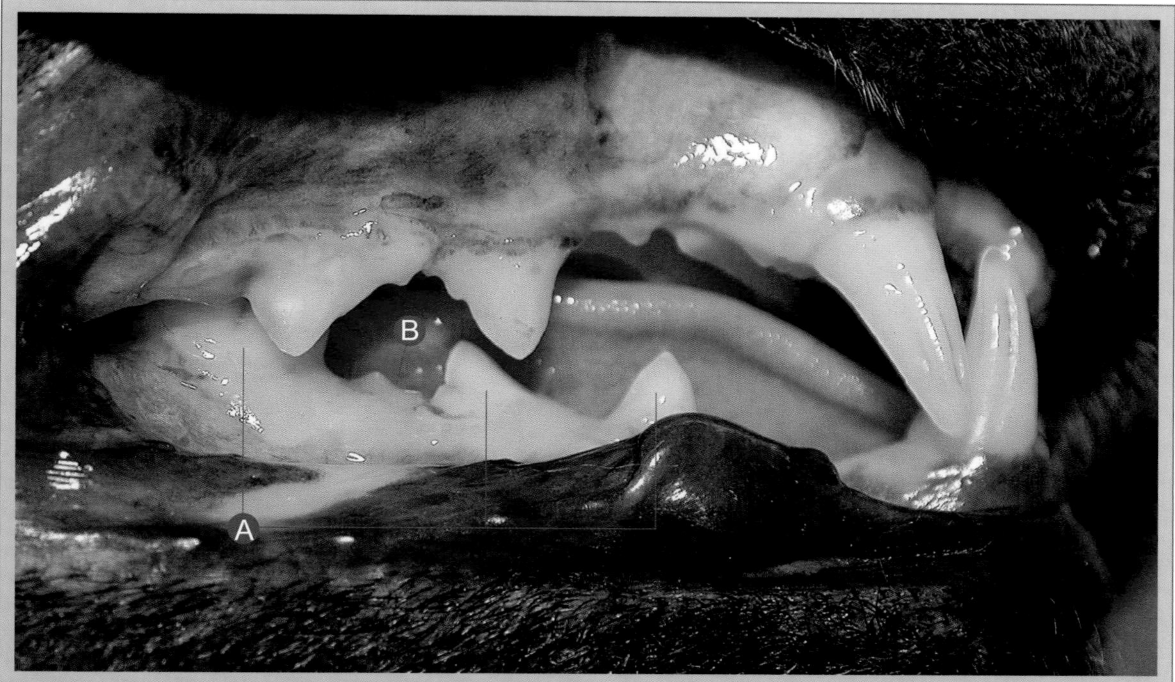

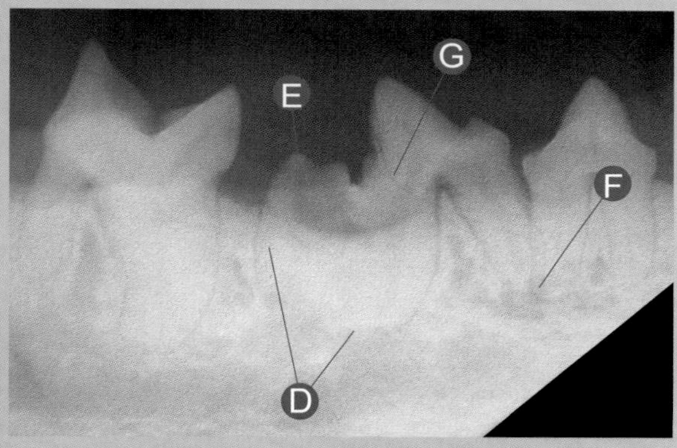

异常的牙齿发育与萌出 **双生牙**

怀疑RmandP4 (408)右侧下颌第四前臼齿双生牙，同时该牙齿可能有断裂。

Ⓐ从右到左：RmandP3(407)右侧下颌第三前臼齿，RmandP4 (408)右侧下颌第四前臼齿，RmandM1 (409)右侧下颌第一臼齿。

Ⓑ怀疑RmandP4 (408)右侧下颌第四前臼齿远端有异物。

Ⓒ怀疑RmandP4 (408)右侧下颌第四前臼齿远端牙齿或者骨骼异物的照片。

Ⓓ牙科X光片：影像学特征说明RmandP4 (408)右侧下颌第四前臼齿存在双生牙的情况。

Ⓔ牙科X光片：影像学特征说明这里是牙齿组织（怀疑该牙齿的第二牙冠断裂）。

Ⓕ牙科X光片：影像学特征说明RmandP4 (408)右侧下颌第四前臼齿的近中牙根有根尖周疾病。

Ⓖ牙科X光片：伪像。

诊治要点

在这个临床病例中，怀疑RmandP4 (408)右侧下颌第四前臼齿有双生牙；在这里，一个牙胚尝试长成两颗牙齿，形成了一个近中牙根、两个远端牙根，看起来像一个非常宽的牙根。这颗牙齿的第二牙冠比较脆弱，而且可能发生了断裂，让确诊变得很困难。如果再把这颗牙齿取出后做组织学分析，应该就可以做出确切的诊断，当然，那样就只是为了学术研究目的了。

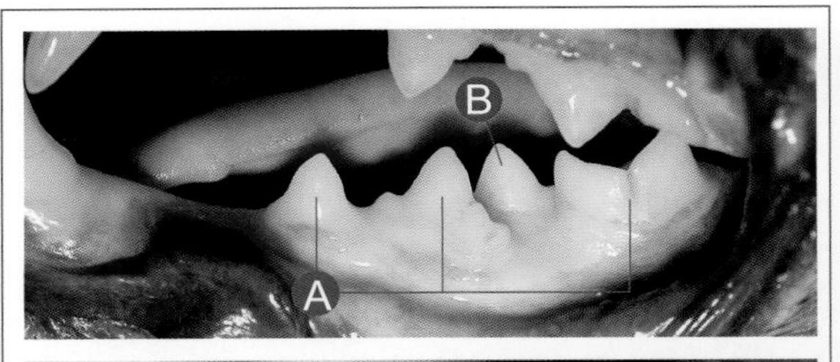

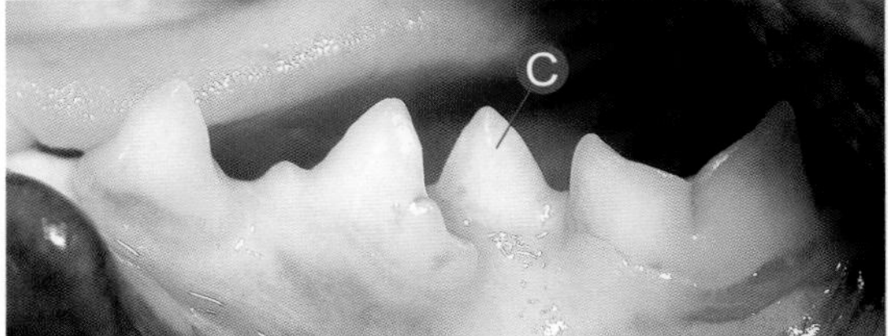

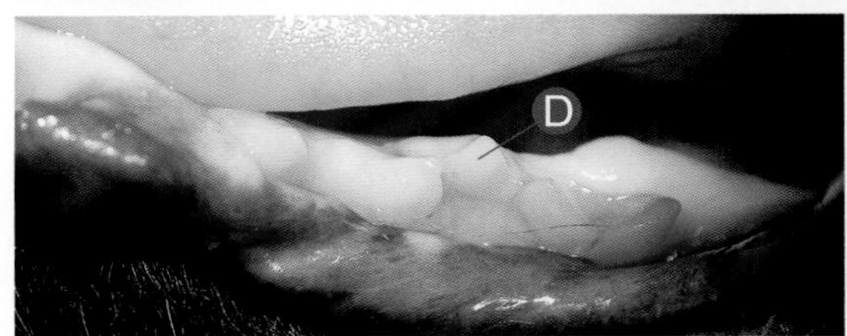

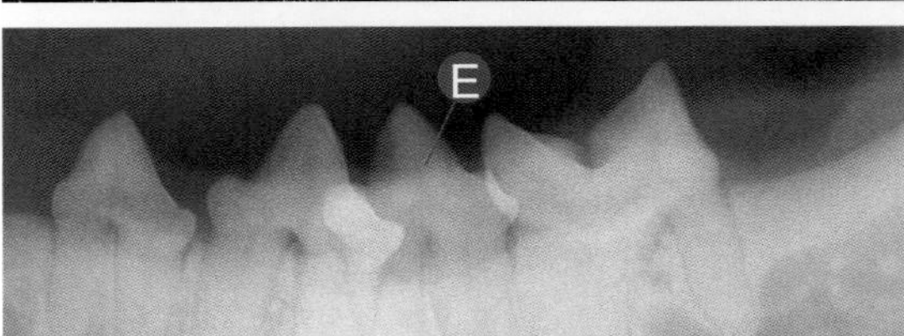

异常的牙齿发育与萌出　多生牙（多余的牙齿）

LmandP4（S308）左侧下颌第四前臼齿位置存在一颗多生牙。

Ⓐ 从右到左：RmandM1（309）右侧下颌第一臼齿，RmandP4（308）右侧下颌第四前臼齿，RmandP3（307）右侧下颌第三前臼齿。
Ⓑ LmandP4（S308）左侧下颌第四前臼齿位置多生牙；前庭视角。
Ⓒ LmandP4（S308）左侧下颌第四前臼齿位置多生牙特写；前庭视角。
Ⓓ LmandP4（S308）左侧下颌第四前臼齿位置多生牙特写；咬合面视角。
Ⓔ 牙科X光片：影像学特征与LmandP4（S308）左侧下颌第四前臼齿位置多生牙的诊断相符。

诊治要点

多生牙是多余的恒齿；在这个临床病例中，这颗牙齿已经萌出，造成了牙齿拥挤和周边正常恒齿的移位。多余牙齿的存在会促进此区域牙周病的发生，因此，应该移除多生牙来防止该情况的发生。

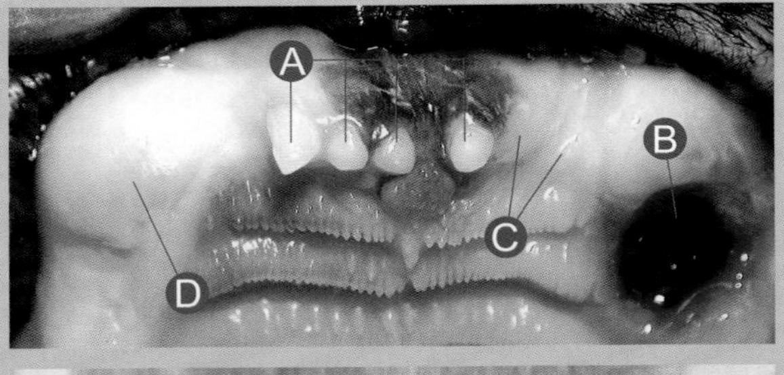

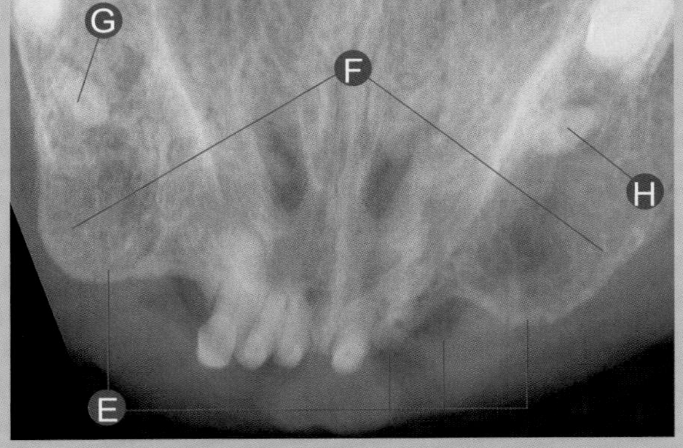

牙齿缺失

RmaxC（104）右侧上颌犬齿，LmaxI2（202）左侧上颌第二切齿，LmaxI3（203）左侧上颌第二切齿和LmaxC（204）左侧上颌犬齿牙齿缺失。

Ⓐ 从右到左：LmaxI1（201）左侧上颌第一切齿，RmaxI1（101）右侧上颌第一切齿，RmaxI2（102）右侧上颌第二切齿，RmaxI3（103）右侧上颌第三切齿。
Ⓑ 最近牙齿脱落，造成LmaxC（204）左侧上颌犬齿缺失伴随伤口。由于LmaxC（204）左侧上颌犬齿缺失，造成开放性伤口。
Ⓒ 从右到左：LmaxI3（203）左侧上颌第二切齿和LmaxI2（202）左侧上颌第二切齿缺失。
Ⓓ RmaxC（104）右侧上颌犬齿缺失。
Ⓔ 牙科X光片：从右到左，影像学特征说明LmaxC（204）左侧上颌犬齿、LmaxI3（203）左侧上颌第二切齿、LmaxI2（202）左侧上颌第二切齿和RmaxC（104）右侧上颌犬齿缺失。
Ⓕ 牙科X光片：影像学特征说明前庭骨骼扩张，同时伴有晚期牙周病。
Ⓖ 牙科X光片：影像学特征说明此为RmaxP2（106）右侧上颌第二前臼齿。
Ⓗ 牙科X光片：影像学特征说明此为LmaxP2（206）左侧上颌第二前臼齿。

诊治要点

牙齿缺失是通过外观观察看不到一颗（某颗）牙齿的存在，此症状通常有很多种病因，可能是先天性也可能是后天获得的。在这个病例中，RmaxC（104）右侧上颌犬齿和LmaxC（204）左侧上颌犬齿的缺失很可能是因为晚期牙周病造成的，此诊断主要是根据临床症状以及影像学中骨骼扩张的特征做出的。另一个可能的鉴别诊断是牙齿吸收。在任何病例中，都强烈推荐使用牙科X光来帮助做出初诊和确诊。

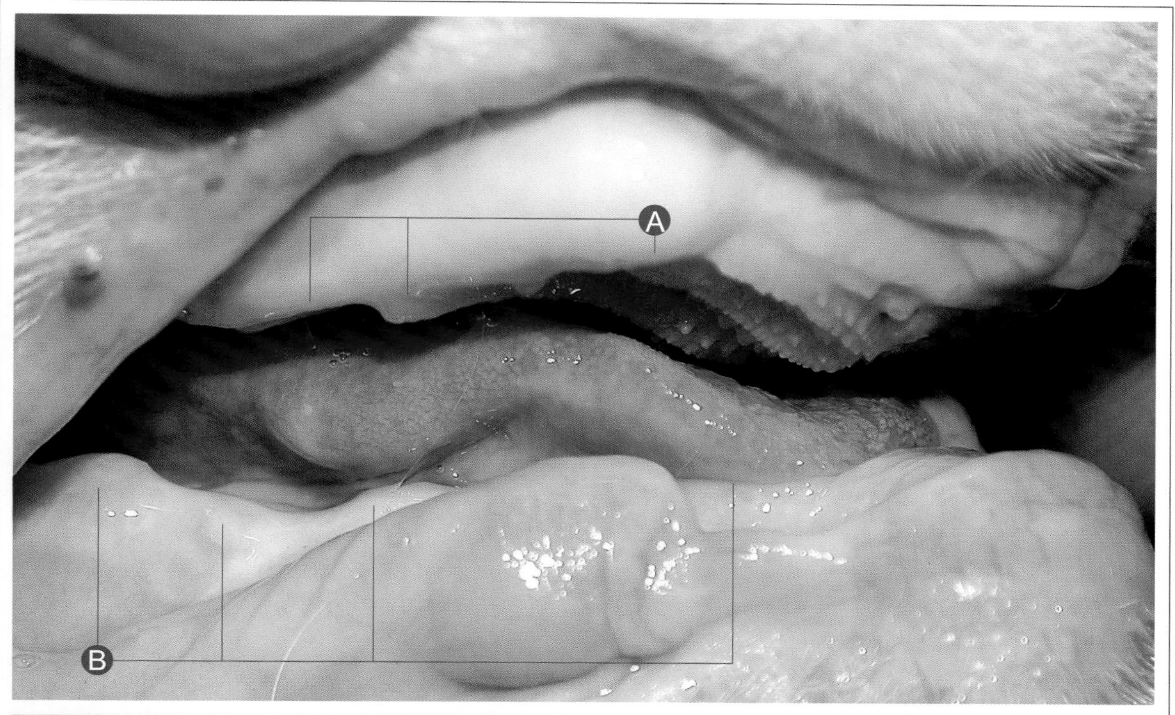

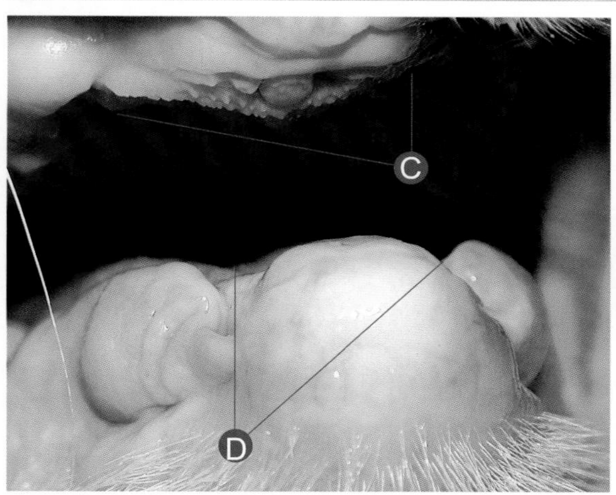

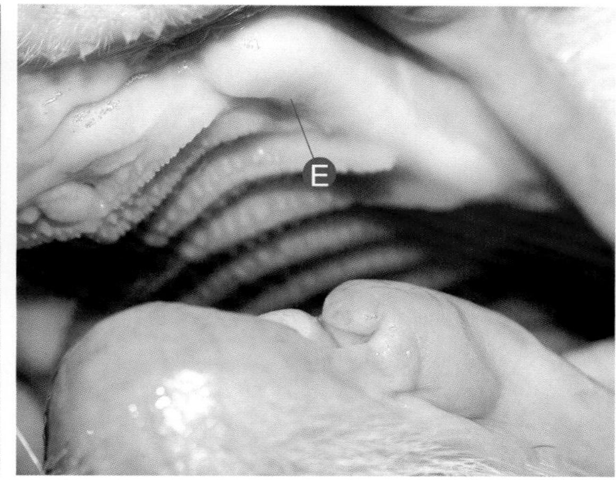

牙齿缺失

口腔中所有牙齿全部缺失。

Ⓐ从右到左：RmaxC（104）右侧上颌犬齿，RmaxP2（106）右侧上颌第二前臼齿，RmaxP3（107）右侧上颌第三前臼齿缺失。

Ⓑ从右到左：RmandC（404）右侧下颌犬齿，RmandP3（407）右侧下颌第三前臼齿，RmandP4（408）右侧下颌第四前臼齿，RmandM1（409）右侧下颌第一臼齿缺失。

Ⓒ有上颌切齿缺失。

Ⓓ所有下颌切齿缺失。

ⒺLmaxC（204）左侧上颌犬齿缺失。

诊治要点

牙齿缺失是通过外观观察看不到一颗牙齿的存在；在一些病例中，可能所有牙齿全部缺失。在大多数的病例中，牙齿缺失是严重的牙周病造成的结果（尤其是老年的动物）；在另一些动物中，牙齿可能是在之前因为各种原因被移除了（牙周病、牙齿吸收、猫牙龈炎口炎等）。这些动物可以完全正常地进食和生活。某些情况下，唯一的缺陷可能就是不太美观，这些动物在休息时可能部分舌头会暴露在口腔外面。

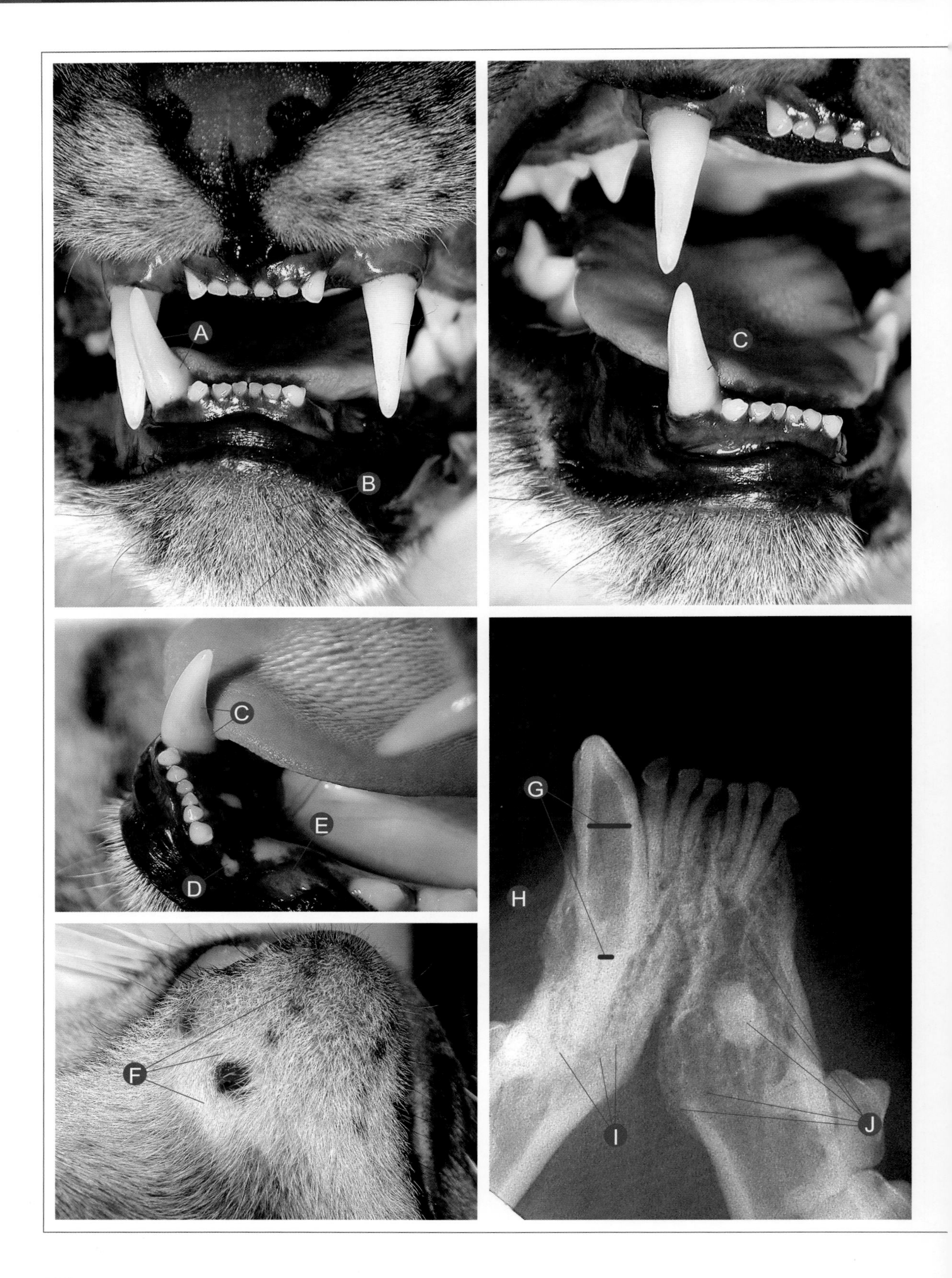
A
B
C
C
E
D
F
G
H
I
J

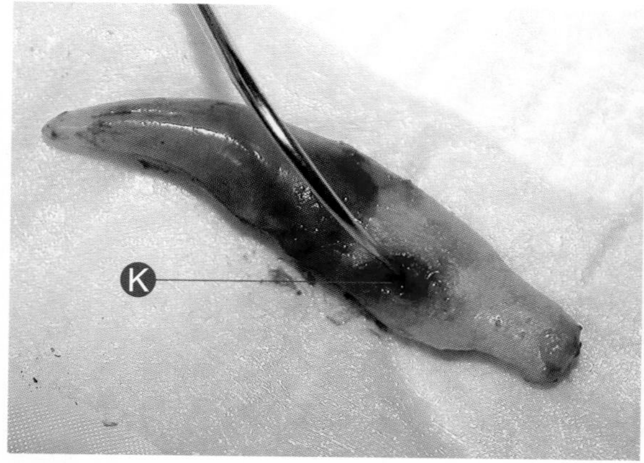

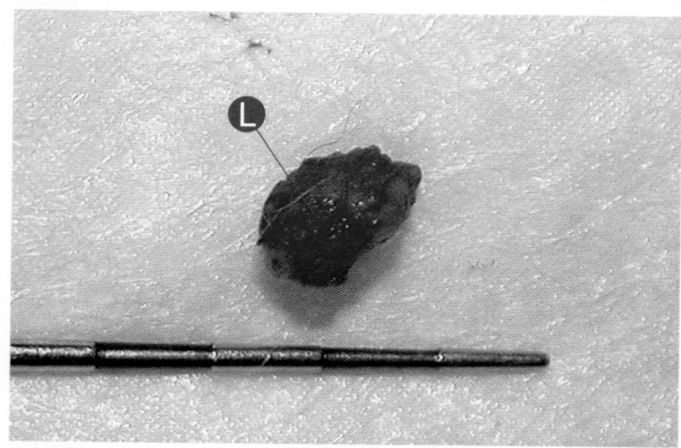

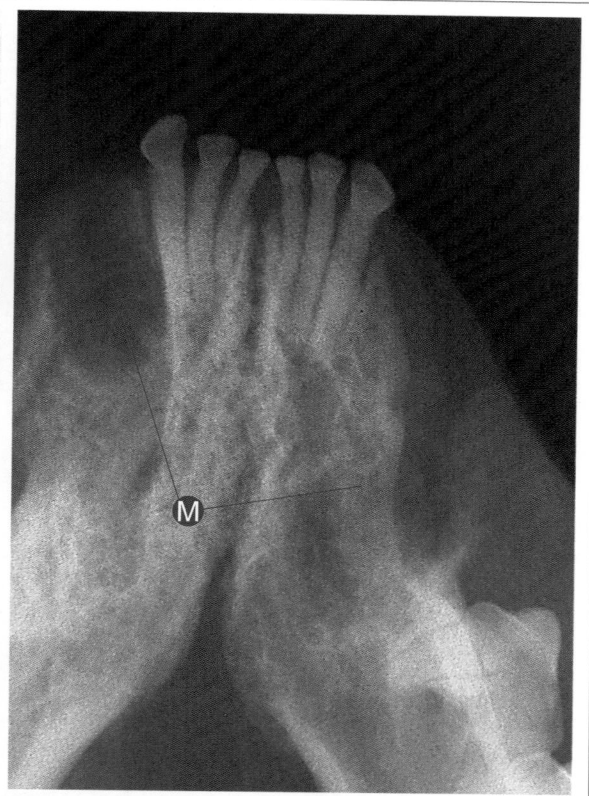

牙齿变色

RmandC（404）右侧下颌犬齿牙冠顶段和中段1/3（牙根尖和牙冠中段1/3）由于牙髓病变变色；深棕色变色。

Ⓐ RmandC（404）右侧下颌犬齿牙冠深棕色变色。
Ⓑ 下巴和下颌骨连接处下颌脓肿。
Ⓒ RmandC（404）右侧下颌犬齿牙冠变色的图片。
Ⓓ LmandC（304）左侧下颌犬齿缺失。
Ⓔ 缺失的 LmandC（304）左侧下颌犬齿前庭部位下颌脓肿。
Ⓕ 在下颌和下颌骨连接处对下颌脓肿的特写，脓肿部位有一瘘管通向外部。
Ⓖ 牙科 X 光片：影像学特征说明 RmandC（404）右侧下颌犬齿有牙髓病变（牙髓坏死）。
Ⓗ 牙科 X 光片：影像学特征说明 RmandC（404）右侧下颌犬齿处前庭骨骼有骨溶解。
Ⓘ 牙科 X 光片：影像学特征说明 RmandC（404）右侧下颌犬齿有根尖周肉芽肿。
Ⓙ 牙科 X 光片：影像学特征说明 LmandC（304）左侧下颌犬齿处有残留的牙根，而且还在此区域有骨溶解的迹象。
Ⓚ 移除后的牙齿特写，可发现 RmandC（404）右侧下颌犬齿牙根处和牙髓腔之间有一穿孔。
Ⓛ 移除 LmandC（304）左侧下颌犬齿后其残留牙根的特写。
Ⓜ 牙科 X 光片：影像学特征说明在手术治疗后，RmandC（404）右侧下颌犬齿和 LmandC（304）左侧下颌犬齿完全移除。

诊治要点

牙髓疾病（牙髓坏死）是牙齿变色最可能的病因。此病例已经造成了牙根周的肉芽肿和脓肿。在LmandC（304）左侧下颌犬齿前庭处观察到的脓肿有可能是由于此牙齿残留的牙根造成的。必须使用牙科X光来确定牙齿变色的病因。在这个病例中，除了手术移除RmandC（404）右侧下颌犬齿和LmandC（304）左侧下颌犬齿的残留牙根外，并没有其他保守治疗的方法。

常见错误

临床中可能会低估牙齿变色的重要性，即使牙齿外观看起来完整也应注意。晚期的牙周病，以及牙髓坏死，都有可能在不影响牙冠完整性的情况下引起牙齿变色。

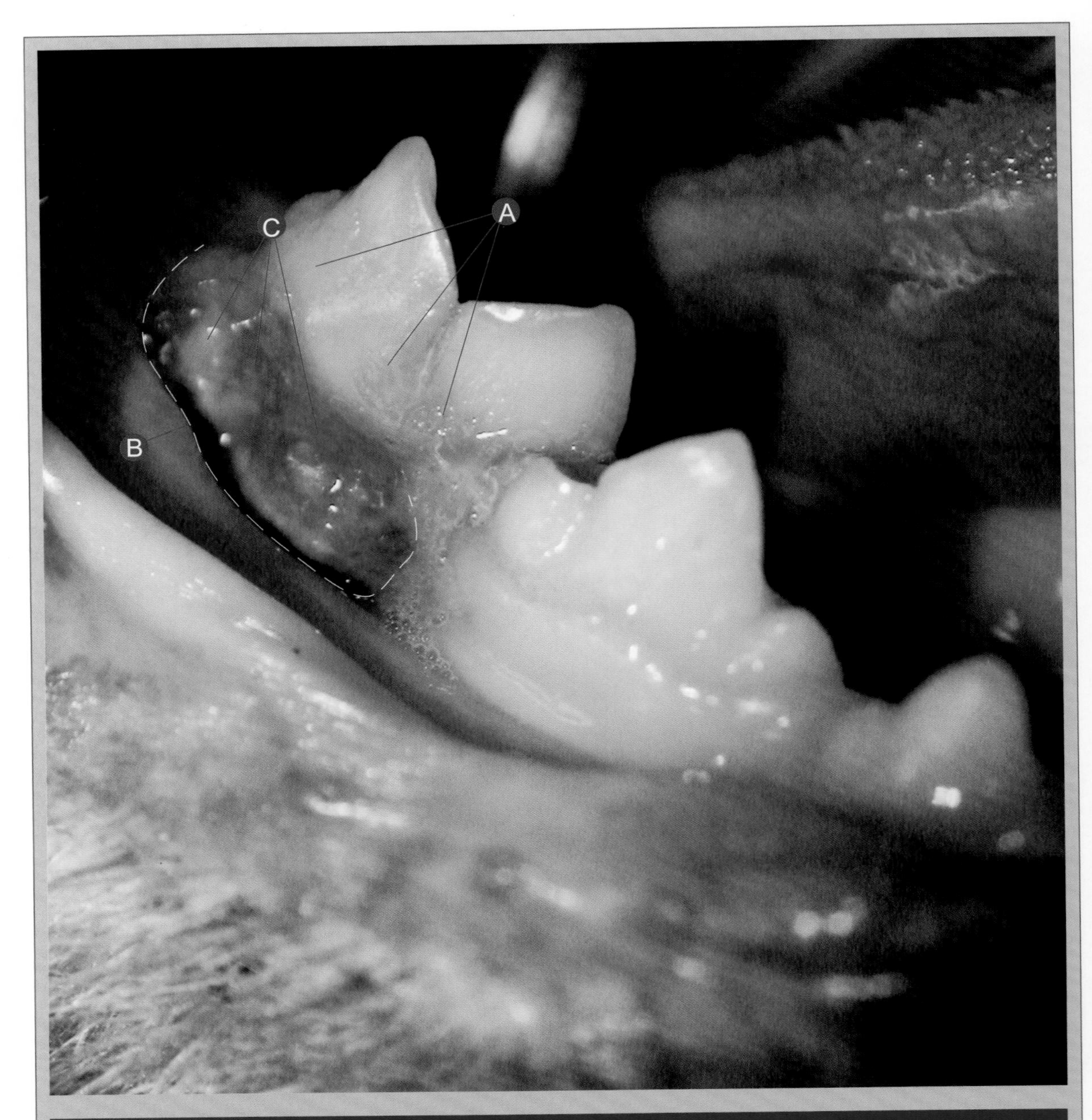

牙齿变色

RmandM1（409）右侧下颌第一臼齿牙冠顶段和中段1/3变色；病变为深紫色。

Ⓐ RmandM1（409）右侧下颌第一臼齿牙冠顶段 1/3 病变为深紫色。
Ⓑ RmandM1（409）右侧下颌第一臼齿周围严重牙龈退化和骨骼丧失。
Ⓒ 怀疑 RmandM1（409）右侧下颌第一臼齿第四阶段牙周病。

诊治要点

在此病例中，牙齿变色很有可能是由晚期牙周病造成的。牙齿变色也可能由不可逆的牙髓炎和牙髓坏死造成。对这个病例来说，理想的治疗方案是在确诊了第四阶段牙周病之后移除这颗牙齿。

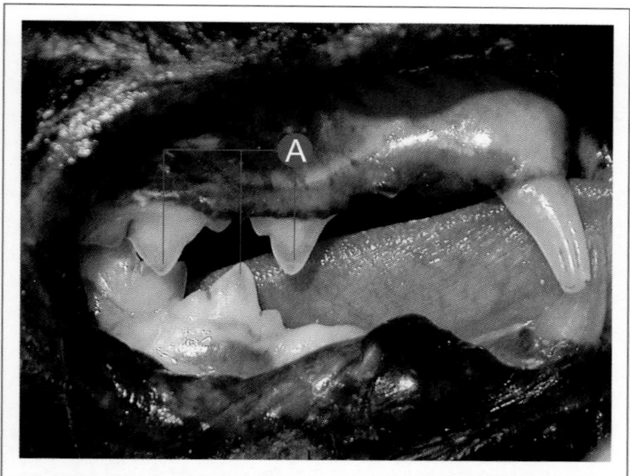

牙齿变色

动物年老导致牙齿变色伴随牙齿透明性增加。

Ⓐ 从右到左：RmaxP3（107）右侧上颌第三前臼齿，RmandP4（408）右侧下颌第四前臼齿和 RmaxP4（108）右侧上颌第四前臼齿牙齿透明性增加（牙釉质和牙本质）。

诊治要点

在非常老的动物中，经常可以发现牙齿透明性增加，最广泛接受的解释是牙齿随着年龄增加不断去矿物质化。

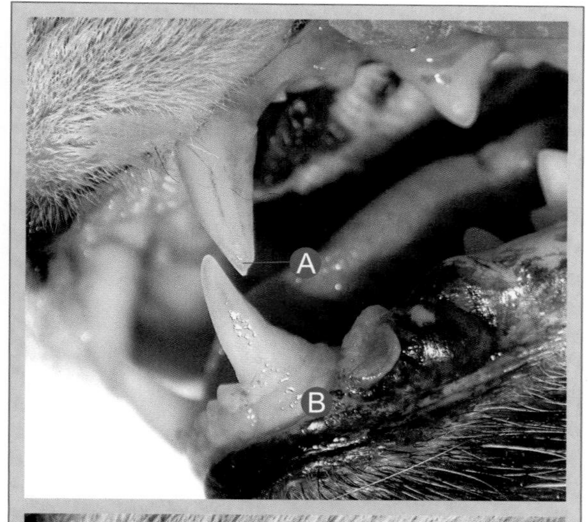

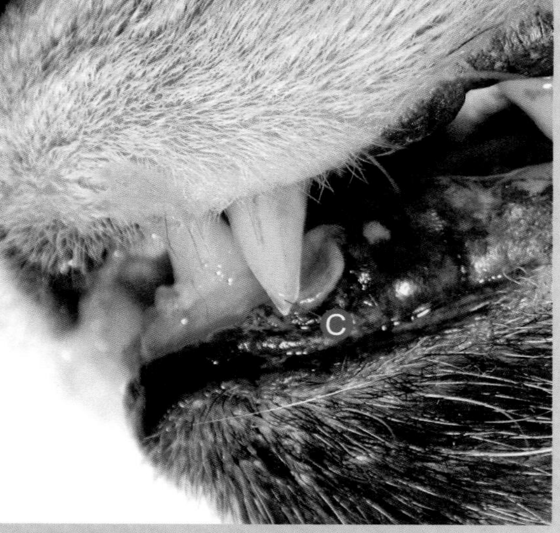

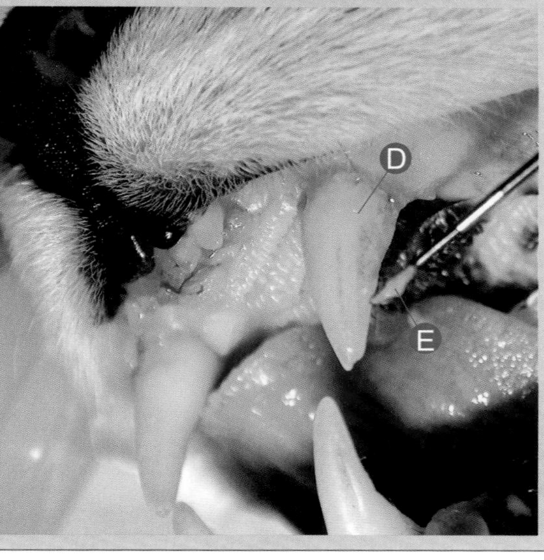

牙齿断裂　牙釉质断裂

LmaxC（204）左侧上颌犬齿尖端釉质断裂。

Ⓐ LmaxC（204）左侧上颌犬齿尖端釉质断裂。
Ⓑ 远前庭处黏膜溃疡，怀疑和 LmaxC（204）左侧上颌犬齿接触 / 咬合导致。
Ⓒ LmaxC（204）左侧上颌犬齿尖端釉质断裂特写。
Ⓓ LmaxC（204）左侧上颌犬齿牙垢指数 3。
Ⓔ 牙周探针从 LmaxC（204）左侧上颌犬齿上颚表面刮除的牙垢。

诊治要点

单一的釉质断裂在猫中并不常见；牙吸收有时会被误诊为釉质断裂。如果仅发现牙齿尖端断裂，会让我们怀疑右釉质断裂。下唇黏膜上的溃疡有可能是釉质断裂后形成的锋利面造成的创伤，以及和LmaxC（204）左侧上颌犬齿上颚面接触造成；由于和LmaxC（204）左侧上颌犬齿上颚面积累的牙垢接触，此溃疡很可能已经感染。除了断裂部位形成的锋利面可能导致软组织损伤外，这类釉质断裂一般不会造成严重的临床问题。

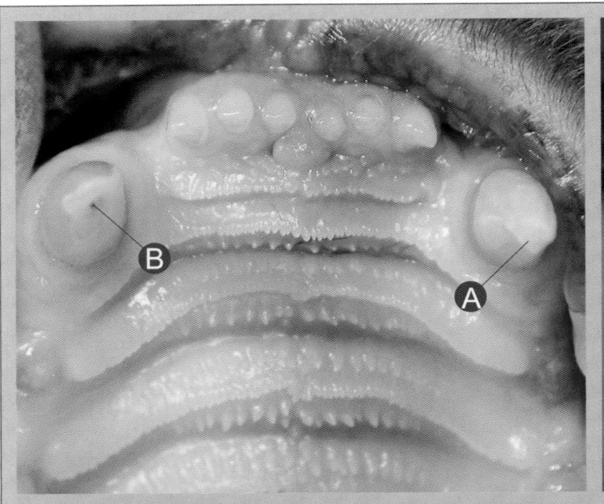

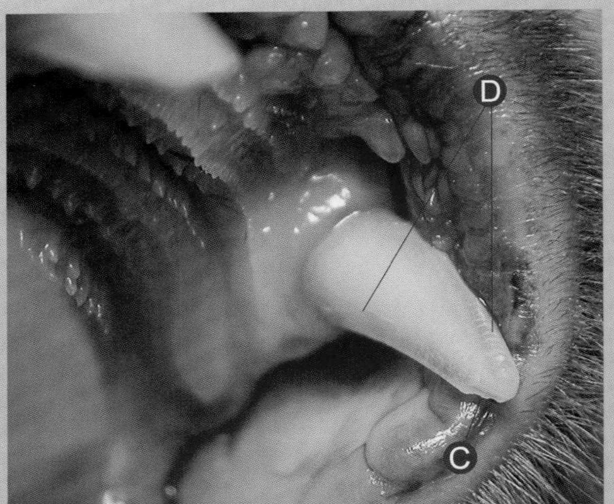

牙齿断裂　牙釉质断裂

LmaxC（204）左侧上颌犬齿尖端釉质断裂。

Ⓐ 怀疑 LmaxC（204）左侧上颌犬齿尖端釉质断裂。
Ⓑ 怀疑 RmaxC（104）右侧上颌犬齿复杂牙冠断裂。
Ⓒ LmaxC（204）左侧上颌犬齿尖端釉质断裂特写。
Ⓓ LmaxC（204）左侧上颌犬齿釉质部分断裂。

诊治要点

这类小尺寸的釉质断裂不会造成严重临床问题而且也不需要治疗（在X光诊断后）。某些情况下，断裂部位边缘可能造成周围软组织的轻度损伤。这些釉质表面不规则的部分可以通过涡轮和较细的钻石牙钻打磨掉。

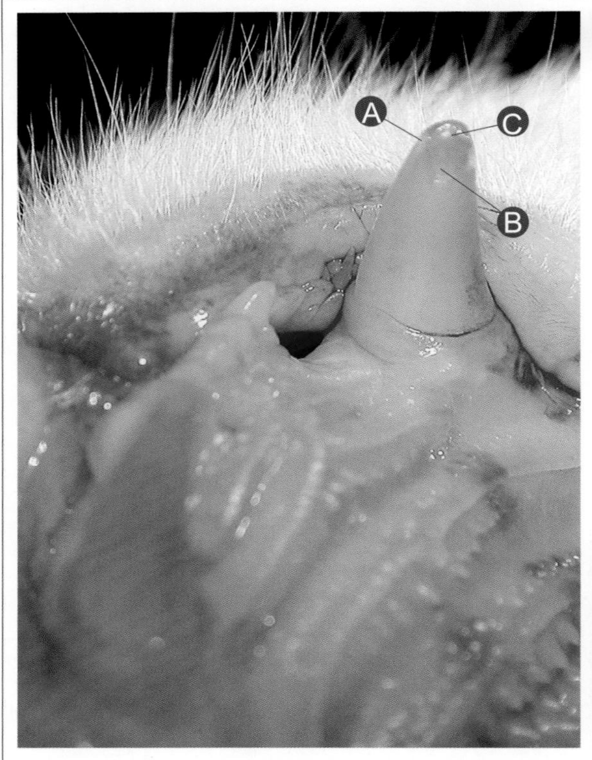

牙齿断裂　简单牙冠断裂

LmaxC（204）左侧上颌犬齿非复杂牙冠断裂。

Ⓐ LmaxC（204）左侧上颌犬齿非复杂牙冠断裂。
Ⓑ 牙釉质（断裂）。
Ⓒ 牙本质（断裂）。

诊治要点

犬齿牙冠上1/3冠部的简单断裂在猫中并不常见。造成这种情况最常见的原因是局部的创伤，创伤也经常会暴露牙髓。在这个临床病例中，牙髓腔距离尖端断裂的部位还有1 ~ 2mm的距离，此种情况下，就会造成牙髓腔未被暴露的非复杂的牙冠断裂的症状。

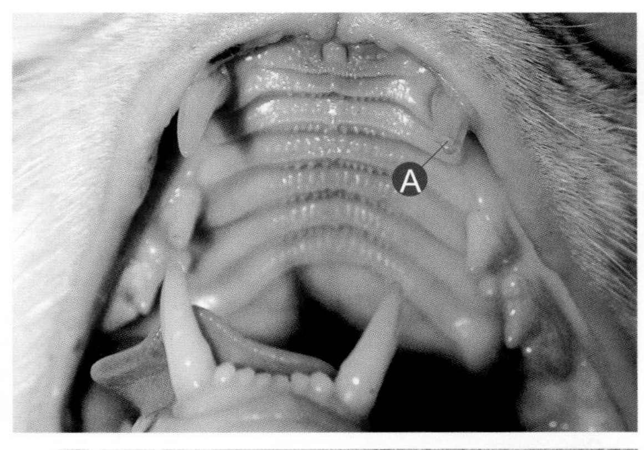

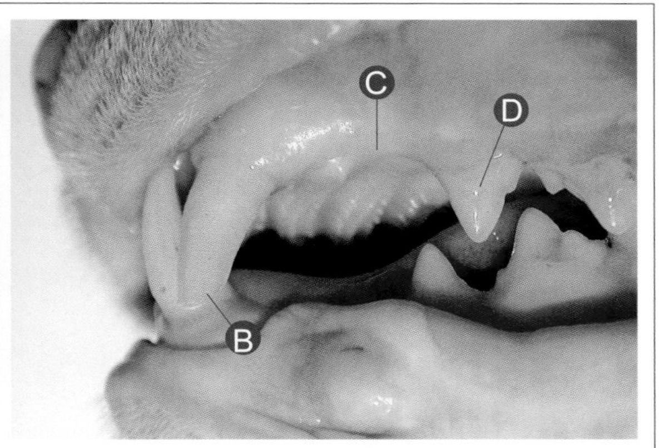

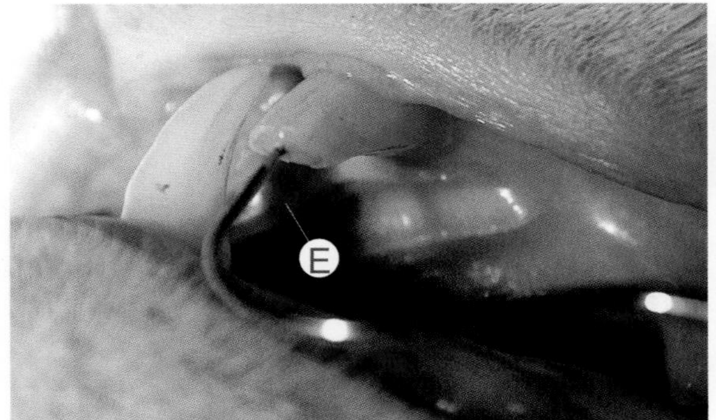

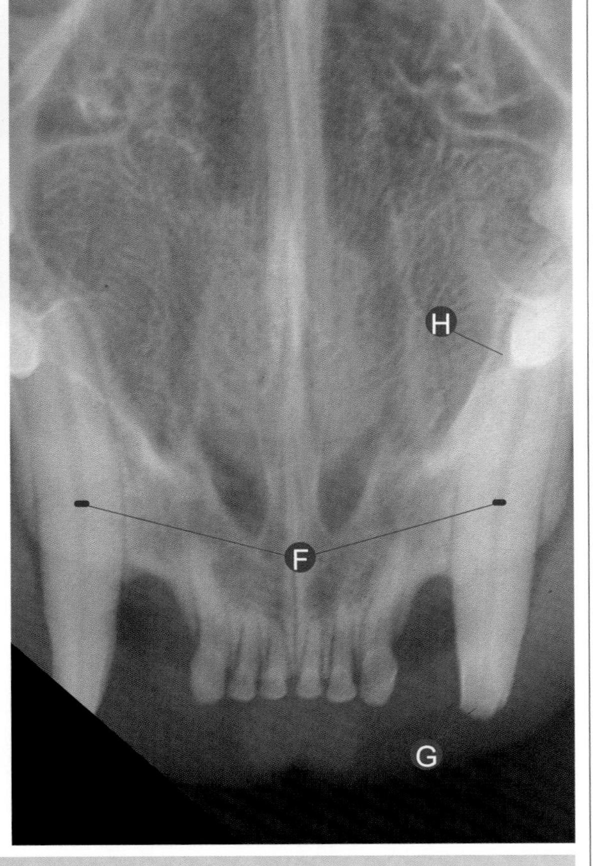

牙齿断裂　复杂牙冠断裂

LmaxC（204）左侧上颌犬齿近期发生的复杂牙冠断裂。

Ⓐ 怀疑 LmaxC（204）左侧上颌犬齿复杂牙冠断裂。
Ⓑ 怀疑LmaxC(204)左侧上颌犬齿复杂牙冠断裂；前庭视角。
Ⓒ LmaxP2（206）左侧上颌第二前臼齿缺失。
Ⓓ LmaxP3（207）左侧上颌第三前臼齿牙结石指数 1。
Ⓔ 使用牙科探查器，确认 LmaxC（204）左侧上颌犬齿有复杂牙冠断裂。
Ⓕ 牙科 X 光片：影像学特征说明 RmaxC（104）右侧上颌犬齿和 LmaxC（204）左侧上颌犬齿牙髓腔内径基本相同。
Ⓖ 牙科 X 光片：影像学特征说明 LmaxC（204）左侧上颌犬齿有复杂牙冠断裂。
Ⓗ 牙科 X 光片：影像学特征说明 LmaxC（204）左侧上颌犬齿牙根部有轻度牙根吸收。第二阶段牙吸收。

诊治要点

在猫中的复杂牙冠断裂，由于牙齿组织缺失的量很少，经常不容易注意到。在这个病例中，因为上颌两颗犬齿的牙髓腔大小在X光检查中基本一样，我们就能认为这个断裂应该是最近才发生的。但是LmaxC（204）左侧上颌犬齿牙根的病变可能是由于这种断裂造成的牙根周病导致的。应该拍一个侧面咬合的X光片来评估LmaxC（204）左侧上颌犬齿牙根吸收的真实程度，也能同时发现由于牙吸收可能造成的病变。

常见错误

如果没有进行全面和确实的口腔检查（在动物安定状态下用牙科探查器检查），很多只有少量牙齿组织缺失的断裂都会被漏诊，这种情况下也不可能给动物提供合适的治疗。

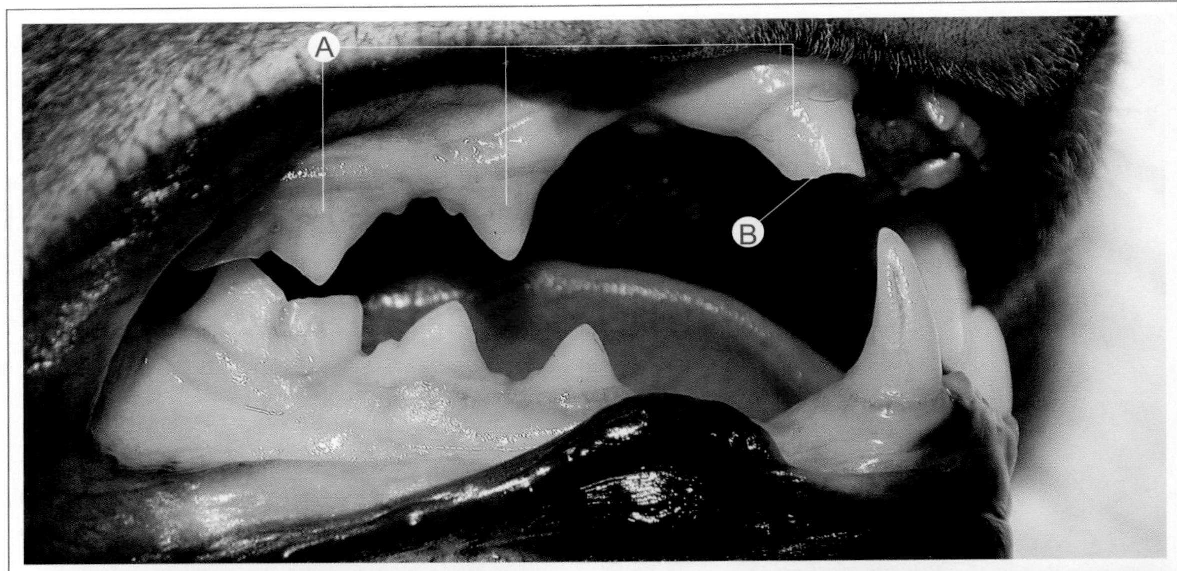

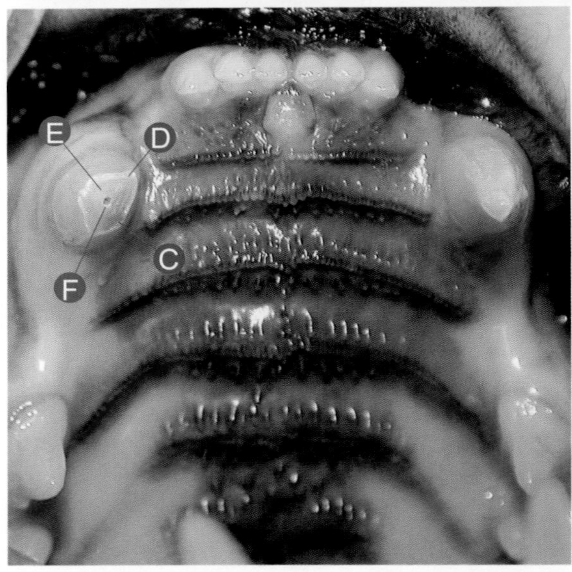

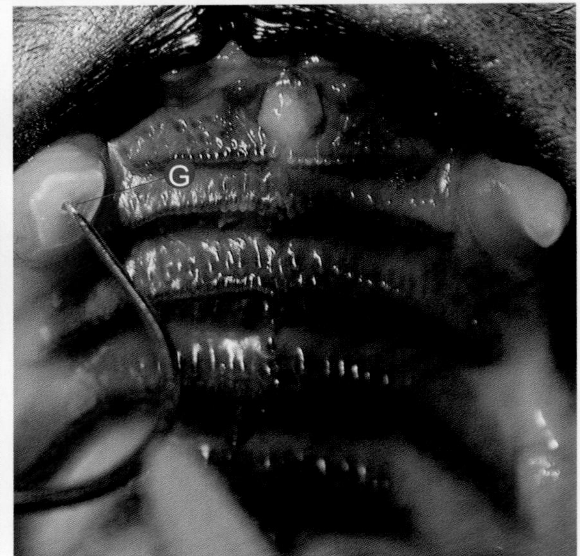

牙齿断裂　　复杂牙冠断裂

RmaxC（104）右侧上颌犬齿复杂牙冠断裂。

Ⓐ 从右到左：RmaxC（104）右侧上颌犬齿，RmaxP3（107）右侧上颌第三前臼齿和RmaxP4（108）右侧上颌第四前臼齿。

Ⓑ 怀疑 RmaxC（104）右侧上颌犬齿复杂牙冠断裂，右侧前庭视角。

Ⓒ RmaxC（104）右侧上颌犬齿复杂牙冠断裂，牙冠面视角。

Ⓓ 断裂的牙釉质。

Ⓔ 断裂的牙本质。

Ⓕ RmaxC（104）右侧上颌犬齿牙髓腔暴露。

Ⓖ RmaxC（104）右侧上颌犬齿复杂牙冠断裂，使用牙科探查器检查，牙冠面视角。

诊治要点

复杂牙冠断裂在猫中比较常见。如果断裂的牙齿组织缺失不是太严重，可以考虑保守治疗的方法，比如牙髓摘除术（需要在牙科X光检查后决定）。如果动物主人不想用保守治疗的方法或者不适用，应该移除断裂的牙齿。

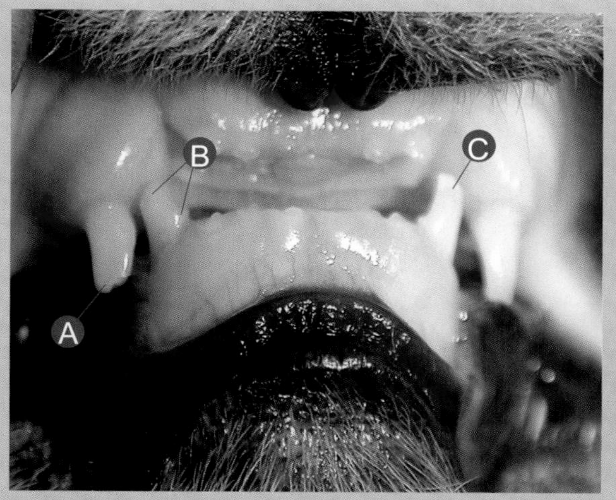

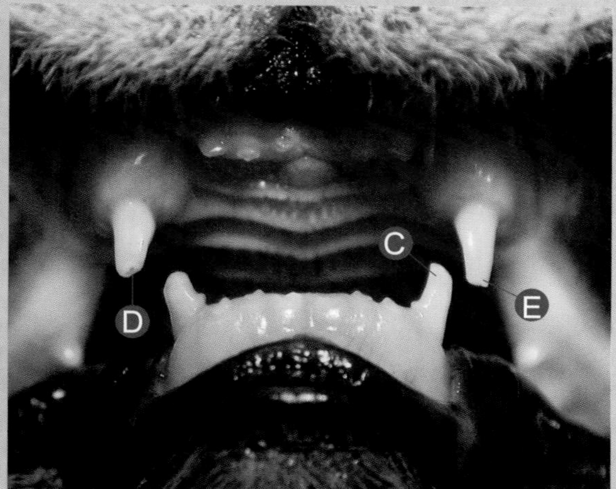

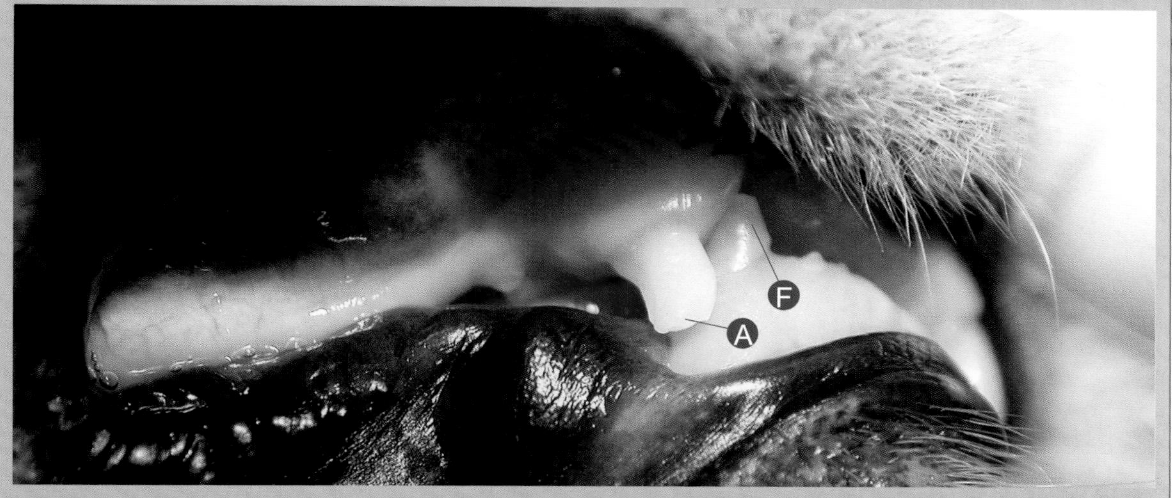

牙齿断裂　　复杂牙冠断裂

乳犬齿的复杂牙冠断裂：RmaxC（504）右侧上颌乳犬齿，LmaxC（604）左侧上颌乳犬齿，LmandC（704）左侧下颌乳犬齿和RmandC（804）右侧下颌乳犬齿在一只4个月大的猫中，为医源性原因造成。

Ⓐ RmaxC（504）右侧上颌乳犬齿复杂牙冠断裂。
Ⓑ 怀疑 RmandC（804）右侧下颌乳犬齿复杂牙冠断裂，同时伴有牙齿变色。
Ⓒ 怀疑 LmandC（704）左侧下颌乳犬齿复杂牙冠断裂。
Ⓓ RmaxC（504）右侧上颌乳犬齿复杂牙冠断裂的图片，伴有牙髓坏死。
Ⓔ 怀疑 LmaxC（604）左侧上颌乳犬齿复杂牙冠断裂。
Ⓕ RmandC（804）右侧下颌乳犬齿牙齿变色。

诊治要点

临床中我们不时会看到这种乳犬齿复杂牙冠断裂的情况，尤其是对一些幼年的展览动物来说，这种情况通常都是他们的主人可能为了纠正、调整或者预防牙齿咬合不良而造成的医源性损伤。这些断裂是在用剪刀或者钳子剪去牙齿尖端时造成的，有时还是在动物未被麻醉的状态。这样的理念和做法是错误的，首先这对动物来说是不人道的，而且这样人为造成复杂断裂的情况，在动物牙髓腔暴露时给动物造成了不必要的痛苦。当造成这些断裂时，不仅动物咬合不良的问题没有被纠正，而且，因为复杂断裂中会发生牙髓坏死的情况，可能会进一步影响恒齿的萌出和发育，可谓得不偿失。在这些牙齿中发现的牙齿变色的问题是由于牙髓坏死造成的。

常见错误

没有向客户说明自行给动物剪牙是种错误的行为，而且没有告知这种医源性复杂断裂可能造成灾难性后果。

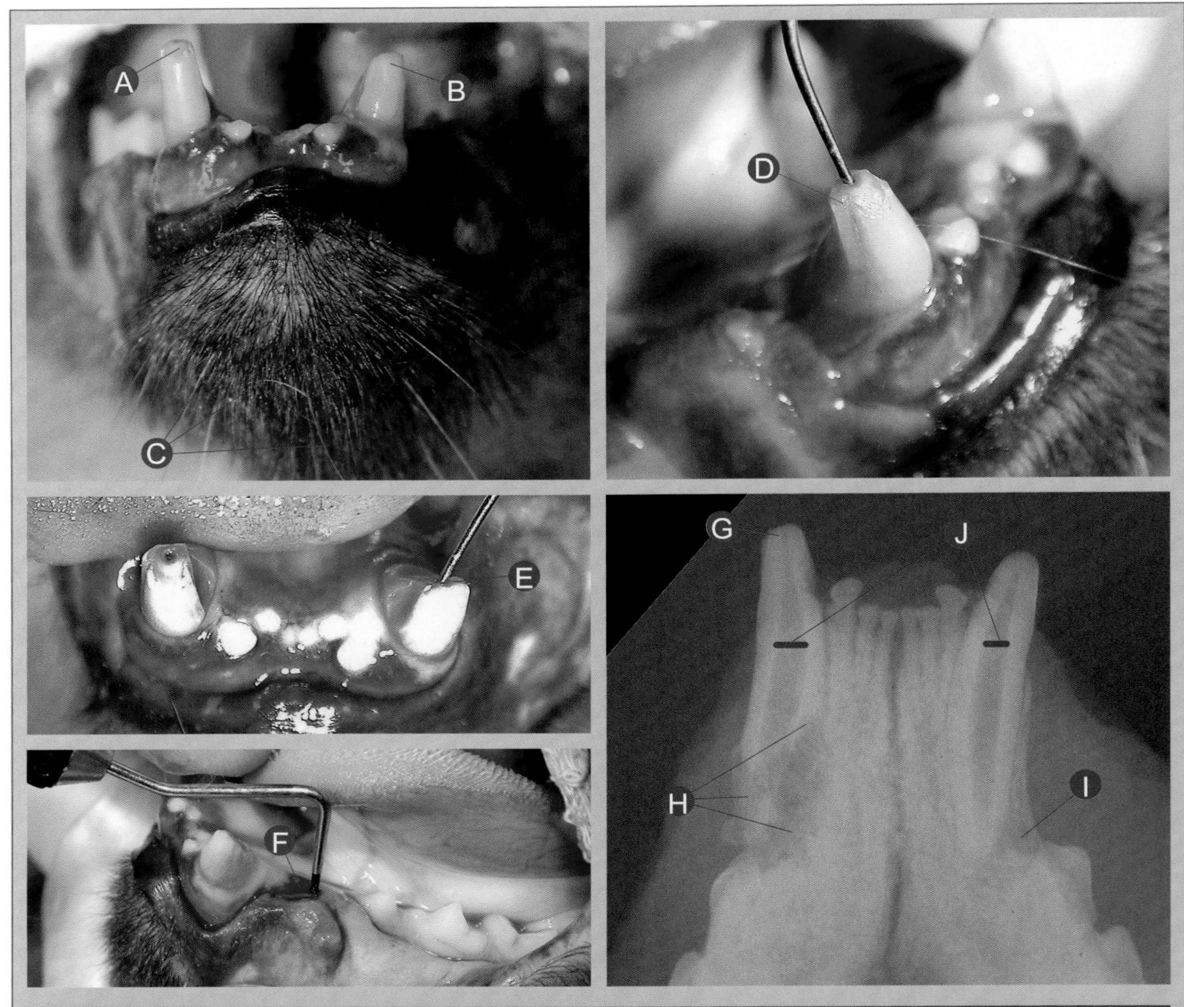

牙齿断裂　　复杂牙冠断裂

LmandC（304）左侧下颌犬齿和RmandC（404）右侧下颌犬齿复杂牙冠断裂，断裂造成一只成年猫下颌骨连接部的脓肿。

Ⓐ怀疑 RmandC（404）右侧下颌犬齿复杂牙冠断裂。

Ⓑ怀疑 LmandC（304）左侧下颌犬齿复杂牙冠断裂。

Ⓒ下颌连接部位严重的下颌脓肿。

Ⓓ使用牙科探查器，确认 RmandC（404）右侧下颌犬齿复杂牙冠断裂。

Ⓔ使用牙科探查器，确认 LmandC（304）左侧下颌犬齿复杂牙冠断裂。

ⒻLmandC（304）左侧下颌犬齿远端黏膜中的瘘道，瘘道中产生有血性液体，通过牙周探针测量，瘘道深度为10mm。

Ⓖ牙科 X 光片：影像学特征符合 RmandC（404）右侧下颌犬齿复杂牙冠断裂的症状。

Ⓗ牙科 X 光片：影像学特征说明 RmandC（404）右侧下颌犬齿牙根周骨溶解和严重的牙根吸收（4c 期牙吸收）。

Ⓘ牙科 X 光片：影像学特征说明 LmandC（304）左侧下颌犬齿牙根周区域中度到重度骨溶解。

Ⓙ牙科 X 光片：影像学特征说明牙髓腔和同年龄成年动物相比变宽。

诊治要点

犬齿的复杂牙冠断裂在发现后需要立即治疗，不管采取保守或者非保守的疗法。尽管初期牙髓病的症状并不可见，但是随着牙髓坏死会不断恶化并且造成牙根周的疾病，严重的甚至会导致脓肿，就像在这个病例中这样。对这个病例来说，非保守的疗法就是移除两颗犬齿。

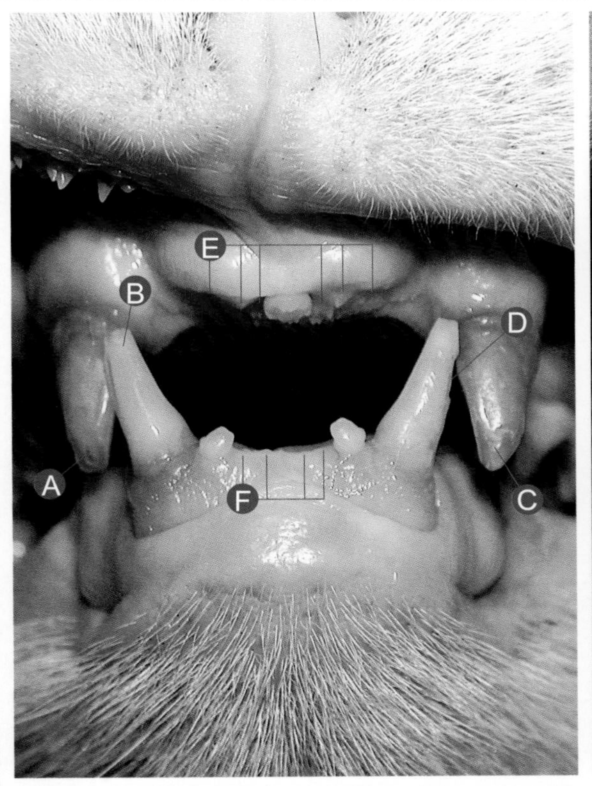

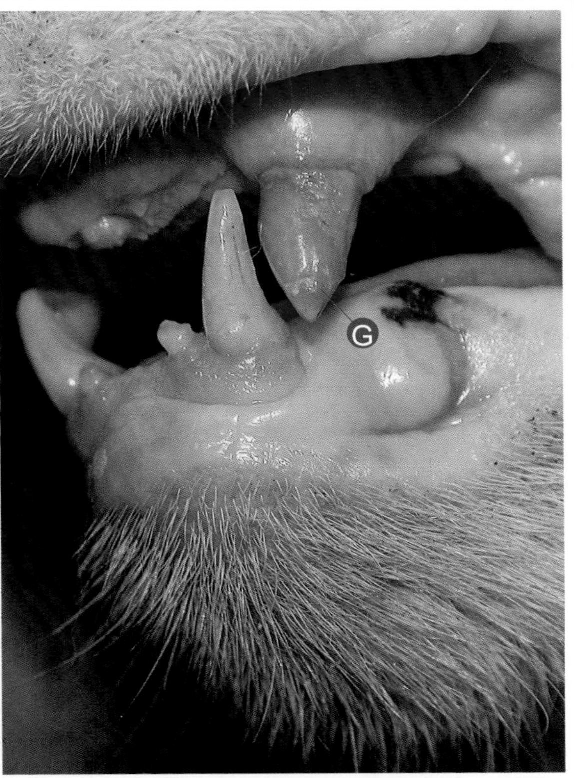

牙齿断裂　　复杂牙冠断裂

RmaxC（104）右侧上颌犬齿复杂牙冠断裂。

Ⓐ RmaxC（104）右侧上颌犬齿复杂牙冠断裂，前视角。
Ⓑ 怀疑 RmandC（404）右侧下颌犬齿非复杂牙冠断裂。
Ⓒ 怀疑 LmaxC（204）左侧上颌犬齿复杂牙冠断裂。
Ⓓ LmandC（304）左侧下颌犬齿釉质断裂。
Ⓔ 全部上颌切齿缺失。
Ⓕ 从右到左：LmandI2（302）左侧下颌第二切齿，LmandI1（301）左侧下颌第二切齿，RmandI1（401）右侧下颌第一切齿和 RmandI2（402）右侧下颌第二切齿缺失。
Ⓖ 怀疑 LmaxC（204）左侧上颌犬齿复杂牙冠断裂。
Ⓗ 牙科 X 光片：影像学特征说明 RmaxC（104）右侧上颌犬齿复杂牙冠断裂。
Ⓘ 牙科 X 光片：影像学特征说明 RmaxC（104）右侧上颌犬齿前庭骨扩张。
Ⓙ 牙科 X 光片：影像学特征说明上颌切齿第五阶段牙吸收。

诊治要点

大体的外观观察和牙科X光片诊断并不能总是确诊断裂是否为复杂断裂。我们有时可以肉眼或者借助牙科X光检查看到牙髓腔开放（复杂断裂）。但是，在其他情况下，我们需要用牙科探查器来做到正确的牙科检查和诊断。

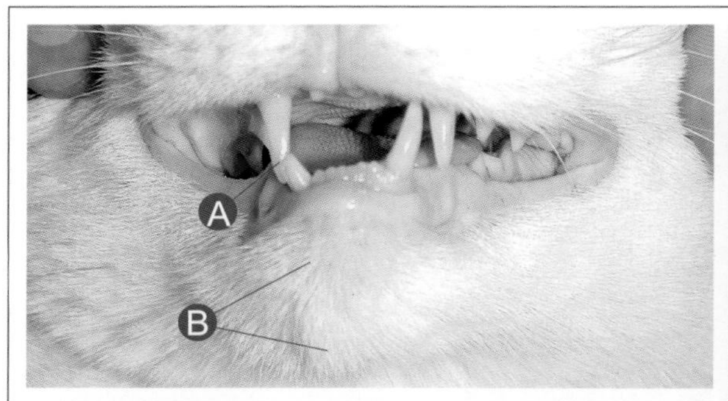

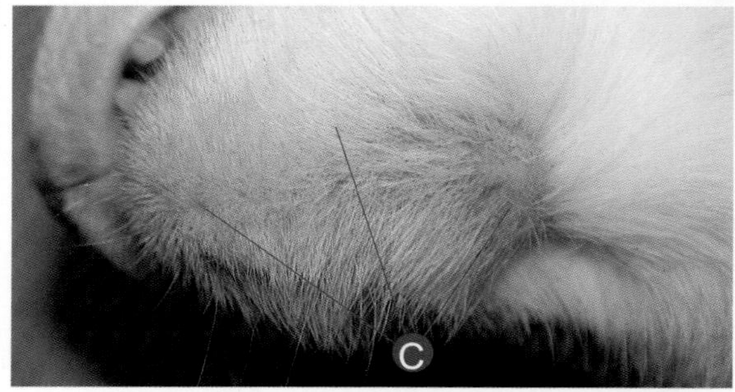

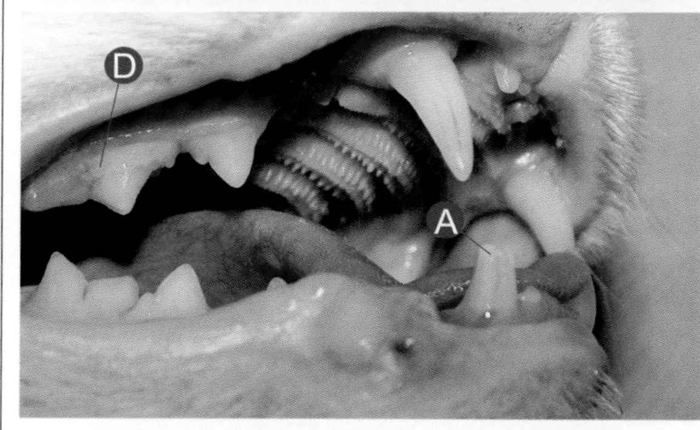

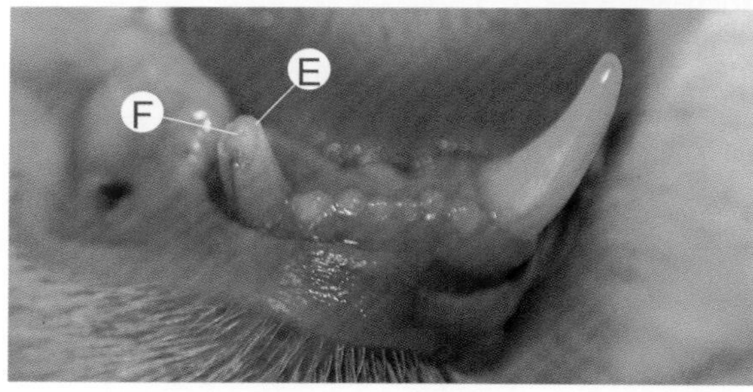

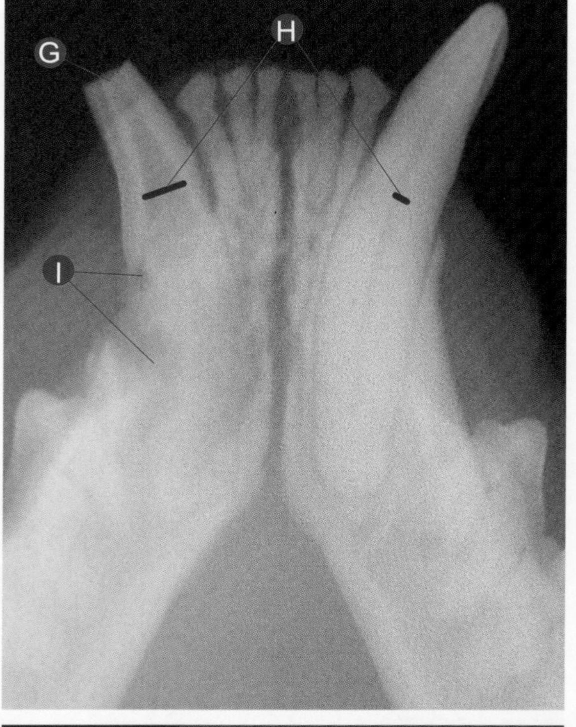

牙齿断裂　复杂牙冠断裂

RmandC（404）右侧下颌犬齿复杂牙冠断裂，断裂造成一只成年猫下颌骨连接部的脓肿。

Ⓐ 怀疑 RmandC（404）右侧下颌犬齿复杂牙冠断裂。
Ⓑ 在下颌骨连接部位严重的下颌脓肿。
Ⓒ 下颌和下颌骨连接部位下颌脓肿的图片。
Ⓓ RmaxP4（108）右侧上颌第四前臼齿牙石指数 3。
Ⓔ 确认 RmandC（404）右侧下颌犬齿复杂牙冠断裂。
Ⓕ RmandC（404）右侧下颌犬齿牙髓腔暴露，由于复杂断裂导致。
Ⓖ 牙科 X 光片：影像学特征说明 RmandC（404）右侧下颌犬齿复杂牙冠断裂。
Ⓗ 牙科 X 光片：影像学特征显示该牙髓腔和左侧下颌犬齿的相比变宽，说明之前有过断裂。
Ⓘ 牙科 X 光片：影像学特征说明 RmandC（404）右侧下颌犬齿牙根有骨溶解和严重牙吸收的症状。

诊治要点

这个病例再次像我们展示了，在发现小断裂伴有牙髓腔暴露时，拍完牙科X光片后就需要立即治疗。尽管断裂过去了几年，牙髓坏死的恶化程度已经很深，而且还造成了脓肿。RmandC（404）右侧下颌犬齿必须被拔除。

常见错误

没有对断裂的诊断和治疗给予足够重视，尤其是在那些有多处创伤的动物上。对于那些口腔遭受创伤的动物（被车撞到、从高处落下……），我们必须对口腔做一个深入全面的检查，看是否有任何硬组织和软组织的损伤，同时也要做一个全面的牙科检查。

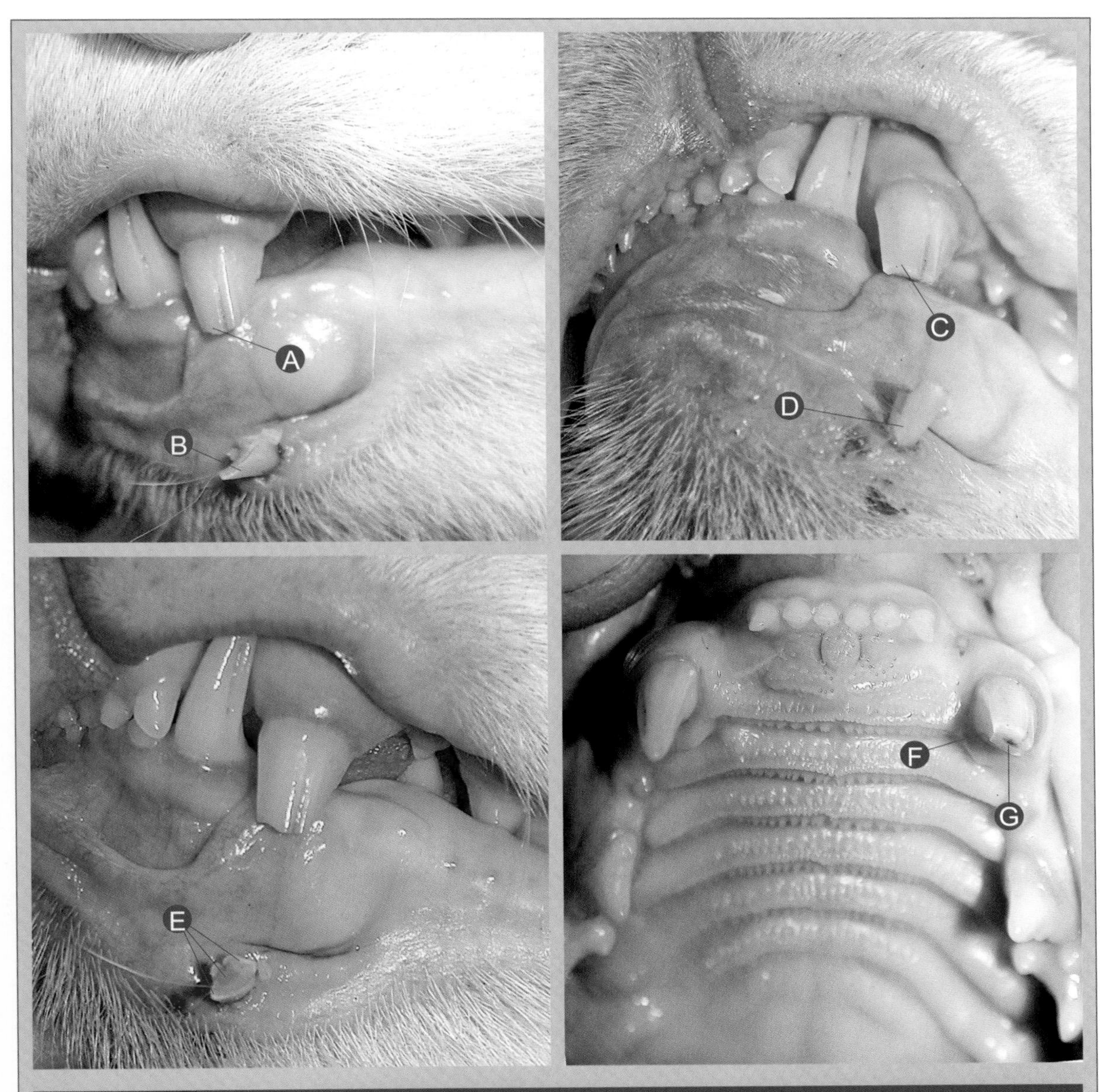

牙齿断裂　复杂牙冠断裂

LmaxC（204）左侧上颌犬齿最近发生的复杂牙冠断裂。

Ⓐ 怀疑LmaxC(204)左侧上颌犬齿复杂牙冠断裂；前庭视角。
Ⓑ LmaxC（204）左侧上颌犬齿尖端，插入了下唇黏膜中。
Ⓒ LmaxC（204）左侧上颌犬齿复杂牙冠断裂。
Ⓓ LmaxC（204）左侧上颌犬齿尖端的照片，插入了下唇黏膜中。
Ⓔ 断裂中受影响牙组织的照片。
Ⓕ 确认 LmaxC（204）左侧上颌犬齿有复杂牙冠断裂。
Ⓖ LmaxC（204）左侧上颌犬齿活的牙髓。

诊治要点

在非常偶然的情况下，我们发现了最近发生的断裂迹象。这个病例动物在检查前30分钟遭受了中度的损伤。LmaxC（204）左侧上颌犬齿尖端插入了下唇黏膜中的情况也确认了这点。短时间内，这个区域的软组织会出现一定程度的炎症反应，让插入组织中的牙齿尖端脱离。对于这个最近发生的复杂牙冠断裂，可以推荐保守疗法（部分冠状牙髓摘除术），或者非保守的疗法（拔除）。必须要用牙科X光诊断，确认没有发生侧副韧带的损伤。

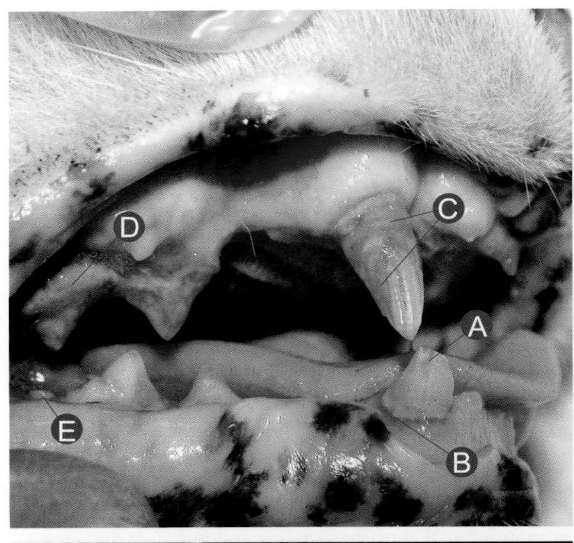

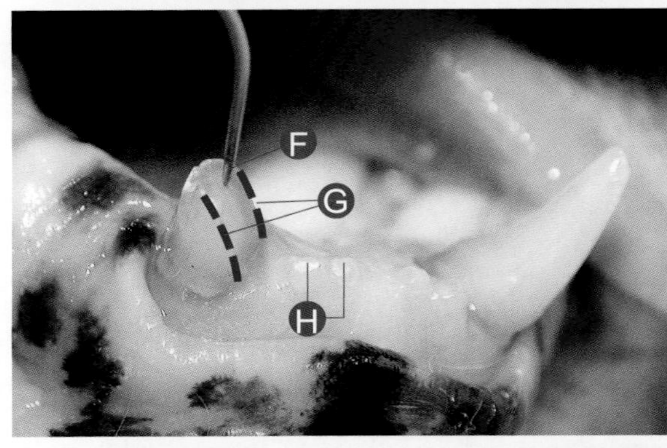

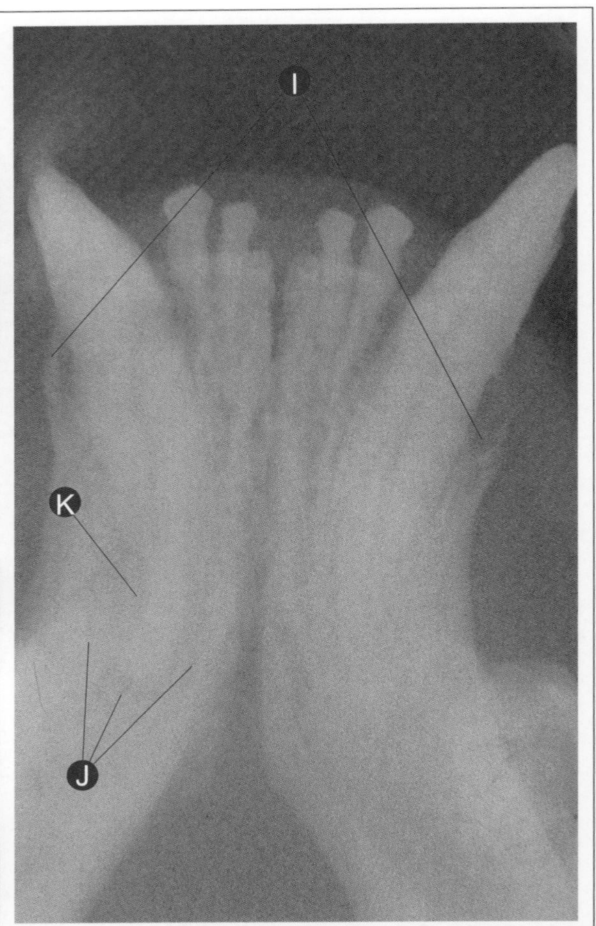

牙齿断裂　　复杂牙冠牙根断裂

RmandC（404）右侧下颌犬齿复杂牙冠牙根断裂。

- Ⓐ 怀疑 RmandC（404）右侧下颌犬齿复杂牙冠牙根断裂。
- Ⓑ RmandC（404）右侧下颌犬齿牙龈指数 1。
- Ⓒ RmandC（404）右侧下颌犬齿牙石指数 3。
- Ⓓ RmaxP4（108）右侧上颌第四前臼齿牙垢指数 4 。
- Ⓔ 怀疑 RmandM1（409）右侧下颌第一臼齿第四 b 阶段牙吸收。
- Ⓕ 通过牙科探查器，确认 RmandC（404）右侧下颌犬齿复杂牙冠牙根断裂。
- Ⓖ RmandC（404）右侧下颌犬齿断裂折线朝向牙龈下区域的特写。
- Ⓗ 从右到左： RmandI2（402）右侧下颌第二切齿和右侧下颌第三切齿（403）磨损。
- Ⓘ 从右到左：牙科 X 光片，影像学特征说明 LmandC（304）左侧下颌犬齿和 RmandC（404）右侧下颌犬齿前庭骨扩张，符合牙周病特征。
- Ⓙ 牙科 X 光片：影像学特征说明 RmandC（404）右侧下颌犬齿根尖周区域有严重的骨溶解。
- Ⓚ 牙科 X 光片：影像学特征说明 RmandC（404）右侧下颌犬齿有严重的牙根吸收(第三阶段牙吸收)，原因是牙髓病。

诊治要点

在复杂的牙冠牙根断裂病例中，牙髓腔的暴露和断裂一直延伸到牙骨质釉质界之下。如果我们不能及时有效地采取治疗措施，牙髓的暴露会导致牙髓坏死（这个病例中已经出现这种情况）。断裂的牙齿牙髓腔和另一侧的犬齿相比更细，但是两颗牙齿的直径相似，说明断裂发生在动物成年之后。但是，这个断裂也不是近期发生的，因为牙髓病造成的牙根溶解和牙根周的骨溶解等病变可以通过影像学诊断检测出来。在这个病例中，最合适的治疗方法就是移除断裂牙齿，因为该牙齿牙根已经有很多牙组织溶解，所以牙髓摘除术并不适合。

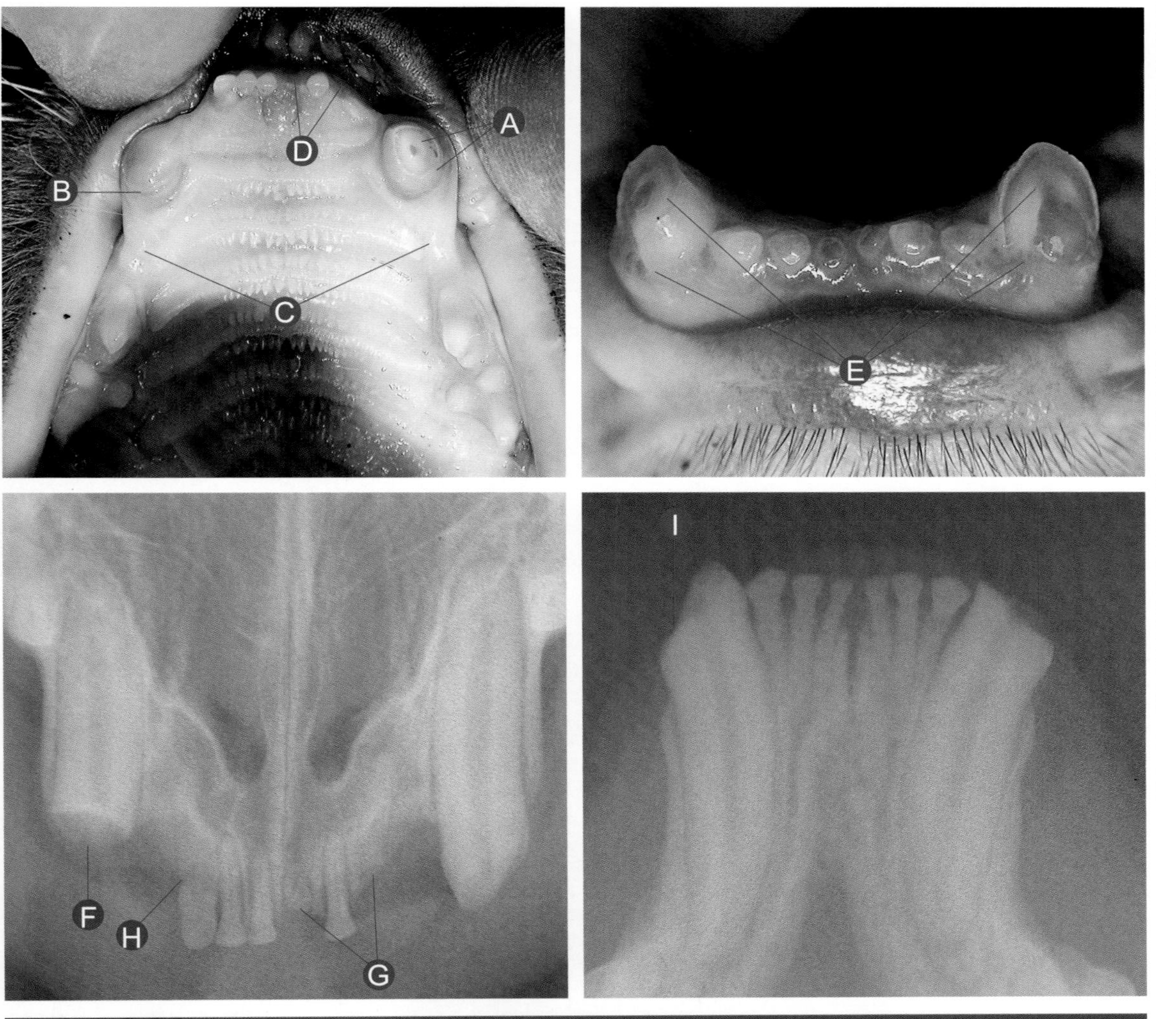

牙齿断裂　　复杂牙冠牙根断裂

RmaxC（104）右侧上颌犬齿，LmandC（304）左侧下颌犬齿和RmandC（404）右侧下颌犬齿复杂牙冠牙根断裂。

Ⓐ LmaxC（204）左侧上颌犬齿复杂牙冠断裂，牙髓暴露，但是牙髓还存活。
Ⓑ RmaxC（104）右侧上颌犬齿复杂牙冠牙根断裂。
Ⓒ RmaxP2（106）右侧上颌第二前臼齿和 LmaxP2（206）左侧上颌第二前臼齿缺失。
Ⓓ 从右到左：LmaxI3（203）左侧上颌第二切齿和 LmaxI1（201）左侧上颌第一切齿缺失。
Ⓔ 从右到左: LmandC(304)左侧下颌犬齿和RmandC(404)右侧下颌犬齿复杂牙冠牙根断裂。
Ⓕ 牙科 X 光片：影像学特征说明 RmaxC（104）右侧上颌犬齿复杂牙冠牙根断裂。
Ⓖ 牙科 X 光片：影像学特征说明 LmaxI1（201）左侧上颌第一切齿和 LmaxI3（203）左侧上颌第二切齿四 b 期牙溶解。
Ⓗ 牙科 X 光片：影像学特征说明 RmaxI3（103）右侧上颌第三切齿四 c 期牙溶解。
Ⓘ 牙科 X 光片：（从右到左）影像学特征说明 LmandC（304）左侧下颌犬齿和 RmandC（404）右侧下颌犬齿复杂牙冠牙根断裂。

诊治要点

不同种类的断裂经常能在同一动物的口腔中发现。每颗受影响的牙都应该被分类并且根据不同的断裂种类进行治疗。对这些复杂牙冠断裂的非保守疗法就是拔牙。

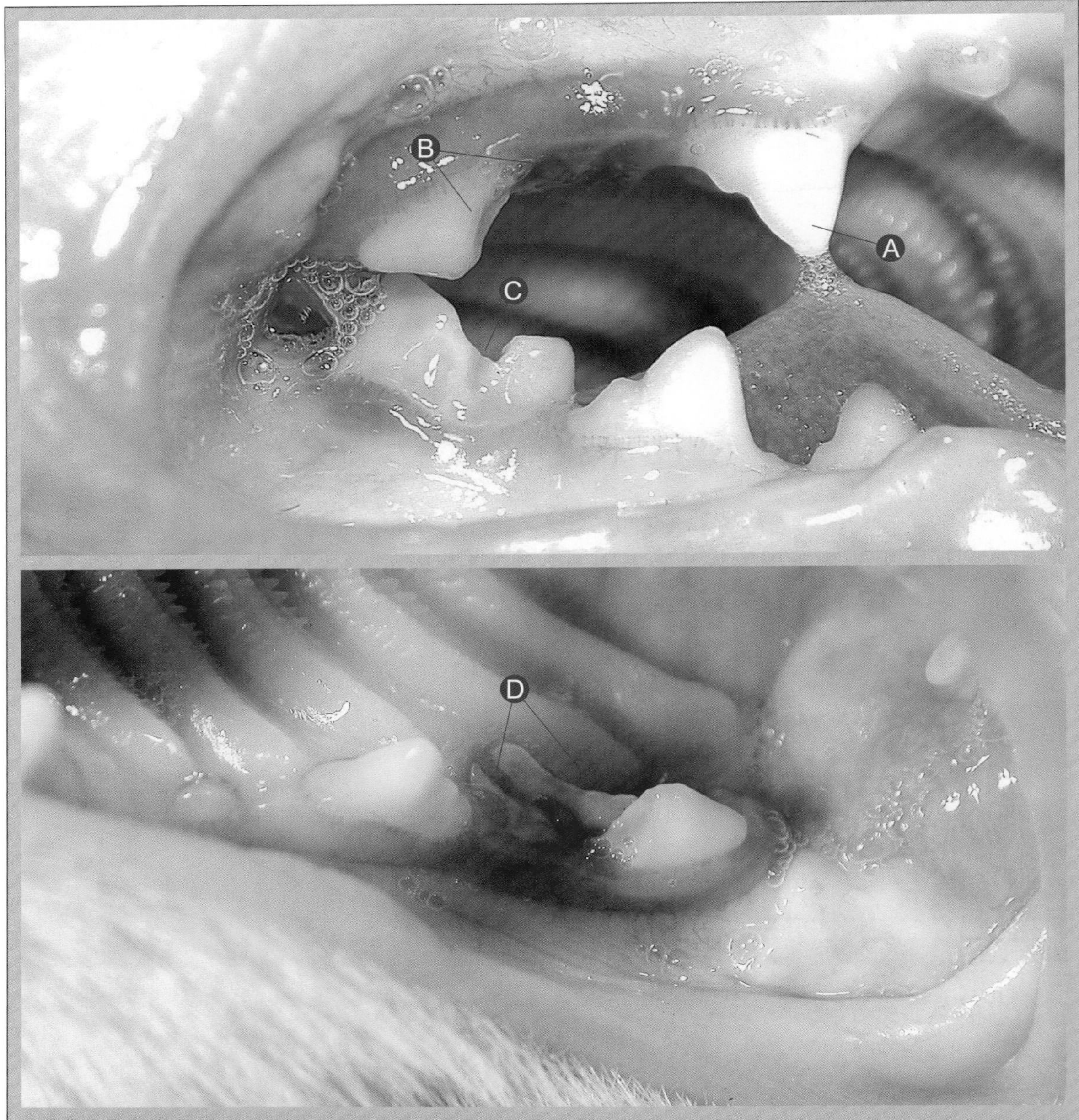

牙齿断裂　　复杂牙冠牙根断裂

RmaxP4（108）右侧上颌第四前臼齿复杂牙冠牙根断裂。

Ⓐ RmaxP3（107）右侧上颌第三前臼齿。
Ⓑ RmaxP4（108）右侧上颌第四前臼齿复杂牙冠牙根断裂。
Ⓒ 怀疑 RmandM1（409）右侧下颌第一臼齿非复杂牙冠断裂。
Ⓓ RmaxP4（108）右侧上颌第四前臼齿复杂牙冠牙根断裂的特写。

诊治要点

这类的断裂通常都是由创伤性原因造成。同一区域的RmandM1（409）右侧下颌第一臼齿非复杂牙冠断裂进一步支持了我们对断裂原因的猜想。对这类复杂牙冠牙根断裂的治疗就是在做完局部X光片检查后移除断裂牙齿。

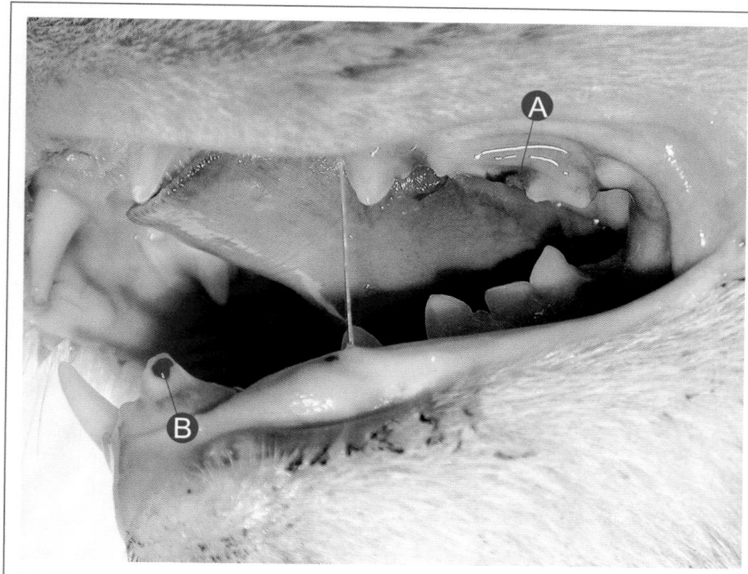

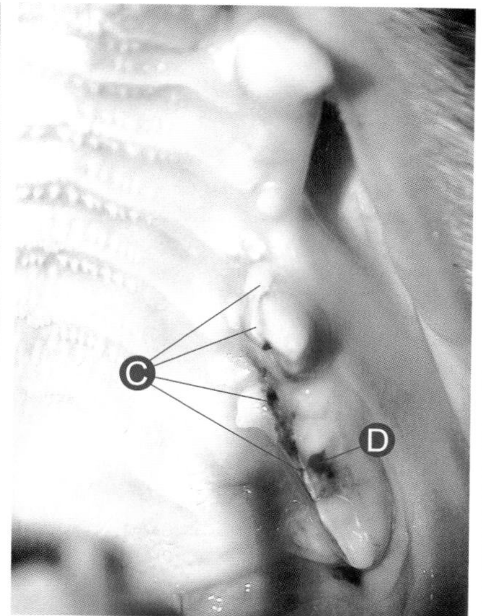

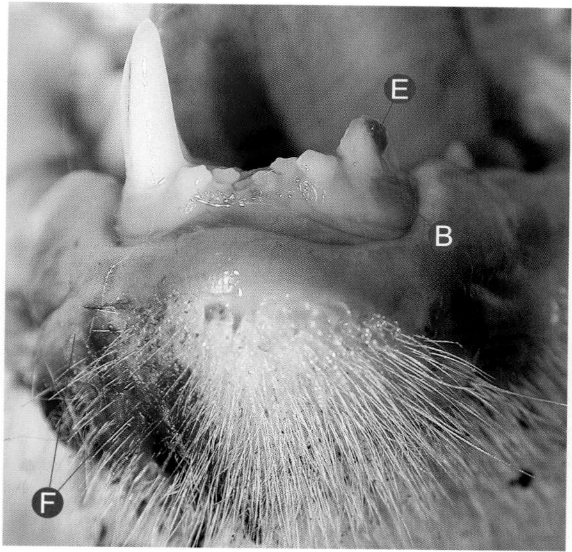

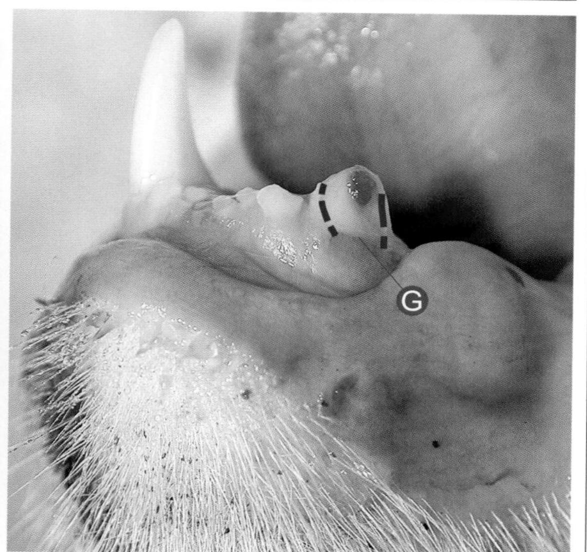

牙齿断裂　　复杂牙冠牙根断裂

LmaxP3（207）左侧上颌第三前臼齿，LmaxP4（208）左侧上颌第四前臼齿和LmandC（304）左侧下颌犬齿复杂牙冠牙根断裂，从高处落下的创伤造成断裂。

Ⓐ 怀疑 LmaxP4（208）左侧上颌第四前臼齿复杂牙冠牙根断裂。
Ⓑ 怀疑 LmandC（304）左侧下颌犬齿复杂牙冠牙根断裂。
Ⓒ 确认 LmaxP3（207）左侧上颌第三前臼齿和 LmaxP4（208）左侧上颌第四前臼齿复杂牙冠牙根断裂。
Ⓓ LmaxP4（208）左侧上颌第四前臼齿暴露鲜活的牙髓。
Ⓔ LmandC（304）左侧下颌犬齿暴露鲜活的牙髓。
Ⓕ 下唇由于创伤造成的严重损伤。
Ⓖ 确认 LmandC（304）左侧下颌犬齿复杂牙冠牙根断裂。

诊治要点

动物从高处掉落时造成的创伤也可能导致牙的损伤，主要是断裂，同时伴有和口腔紧密相连的软组织和骨组织的损伤。在这些近期发生的复杂断裂中，我们能看到暴露的鲜活牙髓以及牙髓的炎症症状。

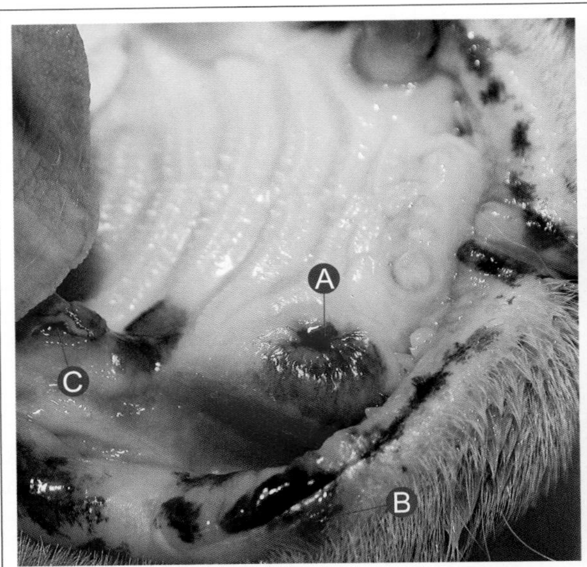

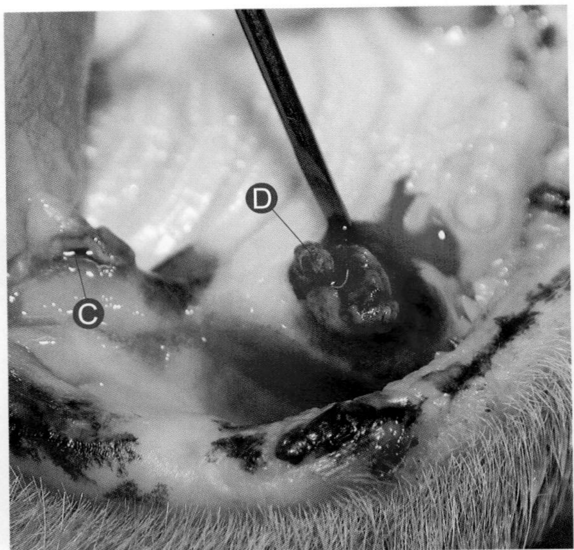

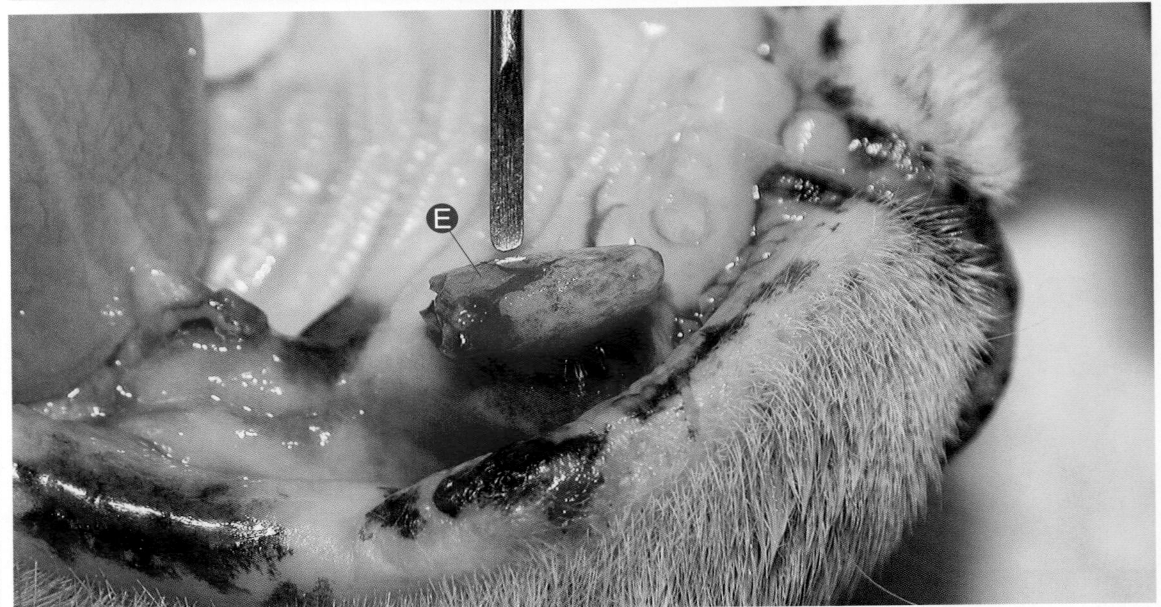

牙齿断裂　牙根断裂

LmaxC（204）左侧上颌犬齿最近发生的牙根断裂。

Ⓐ LmaxC（204）左侧上颌犬齿缺失，有最近 48 小时创伤和牙齿断裂的病史。

Ⓑ 上唇靠近 LmaxC（204）左侧上颌犬齿区域有损伤。

Ⓒ 怀疑 LmaxP3（207）左侧上颌第三前臼齿有第三阶段牙吸收。

Ⓓ LmaxC（204）左侧上颌犬齿牙根部分脱臼的照片，照片中还有一个戴维斯牙根牵升器。

Ⓔ LmaxC（204）左侧上颌犬齿牙根部分。

诊治要点

当创伤发生在近期，我们一定要让主人尽可能保留动物牙齿断裂的部分。这样可以让我们知道是否还有残留的牙根。这些病例中一定要拍摄牙科X光片。对牙根断裂的治疗方法就是移除残留的牙根。

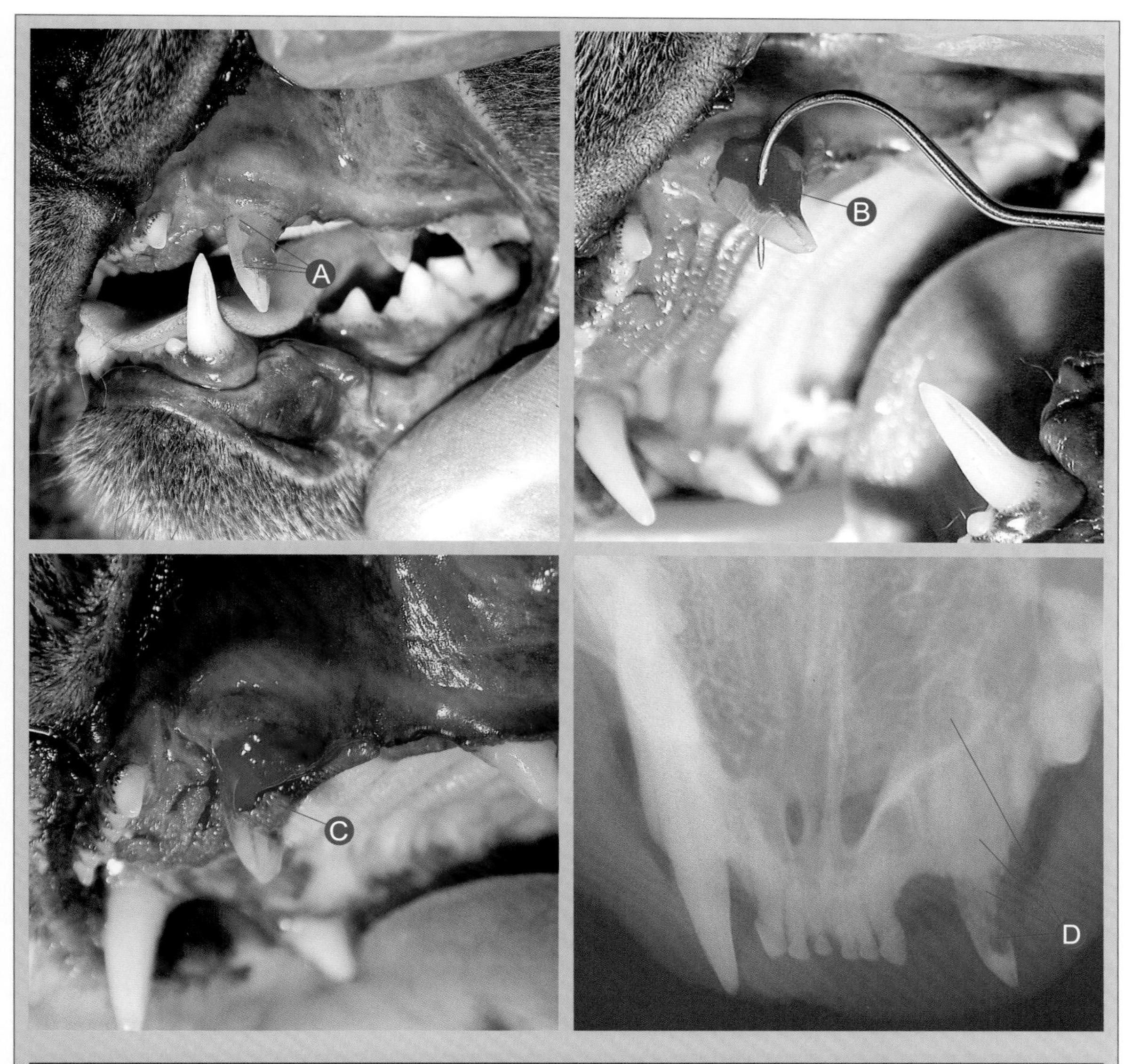

牙吸收

LmaxC（204）左侧上颌犬齿第四阶段牙吸收。

Ⓐ 怀疑 LmaxC（204）左侧上颌犬齿第四阶段牙吸收，同时伴有牙组织丧失（牙釉质和牙本质）。

Ⓑ 用牙科探查器确定 LmaxC（204）左侧上颌犬齿牙组织的缺失。

Ⓒ LmaxC（204）左侧上颌犬齿严重牙釉质和牙本质缺失的照片。

Ⓓ 牙科 X 光片：影像学特征说明 LmaxC（204）左侧上颌犬齿第四 a 阶段牙吸收。

诊治要点

牙吸收在猫中是一种非常常见的疾病。这种疾病在猫中发现得尤其多，而且研究得也很多。根据目前的研究，该病的病因还是未知。这种疾病因牙齿颈部、牙根、牙冠等位置破骨细胞的激活而造成牙组织的破坏。在晚期（第五阶段）的病例中会有高程度的牙组织破坏和损伤。牙科X光对诊断和评价牙组织的损伤程度必不可少。

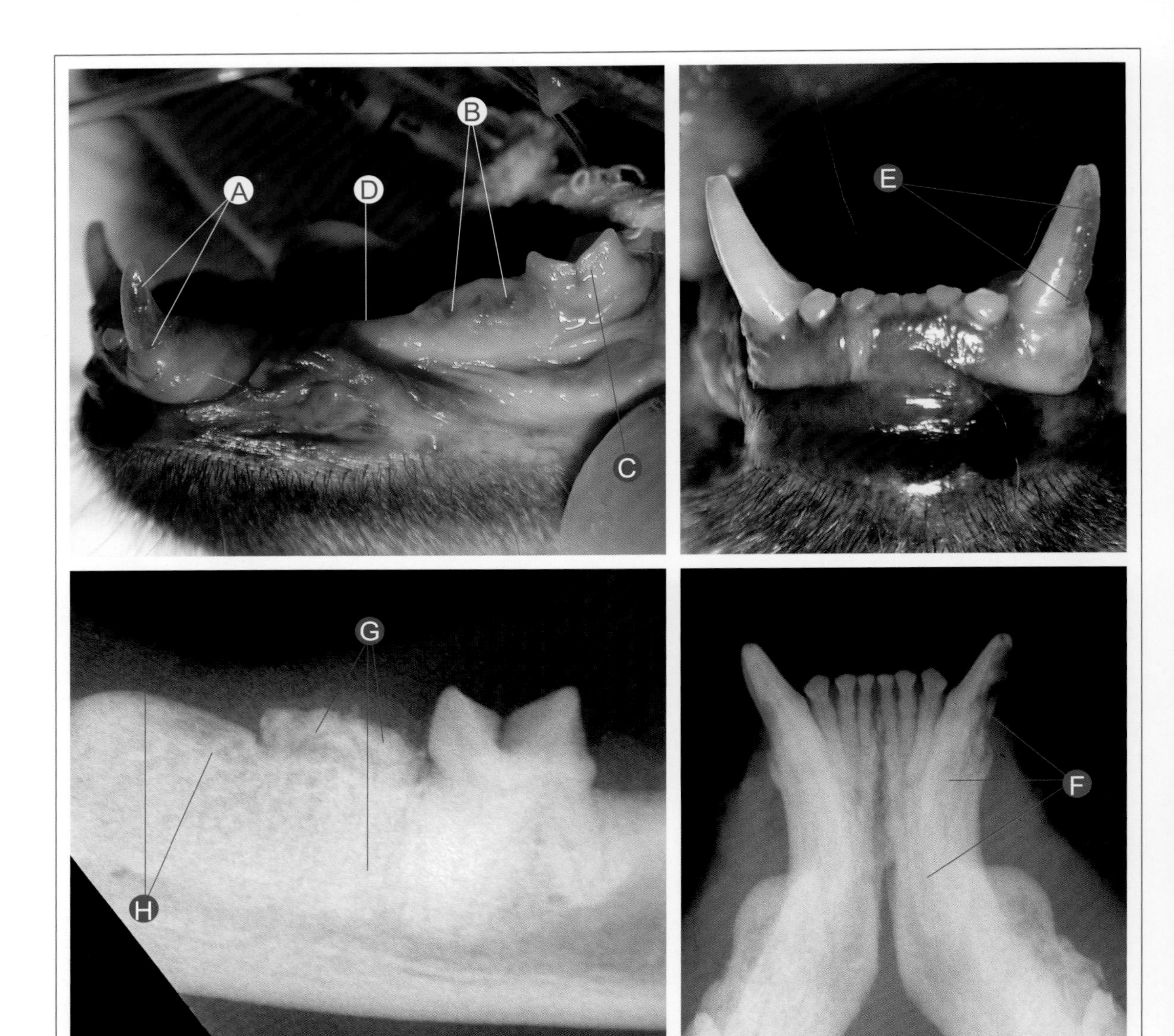

牙吸收

LmandC（304）左侧下颌犬齿和LmandP4（308）左侧下颌第四前臼齿第四阶段猫牙吸收病。

Ⓐ 怀疑 LmandC（304）左侧下颌犬齿第四阶段牙吸收。
Ⓑ 怀疑 LmandP4（308）左侧下颌第四前臼齿第四阶段牙吸收，伴有牙组织严重破坏。
Ⓒ LmandM1（309）左侧下颌第一臼齿。
Ⓓ LmandP3（307）左侧下颌第三前臼齿缺失。
Ⓔ LmandC（304）左侧下颌犬齿第四阶段牙吸收的照片。
Ⓕ 牙科 X 光片：LmandC（304）左侧下颌犬齿严重牙组织破坏的影像学特征说明第四 a 阶段牙吸收病。
Ⓖ 牙科 X 光片：影像学特征说明 LmandP4（308）左侧下颌第四前臼齿第四 a 阶段牙吸收。
Ⓗ 牙科 X 光片：影响特征说明 LmandP3（307）左侧下颌第三前臼齿第五阶段牙吸收。

诊治要点

在这些牙吸收的病例中，牙科X光检查对确定牙齿受影响的程度必不可少。在这个病例中，对LmandP4（308）左侧下颌第四前臼齿的大体视觉检查已经给了我们足够的信息来确定牙吸收的病期（第四阶段）。但是，牙科X光对确定LmandC（304）左侧下颌犬齿牙组织受损程度来说非常关键。

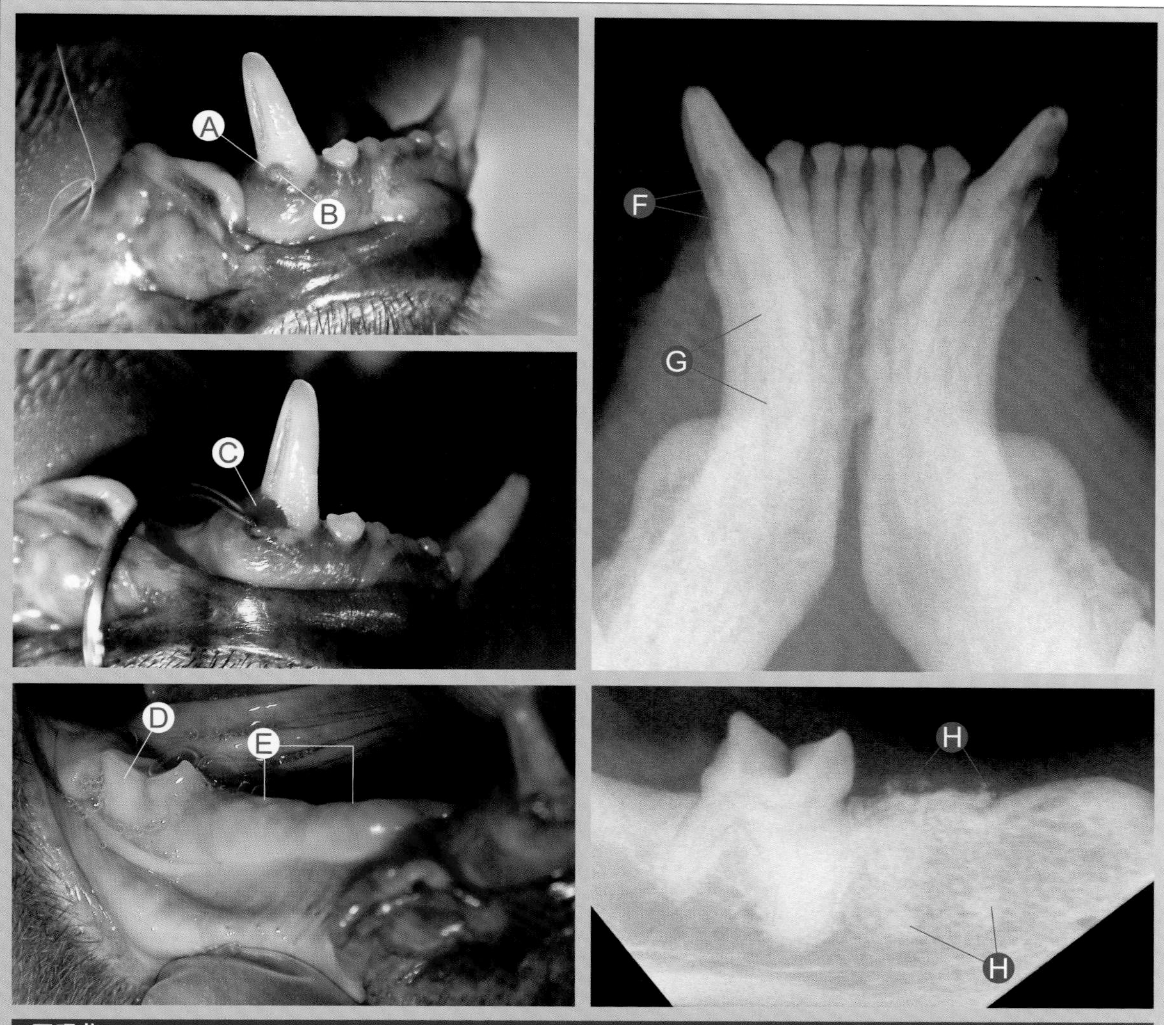

牙吸收

RmandC（404）右侧下颌犬齿第四阶段牙吸收（之前病例继续）。

Ⓐ 怀疑 RmandC（404）右侧下颌犬齿第二阶段牙吸收。

Ⓑ RmandC（404）右侧下颌犬齿部位牙龈异常增生的照片，在牙吸收前期中很常见。

Ⓒ 怀疑 RmandC（404）右侧下颌犬齿第二阶段牙吸收，伴有牙釉质和牙本质的破坏，用牙科探查器检查的照片。

Ⓓ RmandM1（409）右侧下颌第一臼齿。

Ⓔ 从右到左：RmandP3（407）右侧下颌第三前臼齿和 RmandP4（408）右侧下颌第四前臼齿缺失。

Ⓕ 牙科 X 光片：影像学特征说明 RmandC（404）右侧下颌犬齿牙釉质和牙本质的破坏，这是由牙吸收造成。

Ⓖ 牙科 X 光片：影像学特征说明 RmandC（404）右侧下颌犬齿因为第四阶段牙吸收造成的严重牙科组织的破坏。

Ⓗ 牙科 X 光片：影响特征说明 RmandP4（408）右侧下颌第四前臼齿第五阶段牙吸收。

诊治要点

动物右侧下颌也是和之前病例差不多的情况。和之前最大的不同就是最开始在口腔检查中用牙科探查器检查，怀疑 RmandC（404）右侧下颌犬齿是第二阶段牙吸收，但是之后根据影像学中观察到的严重牙科组织破坏被分类为第四阶段牙吸收。

常见错误

只通过口腔检查来确定牙吸收的分期。牙科X光检查对确定真实的牙吸收分期是必不可少的。

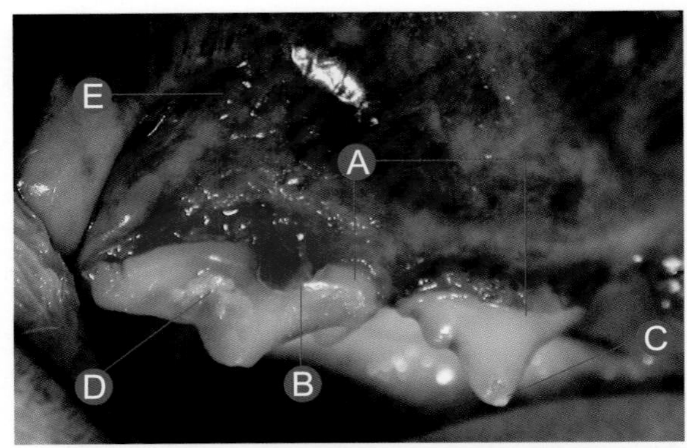

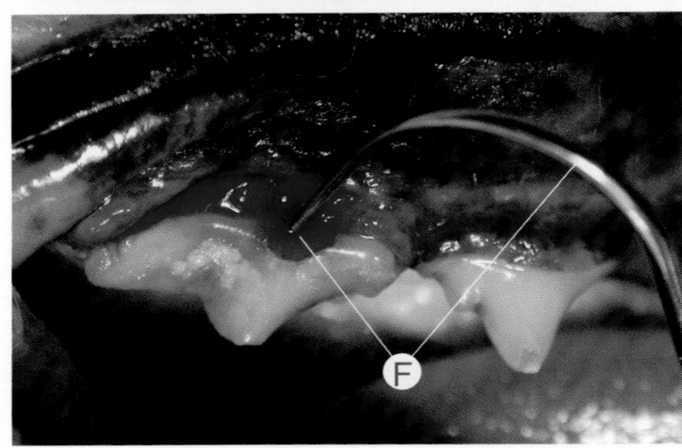

牙吸收

怀疑RmaxP4（108）右侧上颌第四前臼齿第三阶段牙吸收。

Ⓐ 从右到左：RmaxP3（107）右侧上颌第三前臼齿和RmaxP4（108）右侧上颌第四前臼齿。
Ⓑ 怀疑RmaxP4（108）右侧上颌第四前臼齿第三阶段牙吸收。
Ⓒ RmaxP3（107）右侧上颌第三前臼齿牙釉质断裂。
Ⓓ RmaxP4（108）右侧上颌第四前臼齿牙石指数1。
Ⓔ 腮腺导管的乳头突起。
Ⓕ 通过牙科探查器检查，确认RmaxP4（108）右侧上颌第四前臼齿第三阶段牙吸收的照片，伴有严重的牙组织缺失（牙釉质和牙本质）和牙髓腔暴露。

诊治要点

使用牙科探查器检查来评估牙吸收有时是必不可少的。在这个病例中，通过探查器可能可以确定牙组织的破坏已经影响到了牙髓腔。最合适的非保守疗法就是在做完局部牙科X光检查后拔牙。

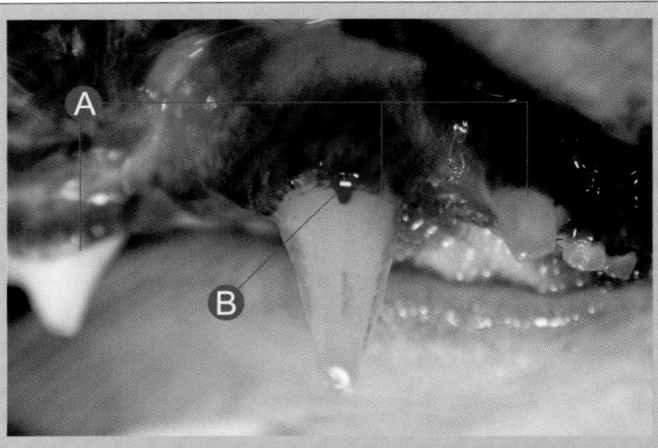

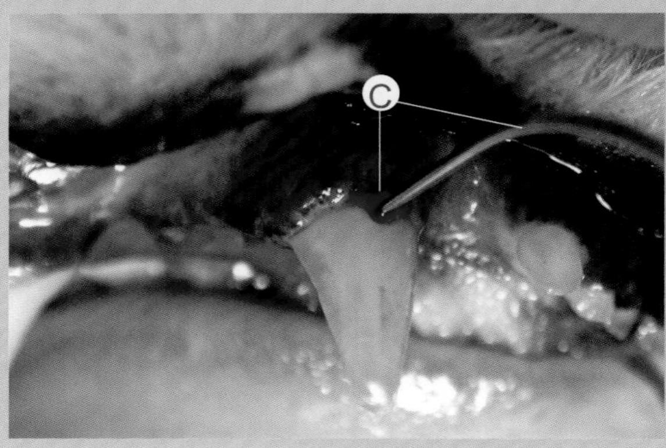

牙吸收

怀疑RmaxC（104）右侧上颌犬齿第二阶段牙吸收。

Ⓐ 从右到左：RmaxI3（103）右侧上颌第三切齿，RmaxC（104）右侧上颌犬齿和RmaxP3（107）右侧上颌第三前臼齿。
Ⓑ 怀疑RmaxC（104）右侧上颌犬齿第二阶段牙吸收。
Ⓒ 通过牙科探查器检查RmaxC（104）右侧上颌犬齿的照片，怀疑第二阶段牙吸收，伴有牙釉质和牙本质的丧失。

诊治要点

使用牙科探查器是检查较小的牙吸收损伤的基础。在这个病例中，RmaxC（104）右侧上颌犬齿牙冠顶端1/3处前庭的表面上（靠近牙龈的界限）怀疑有一处损伤；可以通过牙科探查器确定这处损伤的存在。需要使用牙科X光片来确定牙吸收损伤的真实程度，同时也确定分期。

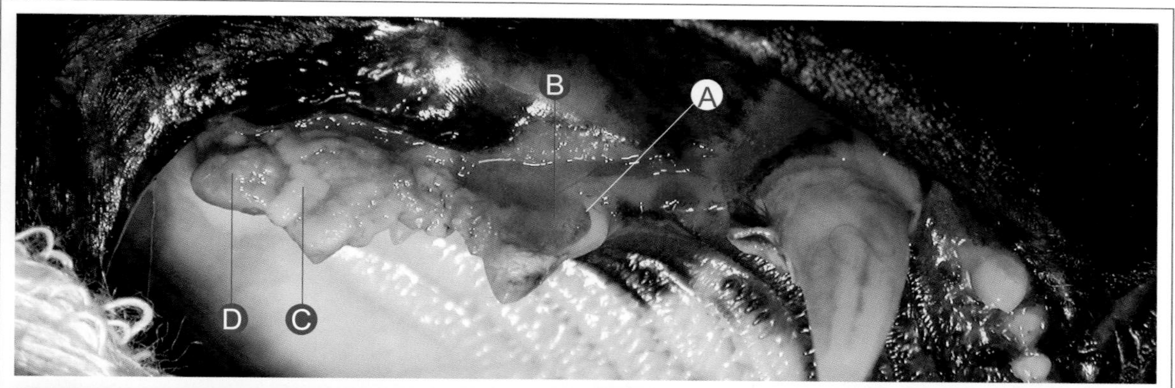

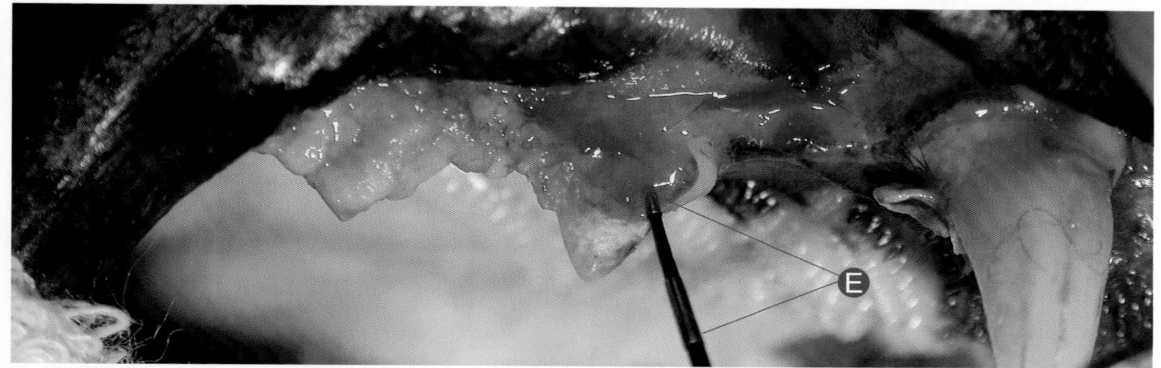

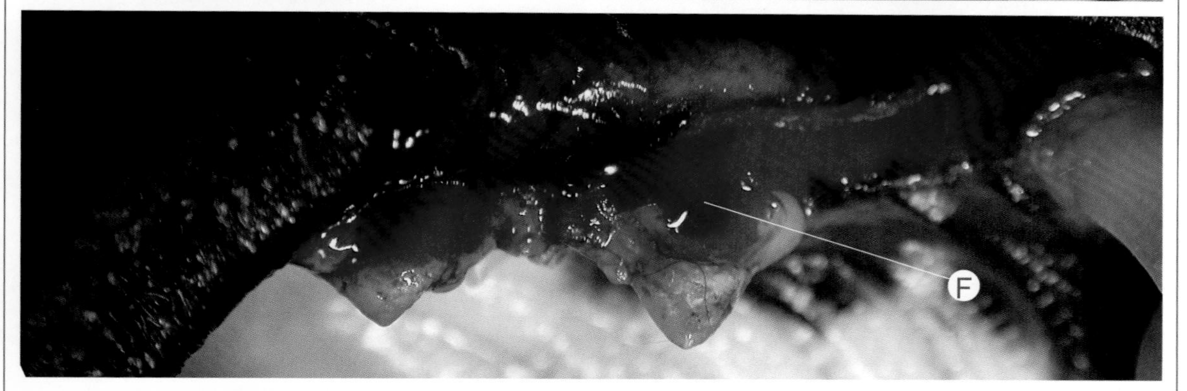

牙吸收

怀疑RmaxP3（107）右侧上颌第三前臼齿第三阶段牙吸收。

Ⓐ 怀疑 RmaxP3（107）右侧上颌第三前臼齿第三阶段牙吸收，同时伴有牙组织（牙釉质和牙本质）的明显缺失。

Ⓑ RmaxP3（107）右侧上颌第三前臼齿前庭区域牙龈的异常增生是对牙吸收的反应。

Ⓒ RmaxP4（108）右侧上颌第四前臼齿牙垢指数 4。

Ⓓ RmaxP4（108）右侧上颌第四前臼齿牙石指数 4。

Ⓔ 用牙周探针来确定增生牙龈下的牙组织破坏的深度。

Ⓕ 在检查了牙髓腔的暴露情况和移除部分增生牙龈后，确定了对第三阶段牙吸收的怀疑。

诊治要点

在牙吸收的病例中，我们经常能发现周围的牙龈会有增生反应，试图包裹住疾病造成的牙损伤。在这些病例中，就造成了大体观察很难确定牙吸收分期的情况。因此必须使用牙科X光检查来确定分期。

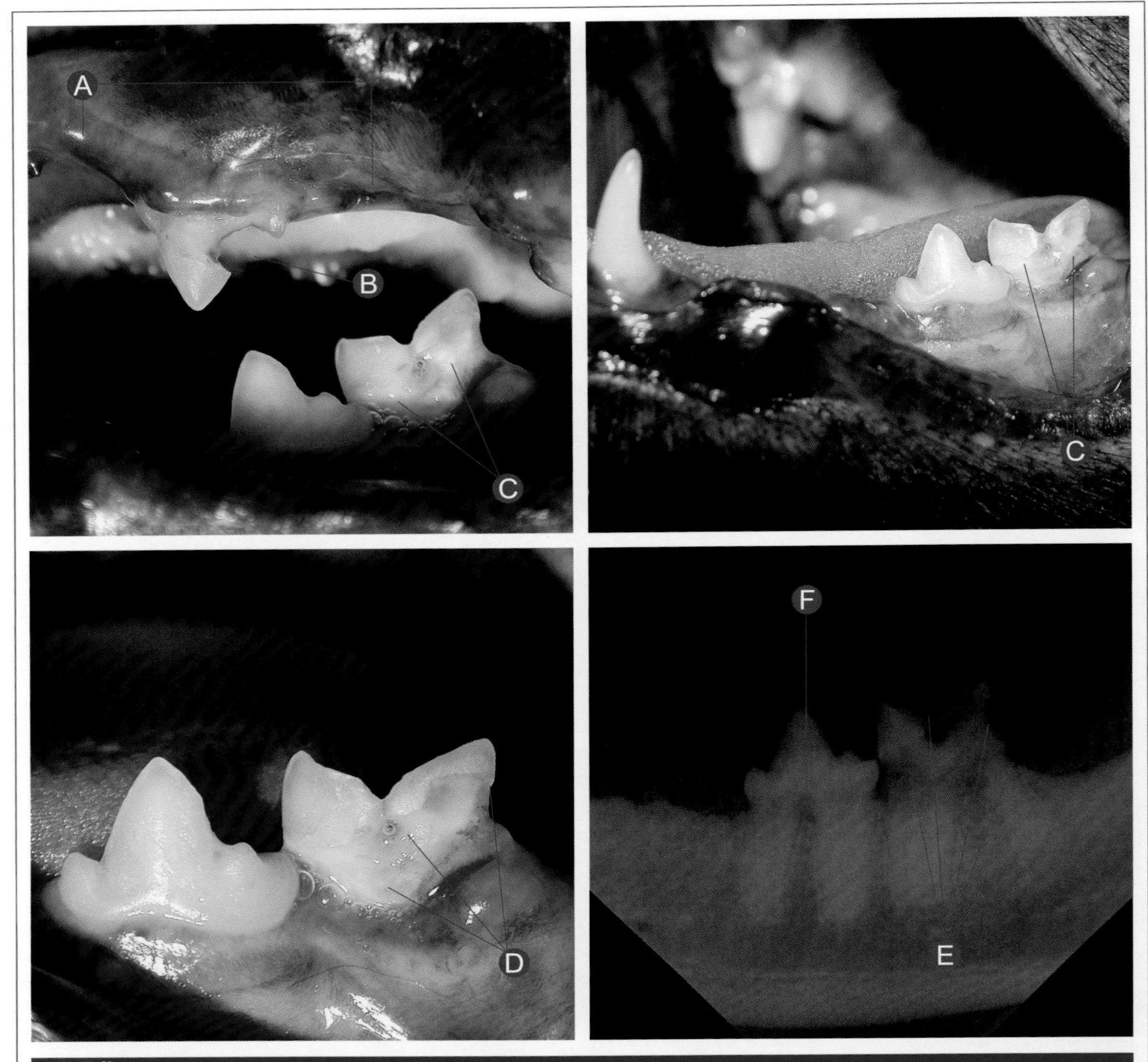

牙吸收

LmandM1（309）左侧下颌第一臼齿第二阶段牙吸收。

Ⓐ从右到左：LmaxP4（208）左侧上颌第四前臼齿和LmaxP2（206）左侧上颌第二前臼齿缺失。

Ⓑ怀疑LmaxP3(207)左侧上颌第三前臼齿第三阶段牙吸收。

Ⓒ怀疑LmandM1（309）左侧下颌第一臼齿第二阶段牙吸收。

Ⓓ怀疑LmandM1（309）左侧下颌第一臼齿第二阶段牙吸收的特写。

Ⓔ牙科X光片：影像学特征说明LmandM1（309）左侧下颌第一臼齿第二阶段牙吸收。

Ⓕ牙科X光片：影像学特征说明LmandP4（308）左侧下颌第四前臼齿分叉区域有初期牙吸收的症状。

诊治要点

牙吸收经常会被漏诊或者和断裂或龋齿混淆。根据文献资料，这是家猫中非常常见的一种口腔疾病。使用牙科探查器对检查较小的损伤非常有用。在晚期病例中，大体视觉观察就能探查到大部分受影响的牙齿。但是，牙科X光片检查对确定整体口腔的受影响程度来说必不可少。在很多患病动物中，我们能检查到因为第五阶段牙吸收造成的牙齿缺失，因为第五阶段疾病就是牙组织的完全破坏。

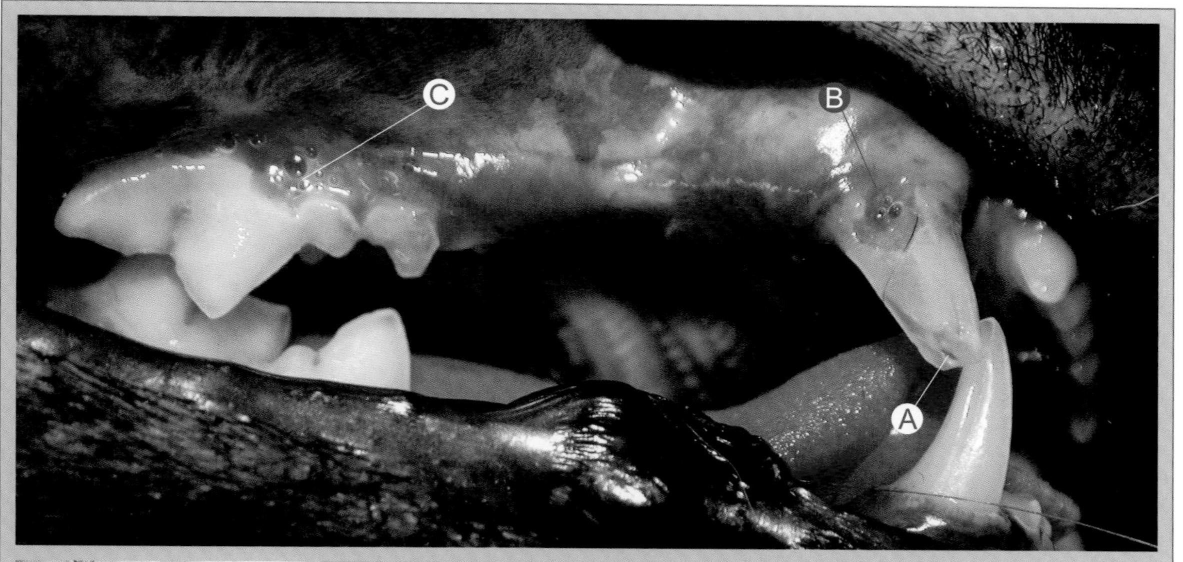

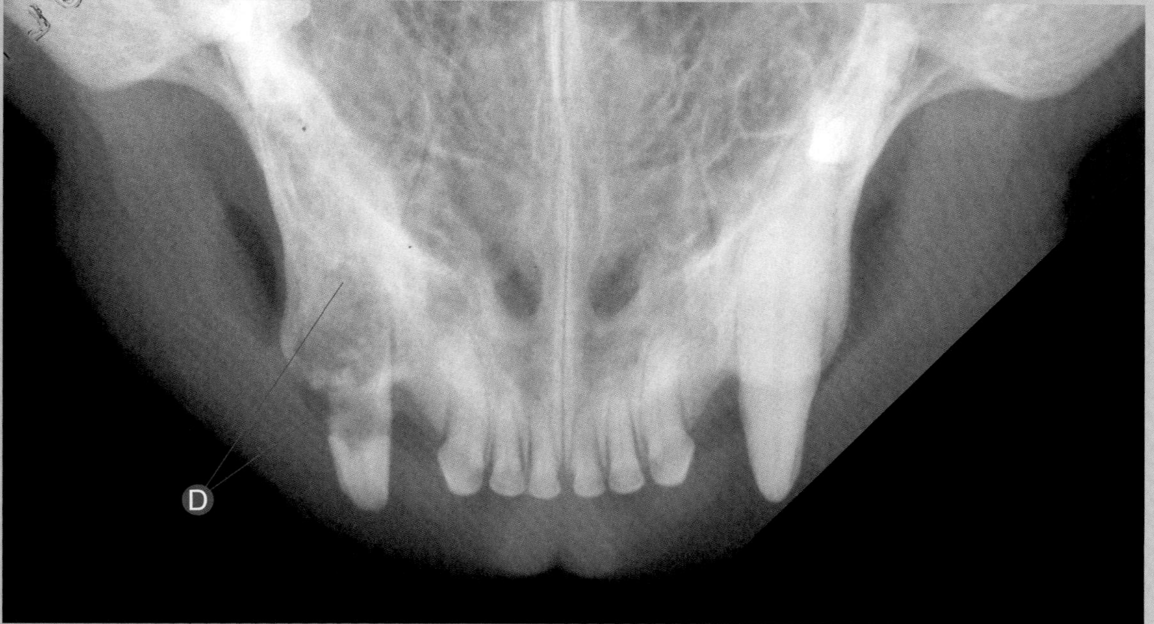

牙吸收

RmaxC（104）右侧上颌犬齿第四阶段牙吸收。

Ⓐ RmaxC（104）右侧上颌犬齿复杂牙冠断裂。

Ⓑ 怀疑 RmaxC（104）右侧上颌犬齿第四阶段牙吸收，因为牙冠顶端 1/3 处前庭区域有严重的破坏。

Ⓒ 怀疑 RmaxP4（108）右侧上颌第四前臼齿第三阶段牙吸收。

Ⓓ 牙科 X 光片：影像学特征说明 RmaxC（104）右侧上颌犬齿由于牙根完全破坏造成了第四 c 阶段牙吸收。

诊治要点

有些时候，尤其是对上下犬齿来说，尽管大体外观上看起来还基本正常，但是通过X光检查可能发现他们已经被牙吸收完全破坏了。在这个病例中，RmaxC（104）右侧上颌犬齿复杂的牙冠断裂可能就是牙吸收病情迅速发展导致的。

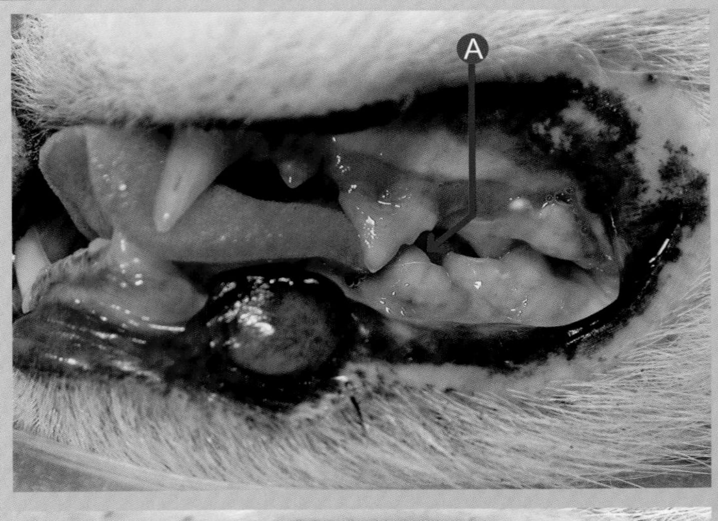

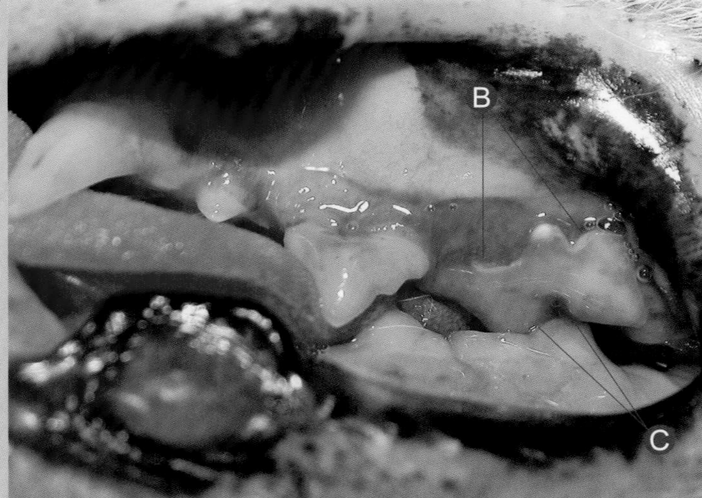

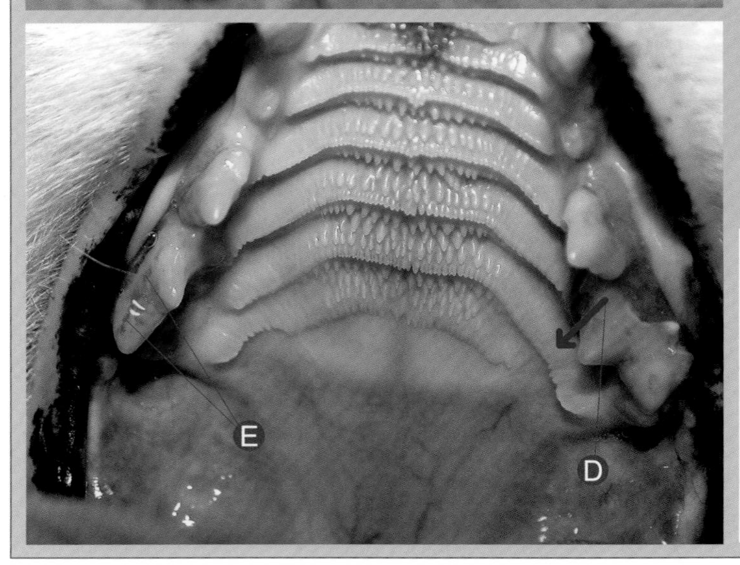

牙吸收

左侧前臼齿和臼齿远端区域咬合不正，怀疑是LmaxP4（208）左侧上颌第四前臼齿第四阶段牙吸收导致。

Ⓐ LmaxP4（208）左侧上颌第四前臼齿牙冠近中区域有上颚偏移，怀疑由于第四阶段牙吸收造成；左侧前庭视角。

Ⓑ 怀疑 LmaxP4（208）左侧上颌第四前臼齿第四阶段牙吸收，左侧前庭视角。

Ⓒ 左侧前臼齿和臼齿远端区域咬合不正，LmandM1（309）左侧下颌第一臼齿远端尖端咬合在LmaxP4（208）左侧上颌第四前臼齿前庭面上，左侧前庭视角。

Ⓓ LmaxP4（208）左侧上颌第四前臼齿牙冠近中区域上颚偏移的图片，怀疑是因为第四阶段牙吸收。

Ⓔ RmaxP4（108）右侧上颌第四前臼齿牙石指数1。

诊治要点

有时候，在牙吸收的病例，尤其是晚期病例中，由于牙根的吸收，使牙齿失去了基础，就可能会造成牙冠的偏移和扭转。在这个病例中，就造成了动物牙齿咬合不正妨碍动物闭嘴，同时也造成口腔疼痛。为了确认这是第四阶段的牙吸收，需要做一个局部的牙科X光检查来评估牙组织高程度的损伤情况。

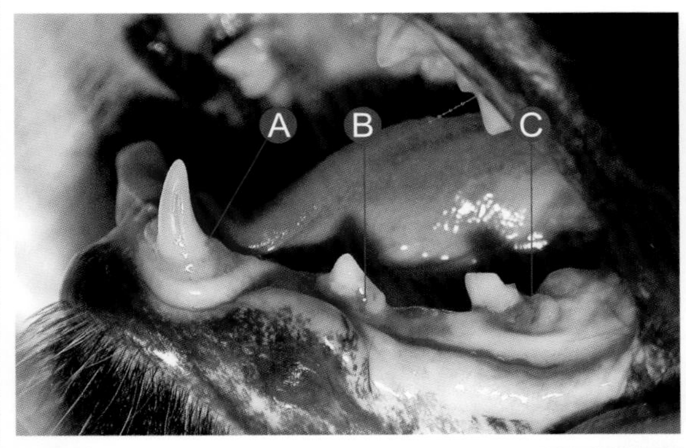

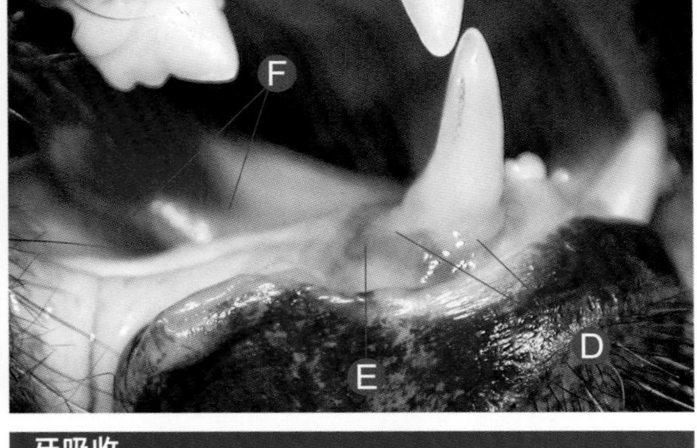

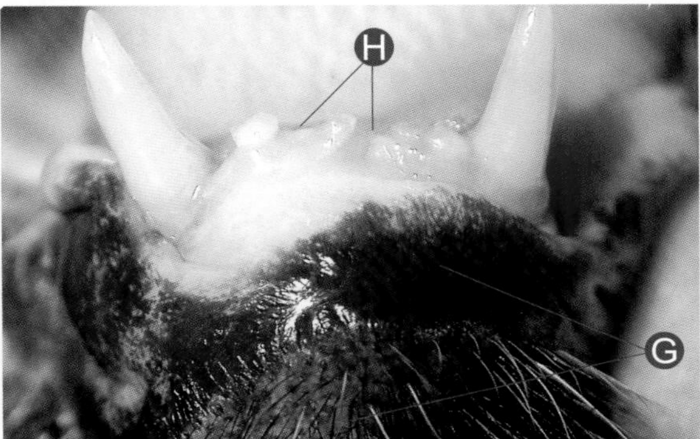

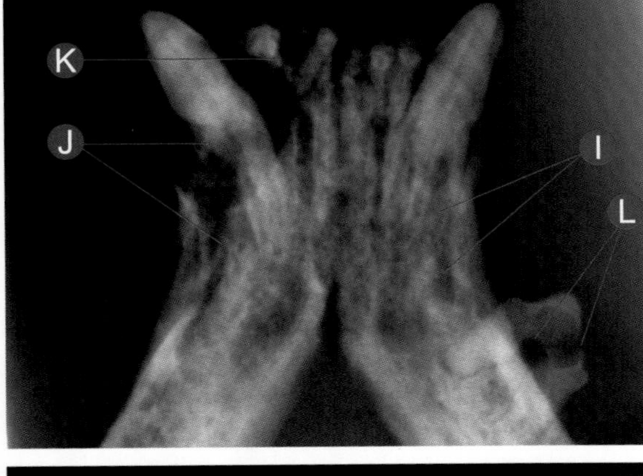

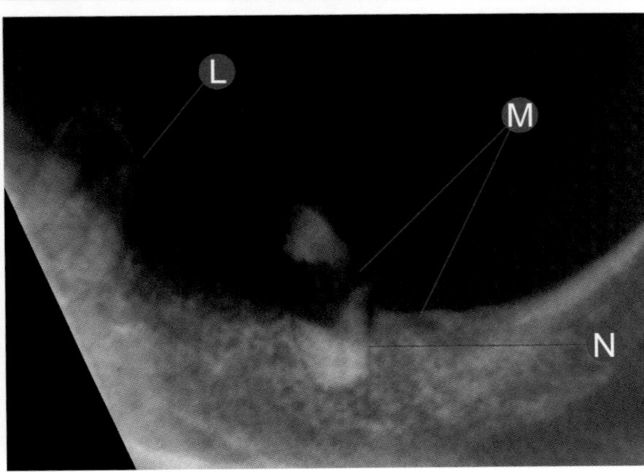

牙吸收

LmandC（304）左侧下颌犬齿，LmandM1（309）左侧下颌第一臼齿，RmandC（404）右侧下颌犬齿第四阶段牙吸收和LmandP3（307）左侧下颌第三前臼齿第三阶段牙吸收。

Ⓐ 怀疑 LmandC（304）左侧下颌犬齿第二阶段牙吸收。
Ⓑ 怀疑 LmandP3（307）左侧下颌第三前臼齿第三阶段牙吸收。
Ⓒ 怀疑 LmandM1（309）左侧下颌第一臼齿第四阶段牙吸收。
Ⓓ 从 RmandC（404）右侧下颌犬齿牙龈界限流出的浆液性脓液。
Ⓔ RmandC（404）右侧下颌犬齿牙龈指数 2。
Ⓕ RmandP3（407）右侧下颌第三前臼齿和 RmandP4（408）右侧下颌第四前臼齿缺失。
Ⓖ 下巴区域的下颌脓肿和发炎。
Ⓗ 从右到左：LmandI1（301）左侧下颌第二切齿和 RmandI2（402）右侧下颌第二切齿缺失。
Ⓘ 牙科 X 光片：影像学特征显示 LmandC（304）左侧下颌犬齿牙根完全破坏，说明为第四 c 阶段牙吸收。
Ⓙ 牙科 X 光片：影像学特征说明 RmandC（404）右侧下颌犬齿第四 c 阶段牙吸收。
Ⓚ 牙科 X 光片：影像学特征说明右侧下颌第三切齿（403）第四 c 阶段牙吸收。
Ⓛ 牙科 X 光片：影像学特征说明 LmandP3（307）左侧下颌第三前臼齿第三阶段牙吸收。
Ⓜ 牙科 X 光片：影像学特征说明 LmandM1（309）左侧下颌第一臼齿第四 a 阶段牙吸收。
Ⓝ 牙科 X 光片：影像学特征说明此为 LmandM1（309）左侧上颌第一臼齿近中牙根。

诊治要点

这个病例是一个典型的犬齿第四阶段牙吸收的例子。在这个病例中，牙冠部分没有或者只能发现很小的损伤，但是，通过牙科X光检测，可以发现有严重的牙根破坏。有时候，我们也能在受影响的牙齿旁边发现包含浆液脓性液体的牙周包囊。治疗是需要拔除受影响的所有第三阶段和第四阶段牙吸收的牙齿。

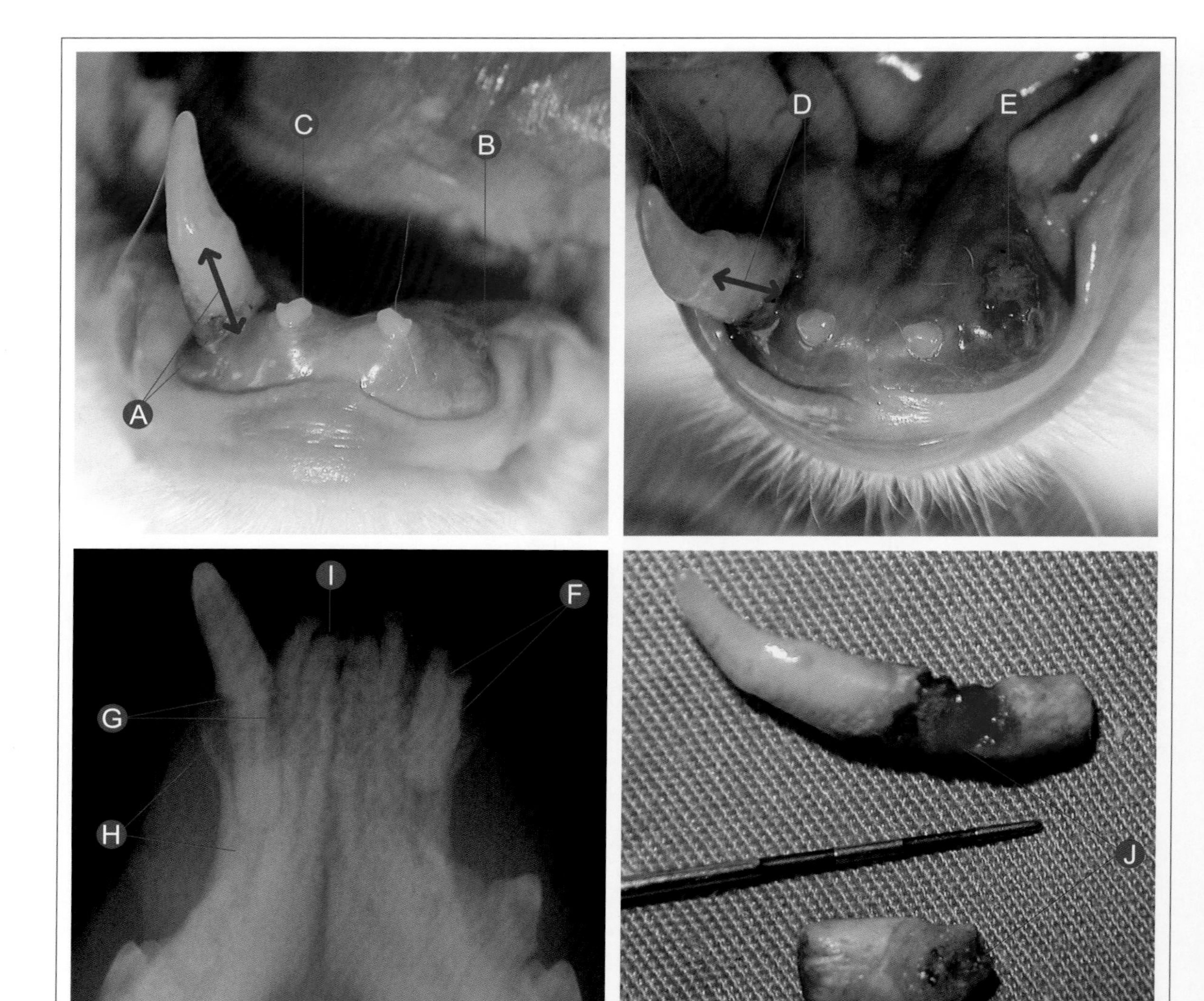

牙吸收

LmandC（304）左侧下颌犬齿第四阶段牙吸收和RmandC（404）右侧下颌犬齿第二阶段牙吸收。

Ⓐ RmandC（404）右侧下颌犬齿第四阶段牙周病。
Ⓑ 怀疑为 LmandC（304）左侧下颌犬齿残留的牙根。
Ⓒ RmandI2（402）右侧下颌第二切齿。
Ⓓ RmandC（404）右侧下颌犬齿第四阶段牙周病的照片。
Ⓔ LmandC（304）左侧下颌犬齿残留牙根的照片。
Ⓕ 牙科 X 光片：影像学特征说明 LmandC（304）左侧下颌犬齿为第四 b 阶段牙吸收。
Ⓖ 牙科 X 光片：影像学特征说明 RmandC（404）右侧下颌犬齿为第二阶段牙吸收。
Ⓗ 牙科 X 光片：影像学特征说明 RmandC（404）右侧下颌犬齿为第四阶段牙周病，因为有牙齿挤压和前庭骨的扩张。
Ⓘ 牙科 X 光片：影像学特征说明此为 RmandI1（401）右侧下颌第一切齿的残留牙根，很可能是受牙吸收的影响造成（第四 b 阶段）。
Ⓙ 在拔除后，RmandC（404）右侧下颌犬齿和 LmandC（304）左侧下颌犬齿的残留牙根的特写。

诊治要点

有时候，我们能看到同一颗牙齿被两种非常晚期的疾病影响。在这个 RmandC（404）右侧下颌犬齿的病例中，牙齿同时受到晚期牙周病和牙吸收的影响。那些处于第三阶段和第四阶段牙吸收病程的牙齿都需要被拔除。

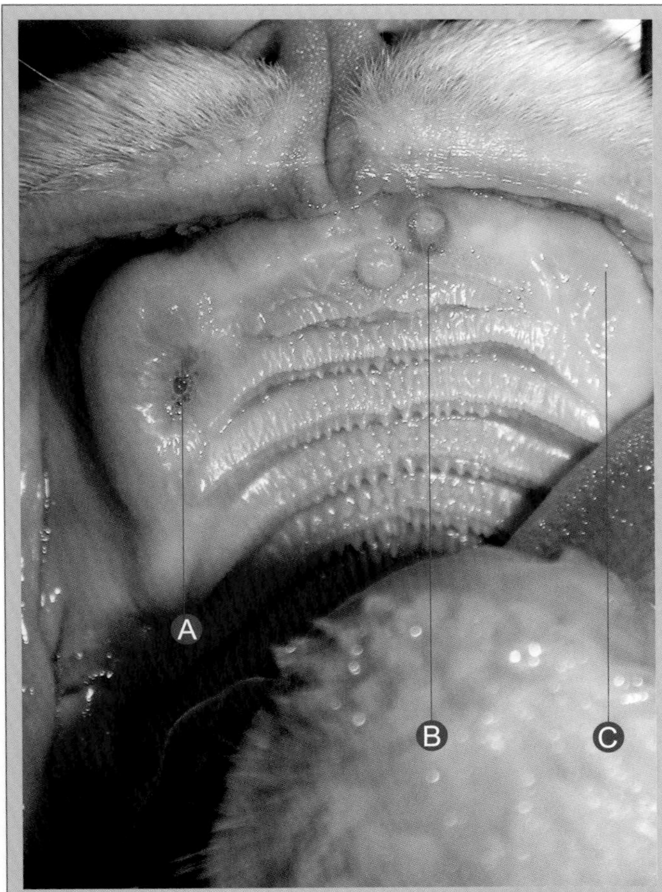

牙吸收

LmaxC（204）左侧上颌犬齿第五阶段牙吸收和LmaxI1（201）左侧上颌第一切齿第三阶段牙吸收。

Ⓐ RmaxC（104）右侧上颌犬齿缺失。
Ⓑ LmaxI1（201）左侧上颌第一切齿。
Ⓒ LmaxC（204）左侧上颌犬齿缺失。
Ⓓ 牙科X光片：影像学特征说明 LmaxC（204）左侧上颌犬齿为第五阶段牙吸收。
Ⓔ 牙科X光片：影像学特征说明 LmaxI1（201）左侧上颌第一切齿为第三阶段牙吸收。
Ⓕ 牙科X光片：影像学特征说明 RmaxC（104）右侧上颌犬齿缺失。

诊治要点

在这个病例中LmaxC（204）左侧上颌犬齿是第五阶段牙吸收。牙组织几乎完全破坏。对于LmaxI1（201）左侧上颌第一切齿，尽管在口腔检查中看起来没有疾病，但是通过牙科X光片发现是第三阶段牙吸收，因为牙骨质、牙本质和牙髓腔都受到了影响。

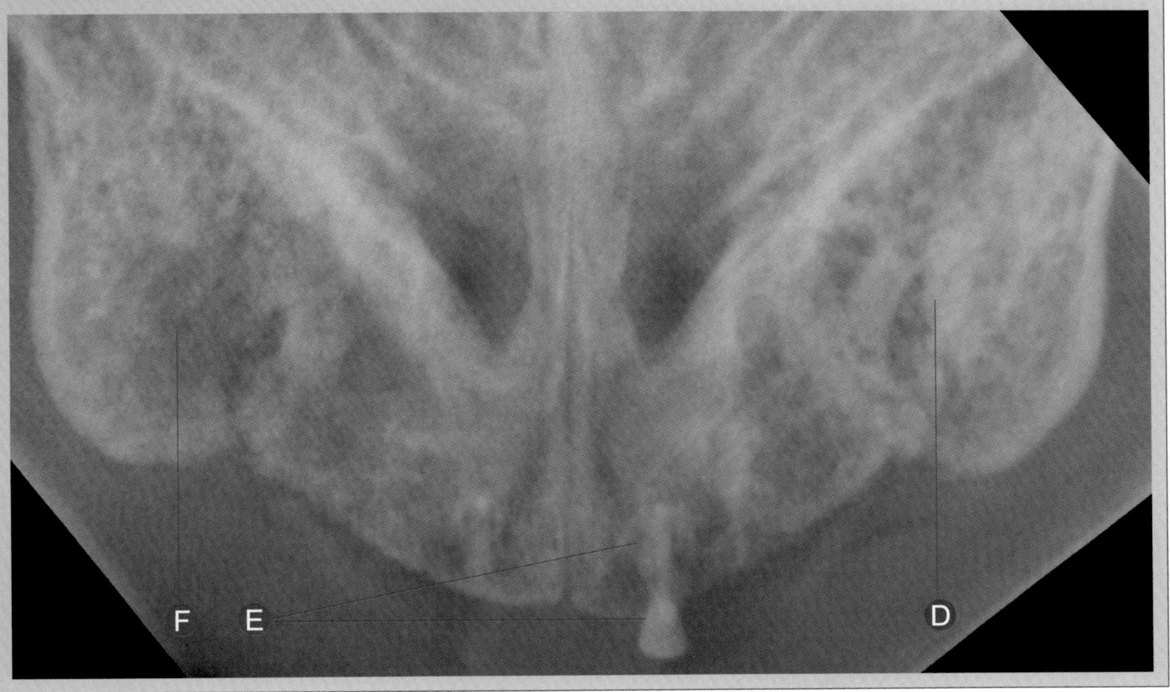

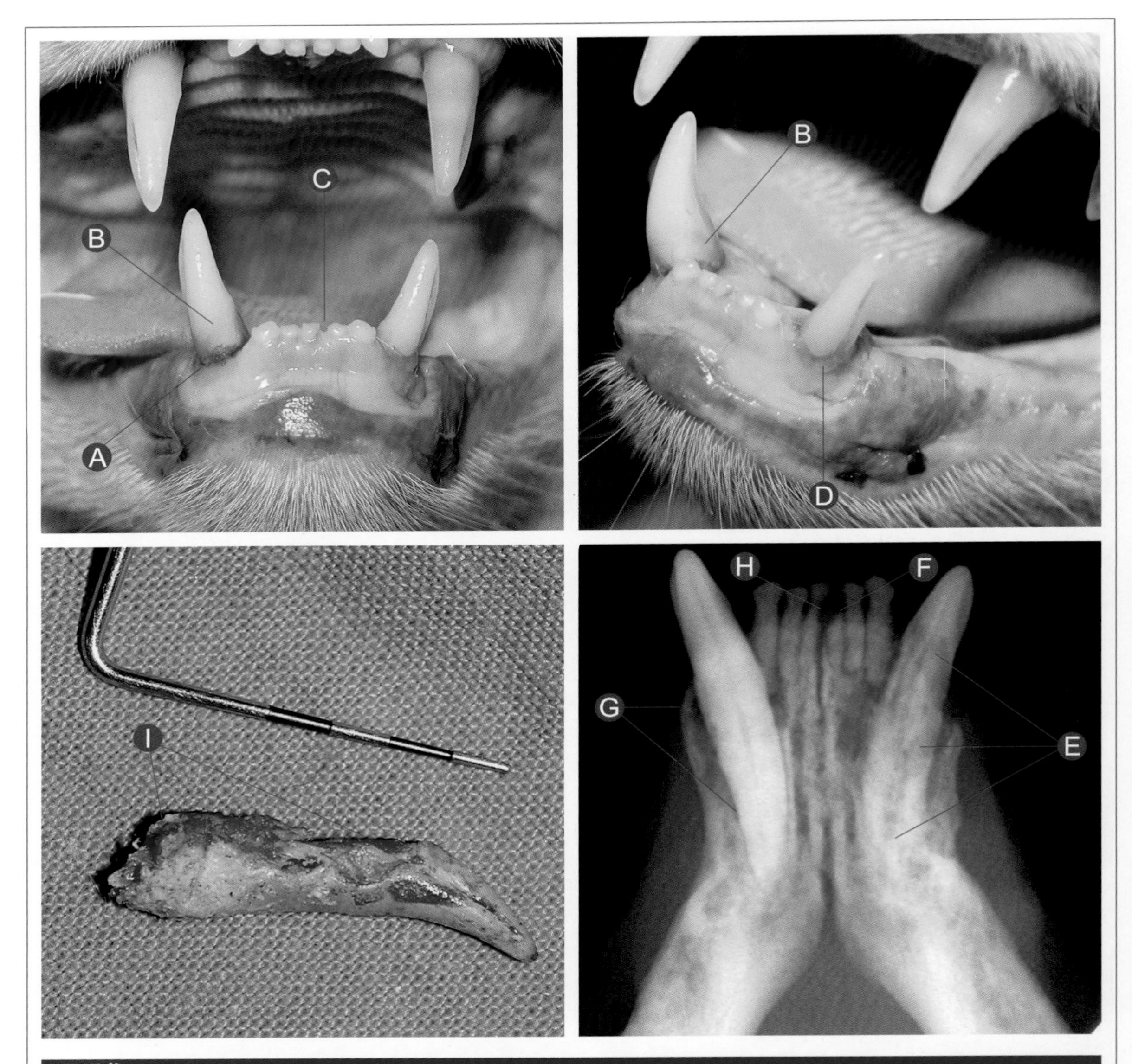

牙吸收

LmandC（304）左侧下颌犬齿第三阶段牙吸收。

Ⓐ 怀疑 RmandC（404）右侧下颌犬齿第三阶段牙周病。
Ⓑ RmandC（404）右侧下颌犬齿牙齿变色。
Ⓒ LmandI1（301）左侧下颌第二切齿缺失。
Ⓓ 怀疑 LmandC（304）左侧下颌犬齿第一阶段牙吸收。
Ⓔ 牙科 X 光片：影像学特征说明 LmandC（304）左侧下颌犬齿第三阶段牙吸收。
Ⓕ 牙科 X 光片：影像学特征说明 LmandI1（301）左侧下颌第二切齿第四 b 阶段牙吸收。
Ⓖ 牙科 X 光片：影像学特征说明 RmandC（404）右侧下颌犬齿第四阶段牙周病，症状包括前庭骨中度扩张，伴有此区域牙周韧带严重变化。
Ⓗ 牙科 X 光片：影像学特征说明 RmandM1（401）右侧下颌第一臼齿第二阶段牙吸收。
Ⓘ 拔除后 LmandC（304）左侧下颌犬齿的特写。

诊治要点

尽管在一些病例中大体观察到的病变比较轻微，牙科X光检查能为诊断牙吸收的分期提供必要的信息。那些受影响的第三阶段牙吸收（牙髓腔暴露）的牙齿必须被拔除。

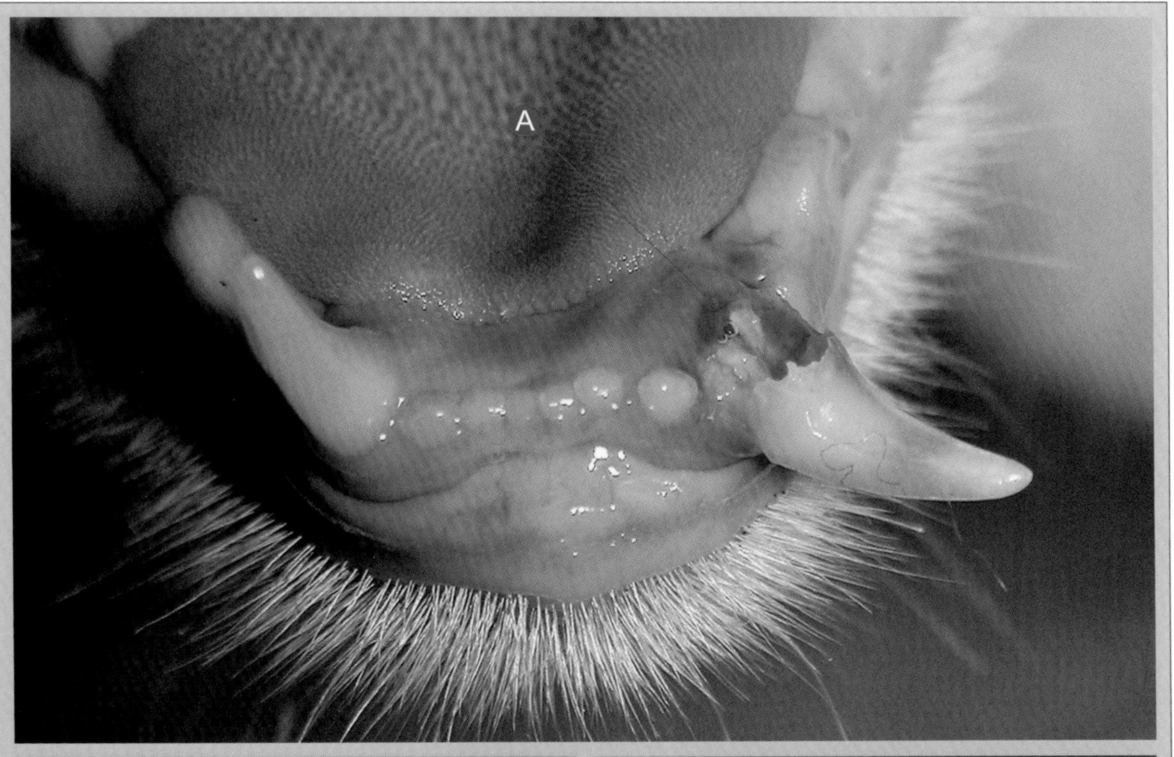

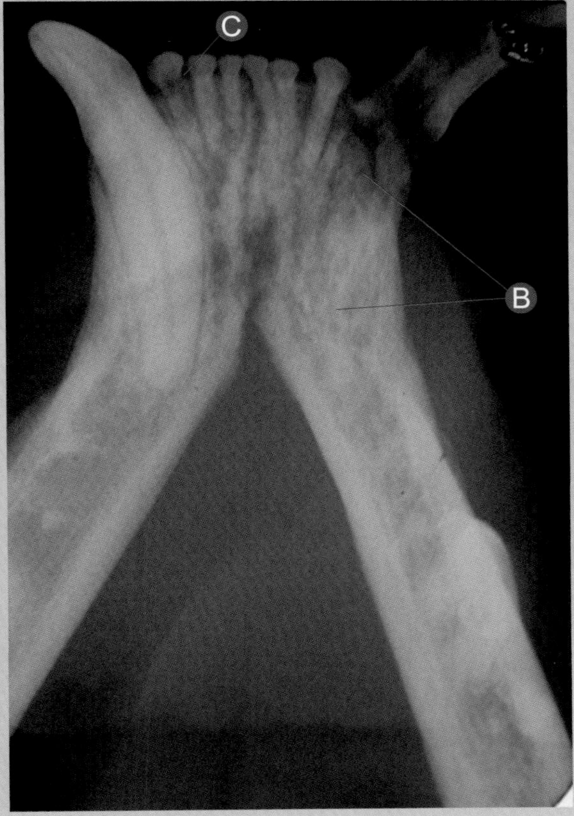

牙吸收

LmandC（304）左侧下颌犬齿第四阶段牙吸收

Ⓐ 怀疑 LmandC（304）左侧下颌犬齿复杂牙冠牙根断裂。
Ⓑ 牙科 X 光片：影像学特征说明由于 LmandC（304）左侧下颌犬齿牙根完全破坏造成的第四 c 阶段牙吸收。
Ⓒ 牙科 X 光片：影像学特征说明 RmandI3（403）右侧下颌第三切齿第三阶段牙吸收。

诊治要点

这个病例是另外一个典型的左侧下颌犬齿第四阶段牙吸收的病例。通过牙科X光检查，另一侧的犬齿（右侧下颌犬齿）未受影响。在那些我们发现有严重断裂但是没有创伤病史的病例中，牙吸收一定要作为我们一项重要的鉴别诊断病因。牙科X光检查对这类病例的正确诊断必不可少。治疗主要是通过牙冠切除术清除掉牙组织，然后再缝合周围的牙龈。

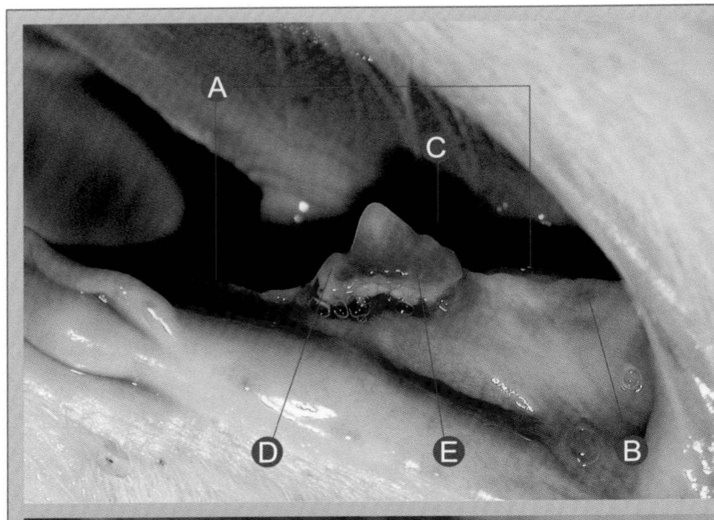

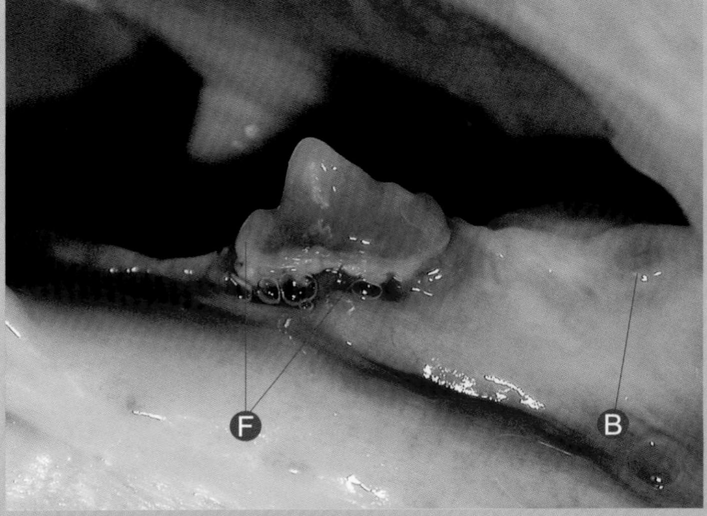

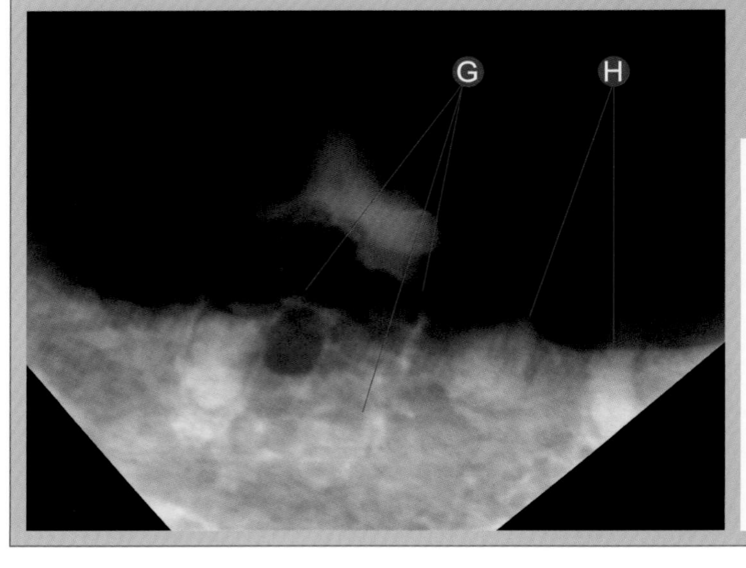

牙吸收

LmandP4（308）左侧下颌第四前臼齿和LmandM1（309）左侧下颌第一臼齿第四阶段牙吸收。

Ⓐ 从右到左：LmandM1（309）左侧下颌第一臼齿和 LmandP3（307）左侧下颌第三前臼齿缺失。

Ⓑ 怀疑为 LmandM1（309）左侧下颌第一臼齿的一个残留牙根。

Ⓒ 怀疑 LmandP4（308）左侧下颌第四前臼齿第三阶段牙周病。

Ⓓ LmandP4（308）左侧下颌第四前臼齿牙垢指数 3。

Ⓔ LmandP4（308）左侧下颌第四前臼齿牙石指数 4。

Ⓕ LmandP4（308）左侧下颌第四前臼齿第三阶段牙周病的特写。

Ⓖ 牙科 X 光片：影像学特征说明 LmandP4（308）左侧下颌第四前臼齿有第四 c 阶段牙吸收。

Ⓗ 牙科 X 光片：影像学特征说明 LmandM1（309）左侧下颌第一臼齿有第四 b 阶段牙吸收，还有残留的近中端和远端牙根。

诊治要点

这是另外一个说明牙科X光诊断对正确确定牙吸收分期和真实情况重要性的清晰例子。尽管我们怀疑LmandP4（308）左侧下颌第四前臼齿有晚期的牙周病，但是局部区域牙齿的缺失也让我们怀疑有可能有牙吸收的情况。牙科X光检查是评估真实情况的一个基础。在这个例子中，治疗就是需要拔除LmandP4（308）左侧下颌第四前臼齿（牙冠和近中牙根）以及LmandM1（309）左侧下颌第一臼齿的残留牙根。

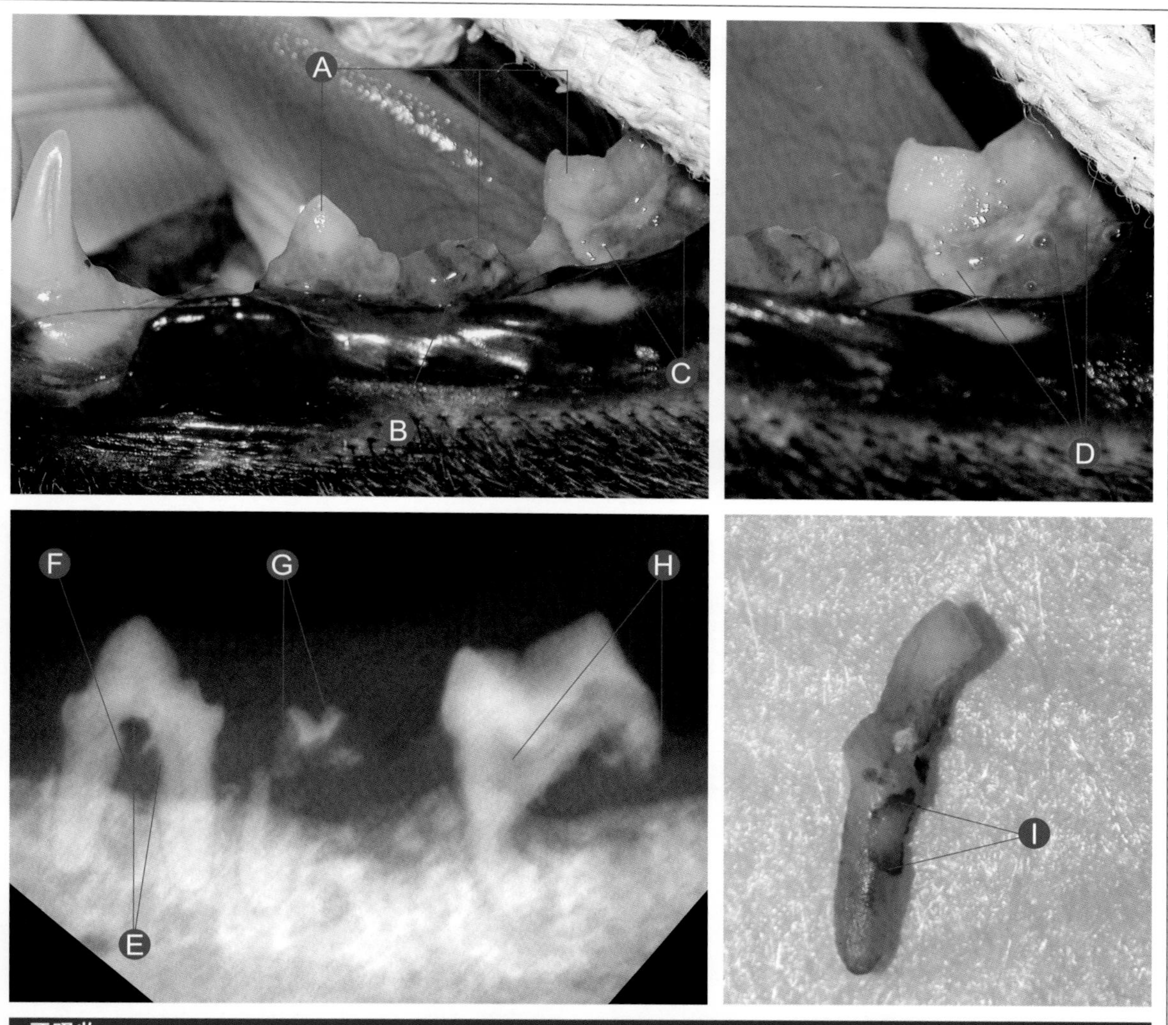

牙吸收

LmandP3（307）左侧下颌第三前臼齿第二阶段牙吸收，LmandP4（308）左侧下颌第四前臼齿和LmandM1（309）左侧下颌第一臼齿第四阶段牙吸收。

Ⓐ 从右到左：LmandM1（309）左侧下颌第一臼齿，LmandP4（308）左侧下颌第四前臼齿和LmandP3（307）左侧下颌第三前臼齿。

Ⓑ 怀疑LmandP4（308）左侧下颌第四前臼齿第四阶段牙吸收。

Ⓒ 怀疑LmandM1（309）左侧下颌第一臼齿第四阶段牙周病。

Ⓓ 怀疑LmandM1（309）左侧下颌第一臼齿第四阶段牙周病的特写。

Ⓔ 牙科X光片：影像学特征说明LmandP3（307）左侧下颌第三前臼齿第二阶段牙吸收。

Ⓕ 牙科X光片：影像学特征说明LmandP3（307）左侧下颌第三前臼齿3级分叉。

Ⓖ 牙科X光片：影像学特征说明LmandP4（308）左侧下颌第四前臼齿第四a阶段牙吸收。

Ⓗ 牙科X光片：影像学特征说明LmandM1（309）左侧下颌第一臼齿第四c阶段牙吸收。

Ⓘ 在手术拔除中实行了牙切开后，LmandP3（307）左侧下颌第三前臼齿近中牙根的特写。

诊治要点

我们可能在同一区域观察到受牙吸收影响的牙齿有非常不同的外观，牙科X光检查可能会发现它们处于不同牙吸收的分期。不管这些牙齿牙周病或牙吸收的病期是什么，对这三颗牙齿的治疗都是拔除。

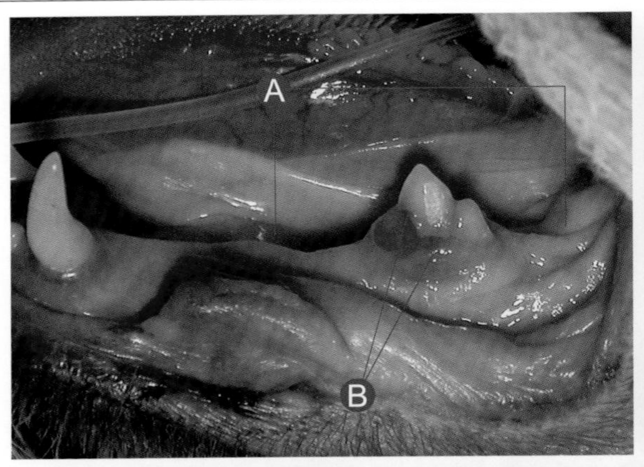

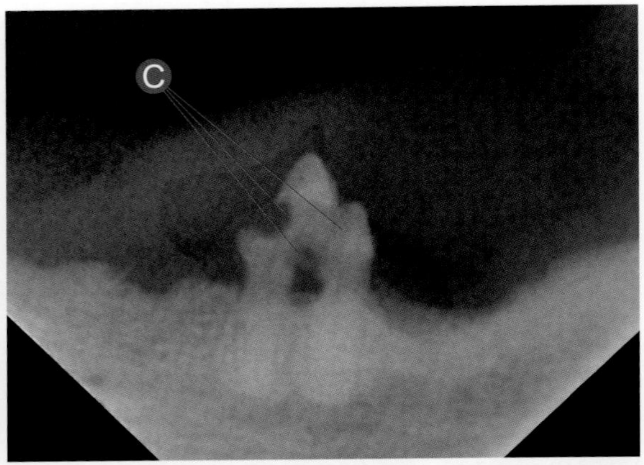

牙吸收

LmandP4（308）左侧下颌第四前臼齿第三阶段牙吸收。

Ⓐ从右到左：LmandM1（309）左侧下颌第一臼齿和LmandP3（307）左侧下颌第三前臼齿缺失。
Ⓑ怀疑LmandP4（308）左侧下颌第四前臼齿第三阶段牙吸收。
Ⓒ牙科X光片：影像学特征说明LmandP4（308）左侧下颌第四前臼齿第三阶段牙吸收。

诊治要点

在这个病例中，LmandM1（309）左侧下颌第一臼齿和LmandP3（307）左侧下颌第三前臼齿的缺失可能是因为之前已经被拔除，或者是牙吸收最终的结果。对于LmandP4（308）左侧下颌第四前臼齿来说，手术拔除是正确的治疗方法。

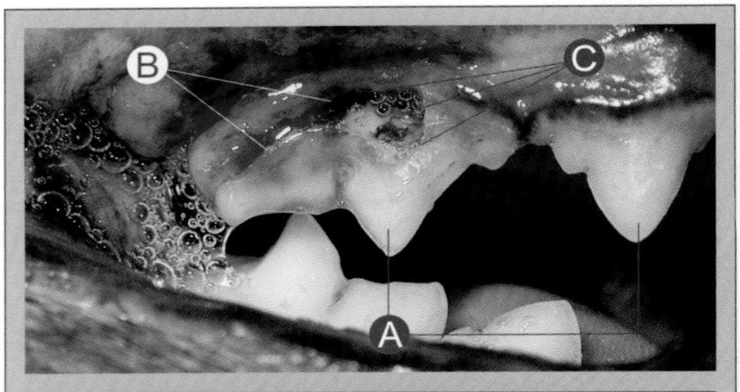

牙吸收

怀疑RmaxP4（108）右侧上颌第四前臼齿第三阶段牙吸收。

Ⓐ从右到左：RmaxP3（107）右侧上颌第三前臼齿和RmaxP4（108）右侧上颌第四前臼齿。
Ⓑ怀疑RmaxP4（108）右侧上颌第四前臼齿第三阶段牙吸收。
Ⓒ在RmaxP4（108）右侧上颌第四前臼齿颈部，前庭区域牙吸收的特写。

诊治要点

使用牙科探查器和牙科X光可以确认是否是第三阶段或者第四阶段牙吸收。在这两个病期的牙齿都需要拔除，并且牙科X光可以帮助我们了解需要拔除牙齿的情况。

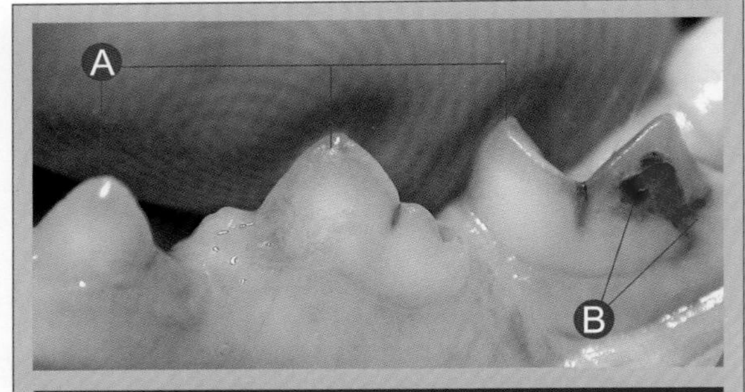

牙吸收

怀疑LmandM1（309）左侧下颌第一臼齿第三阶段牙吸收。

Ⓐ从右到左：RmandM1（309）右侧下颌第一臼齿，RmandP4（308）右侧下颌第四前臼齿，RmandP3（307）右侧下颌第三前臼齿。
Ⓑ怀疑LmandM1（309）左侧下颌第一臼齿第三阶段牙吸收。

诊治要点

在这个病例中，可以大体观察到RmandM1（309）右侧下颌第一臼齿牙冠和颈部区域被牙吸收的影响，而且也明显影响到了牙髓腔。非常推荐在此病例中使用牙科探查器和牙科X光检查。

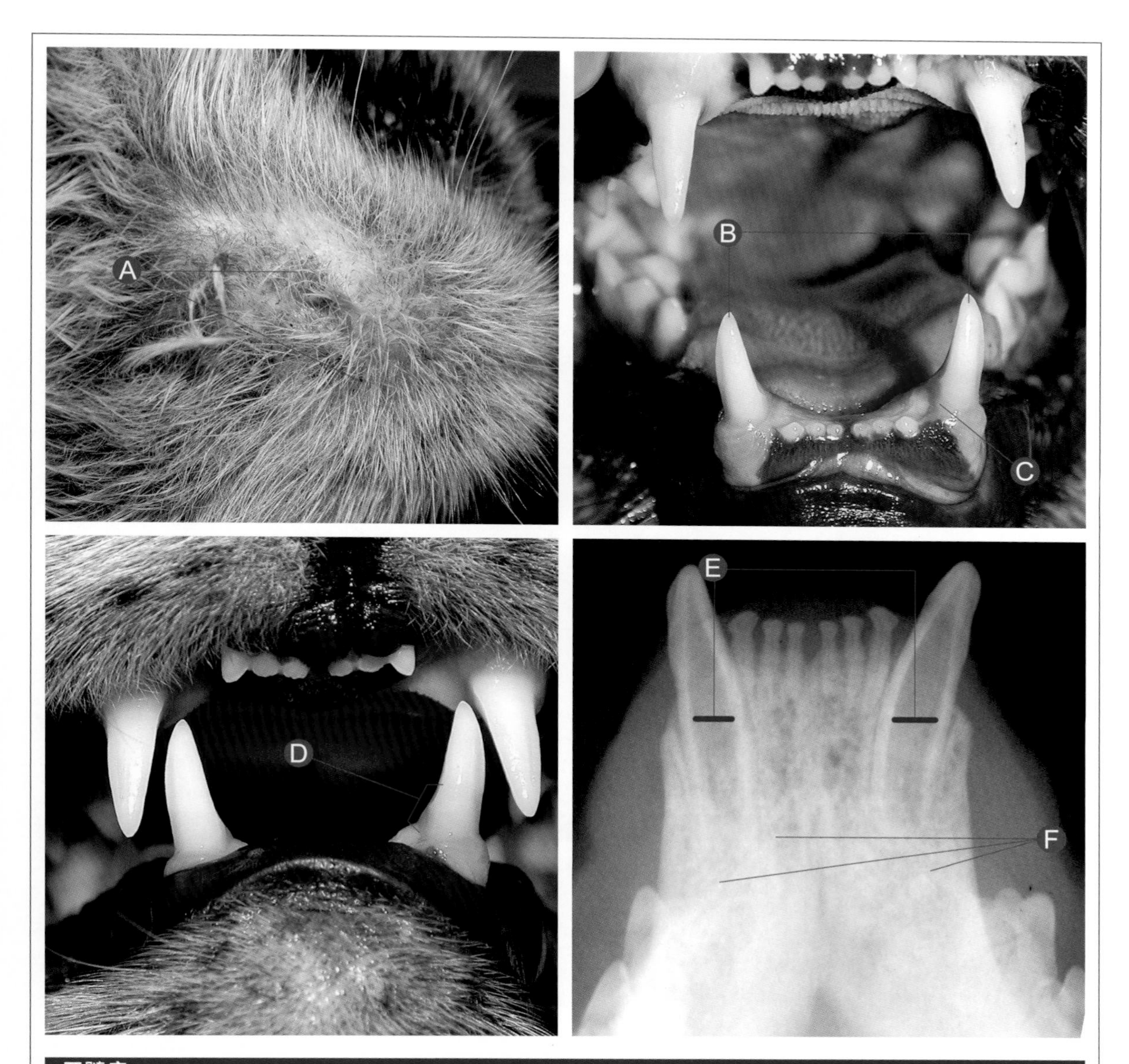

牙髓病

在一只有创伤病史的成年动物中，LmandC（304）左侧下颌犬齿和RmandC（404）右侧下颌犬齿有牙髓病，伴有牙髓坏死，而且已经导致了下巴区域的一个下颌脓肿。

Ⓐ 下巴区域严重的下颌脓肿。
Ⓑ 从右到左：LmandC（304）左侧下颌犬齿和 RmandC（404）右侧下颌犬齿，外观观察没有断裂的症状。
Ⓒ LmandC（304）左侧下颌犬齿牙齿变色。
Ⓓ LmandC（304）左侧下颌犬齿牙齿变色的特写。
Ⓔ 牙科X光片（从右到左）：影像学特征显示LmandC（304）左侧下颌犬齿和 RmandC（404）右侧下颌犬齿牙髓腔直径变粗，说明有牙髓病。
Ⓕ 牙科X光片：影像学特征说明此区域有中度弥漫性骨溶解。

诊治要点

有时候，对于有曾经遭受创伤的动物（尤其是在下颌连接区域），有可能发现犬齿有牙髓病，但是并没有任何牙周病或者复杂牙冠断裂的症状，在有些病例中只是能观察到牙齿的变色。主要原因就是创伤造成了成骨细胞不可逆的损伤以及牙髓的坏死，之后会发展为牙根尖周的疾病（末期会造成牙槽脓肿）。

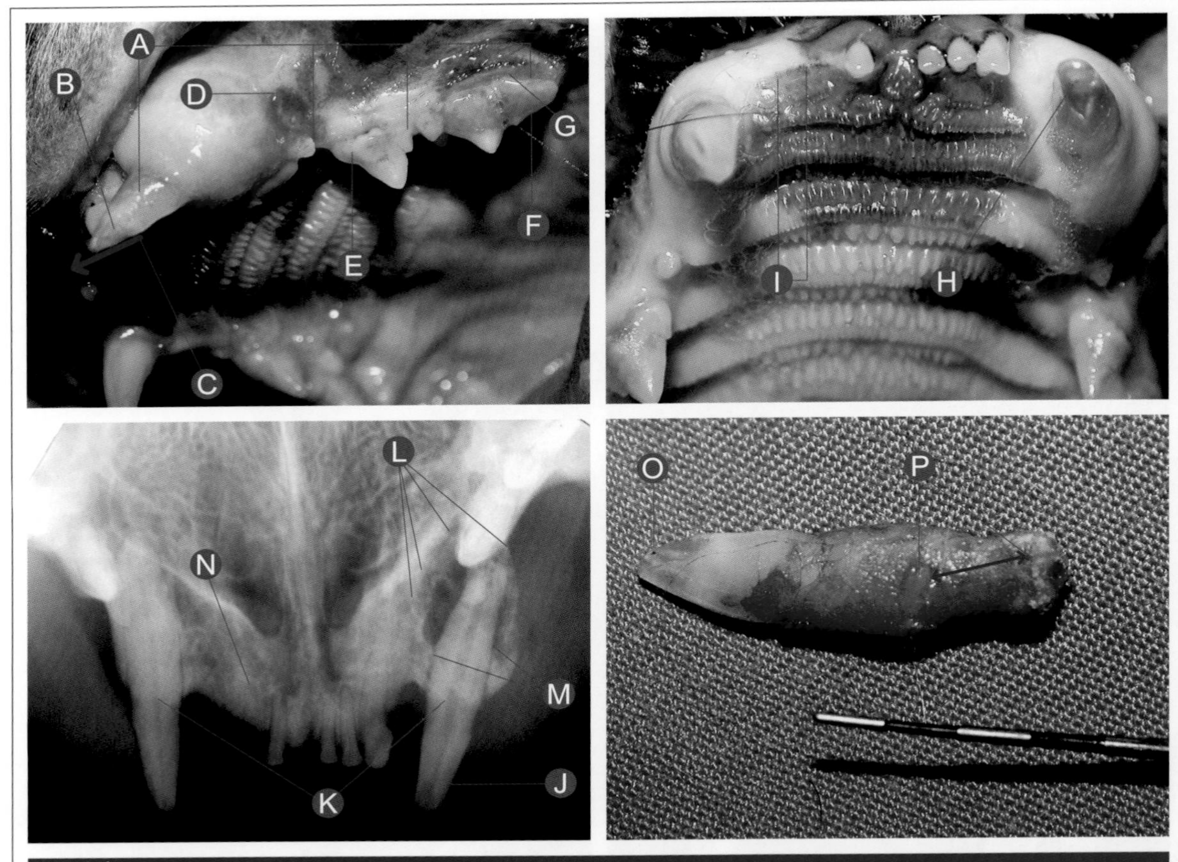

牙髓病

LmaxC（204）左侧上颌犬齿牙根根尖周形成了一个肉芽肿，已经发展成脓肿，是由于牙髓病造成（复杂牙冠断裂）的。

- Ⓐ 从右到左：LmaxP4（208）左侧上颌第四前臼齿，LmaxP3（207）左侧上颌第三前臼齿，LmaxP2（206）左侧上颌第二前臼齿和 LmaxC（204）左侧上颌犬齿。
- Ⓑ 怀疑 LmaxC（204）左侧上颌犬齿复杂牙冠断裂。
- Ⓒ LmaxC（204）左侧上颌犬齿近中偏移。
- Ⓓ 黏膜中的瘘道，位于LmaxP2（206）左侧上颌第二前臼齿顶端。
- Ⓔ LmaxP3（207）左侧上颌第三前臼齿牙垢指数 2。
- Ⓕ LmaxP4（208）左侧上颌第四前臼齿牙石指数 4。
- Ⓖ LmaxP4（208）左侧上颌第四前臼齿牙龈指数 2。
- Ⓗ LmaxC（204）左侧上颌犬齿复杂牙冠断裂。
- Ⓘ 从右到左：RmaxI2（102）右侧上颌第二切齿和 RmaxI3（103）右侧上颌第三切齿。
- Ⓙ 牙科 X 光片：LmaxC（204）左侧上颌犬齿。
- Ⓚ 牙科 X 光片：影像学特征显示 LmaxC（204）左侧上颌犬齿牙髓腔直径比 RmaxC（104）右侧上颌犬齿的更宽，说明此牙齿有牙髓病。
- Ⓛ 牙科 X 光片：影像学特征说明 LmaxC（204）左侧上颌犬齿牙根区域有一根尖周肉芽肿。
- Ⓜ 牙科 X 光片：影像学特征说明有骨溶解和 LmaxC（204）左侧上颌犬齿牙周韧带间隙增加。
- Ⓝ 牙科 X 光片：影像学特征说明 RmaxI2（102）右侧上颌第二切齿有第五阶段牙吸收。
- Ⓞ 拔除后，LmaxC（204）左侧上颌犬齿由于复杂牙冠断裂造成的牙髓腔牙髓坏死的特写。
- Ⓟ LmaxC（204）左侧上颌犬齿牙根吸收的特写。

诊治要点

像犬一样，猫也会有牙髓牙周病变（Ⅰ型、Ⅱ型或者Ⅲ型）。在这个病例中，最可能的病因就是LmaxC（204）左侧上颌犬齿的复杂牙冠断裂。断裂导致了牙髓的坏死并最终引起了根尖周的疾病，伴有牙根根尖周肉芽肿的形成。牙根根尖周肉芽肿可以通过影像学上看到的弥漫性X射线透明区域和牙齿硬骨层的丧失等特征诊断出来。如果我们不阻止疾病的进程，牙髓病会继续导致牙周病变，在这个病例中，就是Ⅰ型牙髓牙周病变。牙周韧带的严重病变是导致牙齿错位的最可能原因，因为牙齿失去了插入的固着点。拔除是这个病例最有效的疗法。

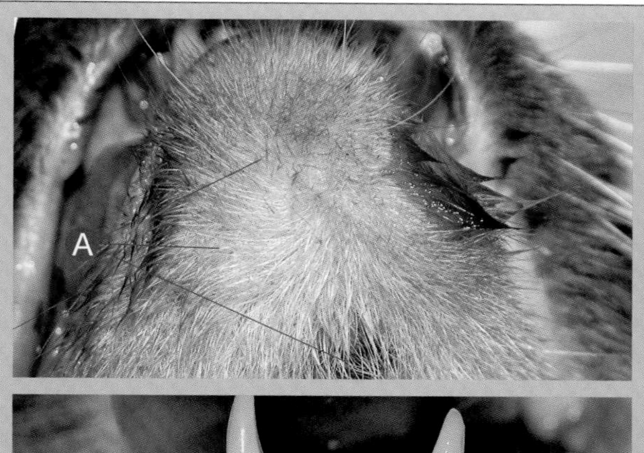

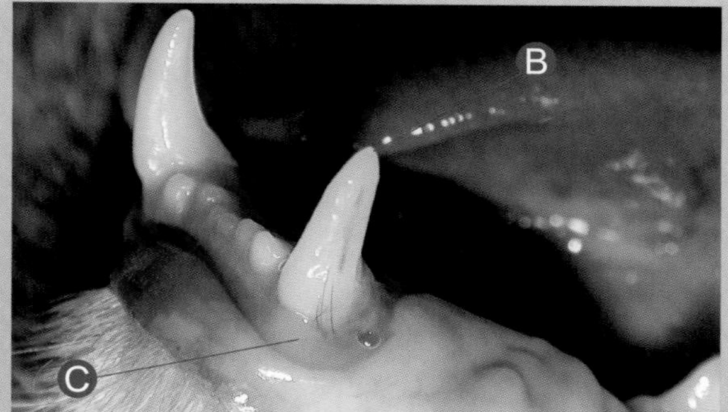

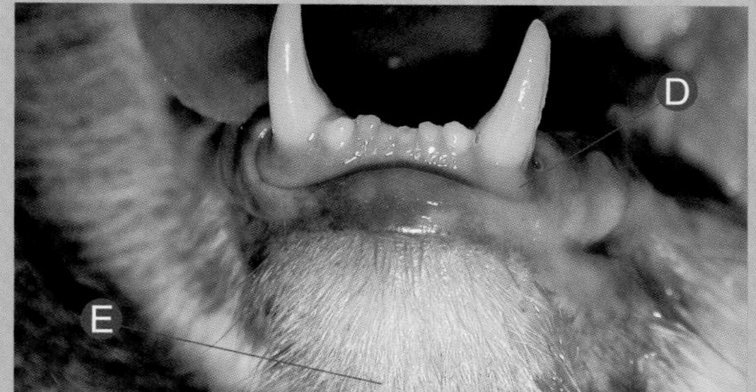

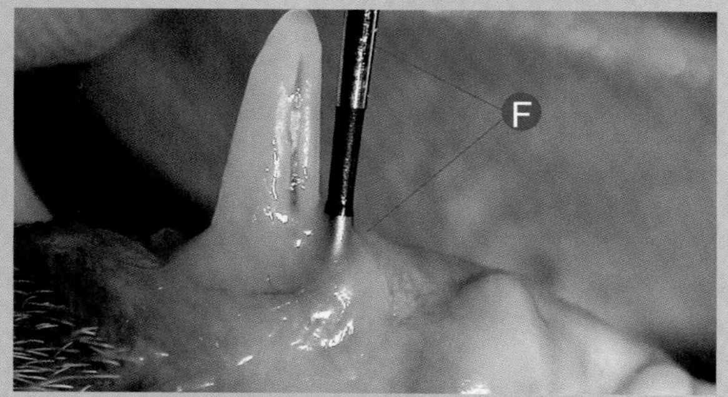

牙髓病

LmandC（304）左侧下颌犬齿牙根区域形成了一个根尖周肉芽肿，已经发展为脓肿，这会导致牙髓病的结果（II 类牙髓牙周病）。

Ⓐ 下颌连接处远端严重的下颌脓肿，有一瘘道通向外侧。
Ⓑ LmandC（304）左侧下颌犬齿。
Ⓒ 从 LmandC（304）左侧下颌犬齿牙龈下区域流出的脓性分泌物。
Ⓓ 从 LmandC（304）左侧下颌犬齿牙龈下区域流出的脓性分泌物，前视视角。
Ⓔ 重度下颌肿的图片。
Ⓕ LmandC（304）左侧下颌犬齿远端前庭区域有一大于10mm 的牙周包囊，通过牙周探针检查发现。
Ⓖ 牙科 X 光片：LmandC（304）左侧下颌犬齿。
Ⓗ 牙科 X 光片：影像学特征说明 LmandC（304）左侧下颌犬齿有根尖周疾病，伴有此区域的骨溶解和牙根破坏症状。
Ⓘ 牙科 X 光片：影像学特征说明 LmandC（304）左侧下颌犬齿前庭骨扩张。

诊治要点

这个病例是牙髓牙周病的2型病变，牙根周的病变是由于牙周韧带的变化或者病变引起的，并且最终导致了骨组织和根尖周组织的变化以及可能的牙髓病（牙髓坏死）。像在这个病例中的根尖周肉芽肿可能会发展成一个牙槽脓肿。我们必须通过诊断将该病与牙吸收鉴别开来。有效的治疗是拔除受影响的牙齿。

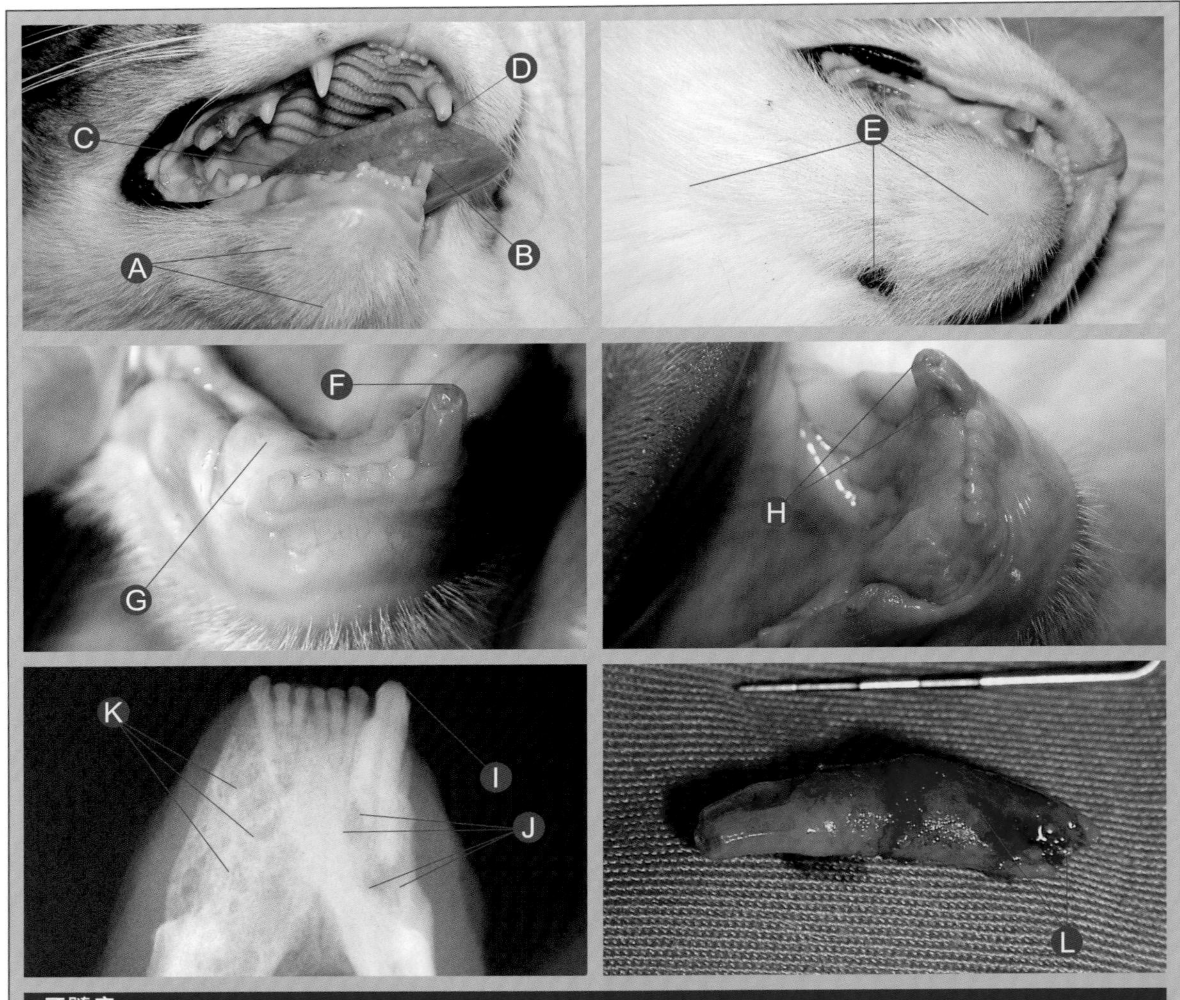

牙髓病

在LmandC（304）左侧下颌犬齿牙根区域的根尖周肉芽肿，已经发展为一个脓肿。这些都是复杂牙冠断裂导致的牙髓病造成的后果（II型牙髓牙周病）。

Ⓐ 下颌连接处严重的下颌脓肿。
Ⓑ 怀疑 LmandC（304）左侧下颌犬齿复杂牙冠断裂。
Ⓒ 怀疑 RmandC（404）右侧下颌犬齿缺失。
Ⓓ LmaxC（204）左侧上颌犬齿复杂牙冠断裂。
Ⓔ 左侧严重的下颌脓肿以及其通向外部瘘道的特写。
Ⓕ LmandC（304）左侧下颌犬齿复杂牙冠断裂，伴有牙髓暴露（牙髓坏死通常都能看到黑色）。
Ⓖ RmandC（404）右侧下颌犬齿缺失。
Ⓗ LmandC（304）左侧下颌犬齿牙齿变色和复杂牙冠断裂的特写。
Ⓘ 牙科 X 光片：影像学特征说明 LmandC（304）左侧下颌犬齿复杂牙冠断裂。
Ⓙ 牙科 X 光片：影像学特征说明 LmandC（304）左侧下颌犬齿牙根处有一根尖周肉芽肿和牙组织的破坏。
Ⓚ 牙科 X 光片：影像学特征说明 RmandC（404）右侧下颌犬齿缺失，伴有骨骼的反应。
Ⓛ LmandC（304）左侧下颌犬齿拔除后牙根的特写。

诊治要点

在牙髓牙周病变中，像这个病例是I型病变，根尖周的疾病通常都是复杂断裂导致的，因为断裂会导致牙髓坏死并不断向牙根方向发展。根尖周的肉芽肿最终会发展形成一个牙槽脓肿。治疗方法是拔除受影响的牙齿。

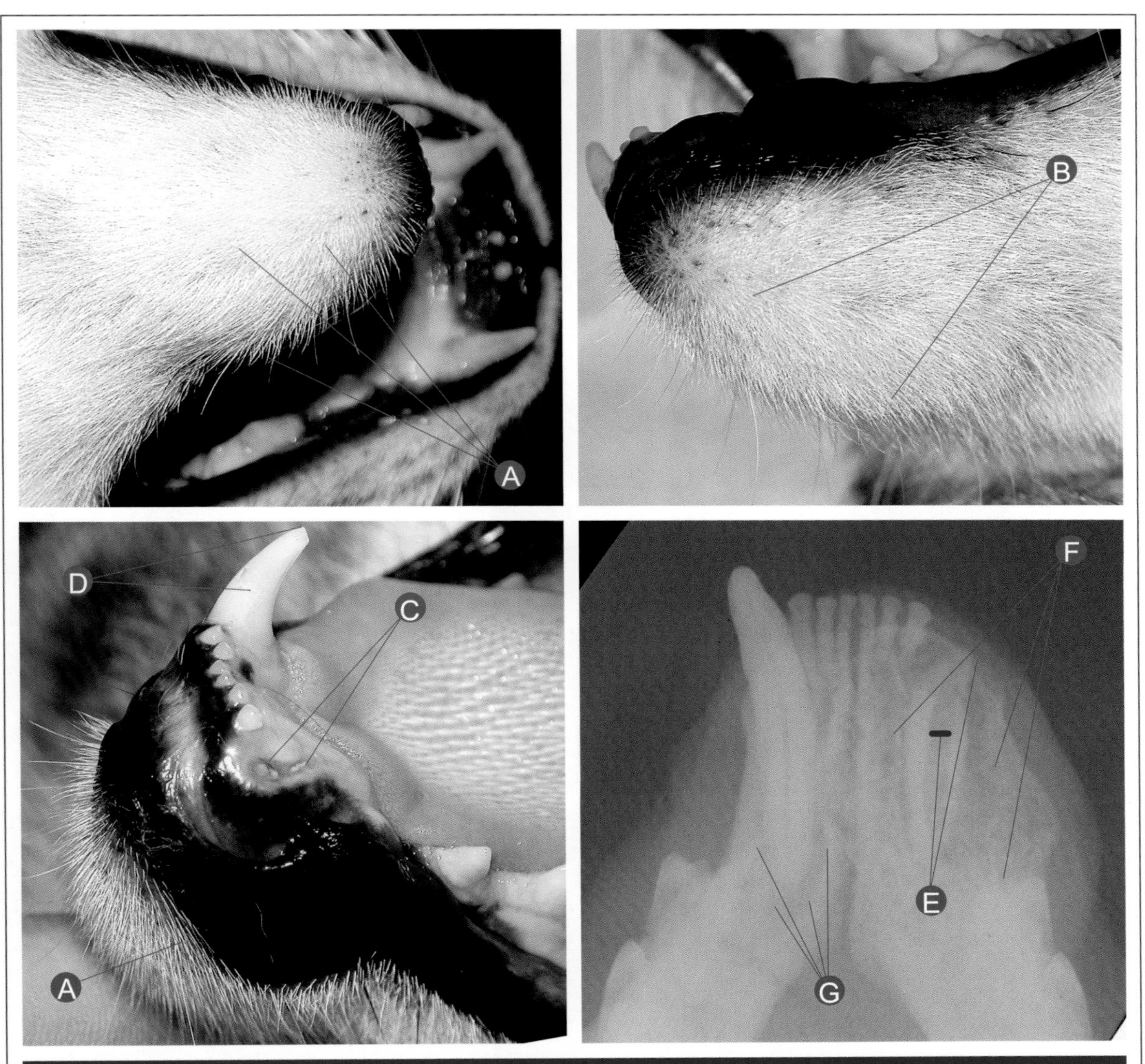

牙髓病

由于LmandC（304）左侧下颌犬齿复杂牙冠牙根断裂引起的牙髓病（I型牙髓牙周病变），在牙根周围形成了一个牙槽脓肿。还有一根尖周肉芽肿位于RmandC（404）右侧下颌犬齿。

Ⓐ 在下巴区域严重的下颌脓肿，主要在左侧。
Ⓑ 下巴区域严重下颌脓肿的特写。
Ⓒ LmandC（304）左侧下颌犬齿复杂牙冠牙根断裂。
Ⓓ 怀疑 RmandC（404）右侧下颌犬齿牙釉质断裂。
Ⓔ 牙科 X 光片：影像学特征说明 LmandC（304）左侧下颌犬齿有复杂牙冠牙根断裂，断裂是旧的创伤伴有牙髓腔变宽。
Ⓕ 牙科 X 光片：影像学特征说明 LmandC（304）左侧下颌犬齿残留牙根周围有严重的骨溶解。
Ⓖ 牙科 X 光片：影像学特征说明有一根尖周肉芽肿位于 RmandC（404）右侧下颌犬齿。

诊治要点

在由复杂断裂（旧创伤）导致的I型的牙髓牙中病中，牙髓病（牙髓坏死）会最终发展为根尖周肉芽肿和牙槽脓肿。在RmandC（404）右侧下颌犬齿中，影像学特征说明其有根尖周疾病，尽管可能和左侧牙齿的疾病发展有关，但具体病因未知。正确的治疗是拔除LmandC（304）左侧下颌犬齿。

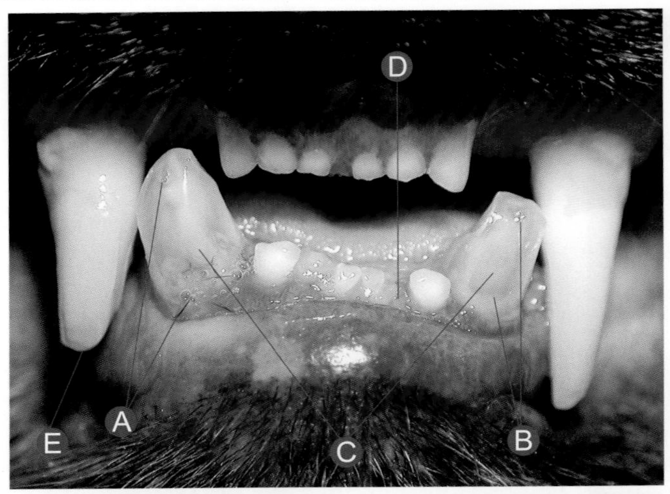

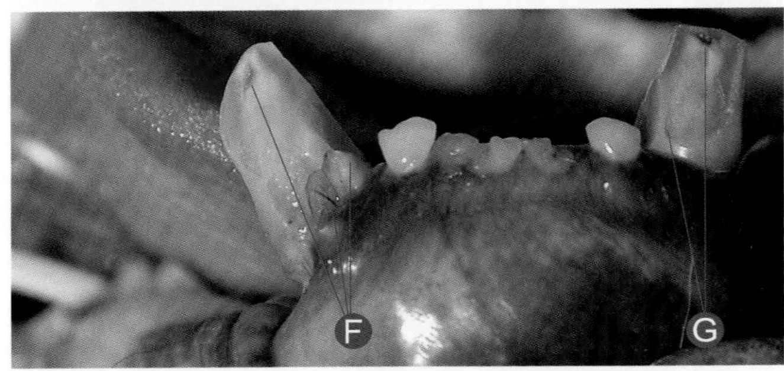

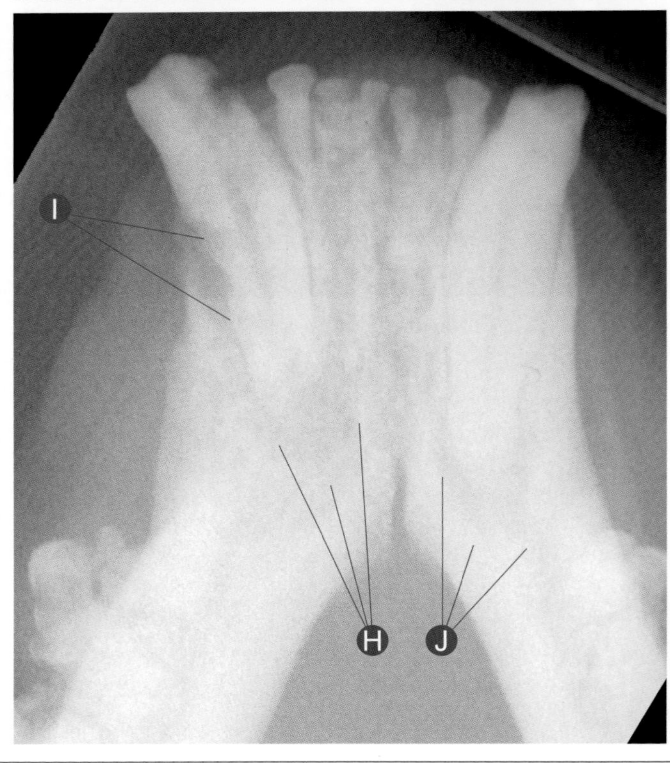

牙髓病

由于LmandC（304）左侧下颌犬齿和RmandC（404）右侧下颌犬齿都发生了复杂牙折，造成了两侧牙齿形成了根尖周肉芽肿（I型牙髓牙周病）。

Ⓐ RmandC（404）右侧下颌犬齿复杂牙冠牙根断裂。
Ⓑ 怀疑LmandC（304）左侧下颌犬齿有一复杂牙冠断裂。
Ⓒ LmandC（304）左侧下颌犬齿和RmandC（404）右侧下颌犬齿牙齿变色，最可能的原因是牙髓病。
Ⓓ LmandI2（302）左侧下颌第二切齿缺失。
Ⓔ 怀疑RmaxC（104）右侧上颌犬齿复杂牙冠断裂。
Ⓕ RmandC（404）右侧下颌犬齿复杂牙冠牙根断裂的特写。
Ⓖ 确认LmandC（304）左侧下颌犬齿有一复杂牙冠断裂。
Ⓗ 牙科X光片：影像学特征说明RmandC（404）右侧下颌犬齿有一根尖周肉芽肿。
Ⓘ 牙科X光片：影像学特征说明RmandC（404）右侧下颌犬齿有牙周韧带的严重病变和第二阶段牙吸收。
Ⓙ 牙科X光片：影像特征说明LmandC（304）左侧下颌犬齿有一根尖周肉芽肿。

诊治要点

复杂牙冠断裂和复杂牙冠牙根断裂如果没有接受正确的治疗，都会退行到牙髓坏死的阶段。这可能会导致牙齿变色。如果在牙髓坏死且没有接受正确治疗的情况下，最终都会在环绕牙根部的组织中形成根尖周肉芽肿。

参考文献

AMERICAN VETERINARY DENTAL COLLEGE. Veterinary Dental Nomenclature. Journal of Veterinary Dentistry, 2007, 24(1); pp. 54-57.

AVDC BOARD. Veterinary Dental Nomenclature. Recommendations from the AVDC Nomenclature Committee adopted by the American Veterinary Dental College Board. 2007.www.avdc.org.

BELLOWS, J.E., DUMAIS, Y., GIOSO, M.A., REITER, A.M., VERSTRAETE, F.J. Clarification of Veterinary Dental Nomenclature. Journal of Veterinary Dentistry, 2005, 22(4); pp. 272-279.

BOJRAB, M.J., THOLEN, M. *Small Animal Oral Medicine and Surgery.* Philadelphia: Lea & Febiger, 1990.

CAMBRA, J.J. *Manual de Cirugía periodontal, periapical y de colocación de implantes.* Mosby Harcourt Brace Publishers International, 1996.

CATTABRIGA, M., PEDRAZZOLI, V., WILSON, TG. JR. The conservative approach in the treatment of furcation lesions. Periodontology 2000, 2000, 22(1); pp. 133-153.

COHEN, S., HARGREAVES, K. *Pathways of the Pulp.* 9th edition. Elsevier Mosby, 2006.

COLLADOS J. Técnica de Extracción en Sobrecrecimiento de Incisivos en Lagomorfos. Pequeños Animales, Revista Informativa Veterinaria. 2004, Nº 49; pp. 47-55.

COLLADOS, J. Odontología Veterinaria III. Exodoncia, Traumatología Oral y Endodoncia. ARGOS, Revista Informativa Veterinaria. Jul-Ago 2001.

COYNE, K.P., DAWSON, S., RADFORD, A.D., CRIPPS, P.J., PORTER, C.J., MCCRACKEN, C.M., GASKELL, R.M. Long-term analysis of feline calicivirus prevalence and viral shedding patterns in naturally infected colonies of domestic cats. Veterinary Microbiology, 2006, Nov 26: 118(1-2); pp.12-25.

DEFORGE, D.H., COLMERY III, B.H. *An Atlas of Veterinary Dental Radiology.* Iowa State University Press, 2000.

EUBANKS, D.L. Oral Soft Tissue Anatomy in the Dog and Cat. Journal of Veterinary Dentistry, 2007, 24(2); pp. 126-129.

FLOYD, M.R. The Modified Triadan System: Nomenclature for Veterinary Dentistry. Journal of Veterinary Dentistry, 1991, 8(4); pp. 18-19.

FONSECA, R.J., BAKER, S.B., WOLFORD, L.M. *Cleft/Craniofacial/Cosmetic Surgery.* 1st edition. Philadelphia: W.B. Saunders Company, 2000.

GARDNER, D.G. An orderly approach to the study of odontogenic tumours in animals. Journal of Comparative Pathology, 1992, 107(4); pp. 427-438.

GARDNER, D.G. Dentigerous cysts in animals. Oral Surgery, Oral Medicine, Oral Pathology, Oral Radiology, and Endodontology, 1993, 75(3); pp. 348-352.

GARDNER, D.G., DUBIELZIG, R.R., MCGEE, E.V. The so-called calcifying epithelial odontogenic tumour in dogs and cats (amyloid-producing odontogenic tumour). Journal of Comparative Pathology, 1994, 111(3); pp. 221-230.

GATINEAU, M., EL-WARRAK, A.O., MANFRA MARRETTA, S., KAMIYA, D., MOREAU, M. Locked Jaw syndrome in Dogs and Cats: 37 Cases (1998-2005). Journal of Veterinary Dentistry, 2008, 25(1); pp. 16-21.

GAUTHIER, O., BOUDIGUES, S., PILET, P., AGUADO, E., HEYMANN, D., DACULSI, G. Scanning Electron Microscopic Description of Cellular Activity and Mineral Changes in Feline Odontoclastic Resorptive Lesions. Journal of Veterinary Dentistry, 2001, 18 (4); pp. 171-176.

GOAZ, P.W., WHITE, S.C. *Oral Radiology Principles and Interpretation.* 3rd edition. St. Louis: Mosby, 1994.

GORREL, C. *Odontología Veterinaria en la Práctica Clínica.* Servet, 2006.

GORREL, C., LARSSON, A. Feline odontoclastic resorptive lesions: unveiling the early lesion. Journal of Small Animal Practice, 2002, 43; pp. 482-488.

HARVEY, C.E. Shape and Size of Teeth of Dogs and Cats-Relevance to Studies of Plaque and Calculus Accumulation. Journal of Veterinary Dentistry, 2002, 19(4); pp. 186 -195.

HARVEY, C.E., EMILY, P.E. *Small Animal Dentistry.* Mosby-Year Book Inc., 1993.

HENNET, P.R. Chronic Gingivo-stomatitis in Cats: Long-term Follow-up of 30 Cases treated by Dental Extraccions. Journal of Veterinary Dentistry, 1997, 14(1); pp. 15-21.

HILLSON, S. *Teeth.* 2nd edition, 2005.

KERTESZ, P.A. *Colour Atlas of Veterinary Dentistry and Oral Surgery.* London: Wolfe, 1993.

LLENA-PUY, M.C., FORNER-NAVARRO, L. Anomalía morfológica coronal inusual de un incisivo. Diente evaginado anterior. Medicina Oral, Patología Oral y Cirugía Bucal, 2005, 10; pp. 13-16.

LOBPRISE, H.B., WIGGS, R.B. Anatomy, Diagnosis and Management of Disorders of the Tongue. Journal of Veterinary Dentistry, 1993, 10(1), pp. 16-23.

LOMMER, M.J., VERSTRAETE, F.J.M. Concurrent oral shedding of feline calicivirus and feline herpesvirus 1 in cats with chronic gingivostomatitis. Oral Microbiology and Immunology, 2003, Apr 18(2); pp. 131-134.

LYON, K.F. Dental home care. Journal of Veterinary Dentistry, 1991, 8(2); pp. 26-30.

NEWMAN, M.G., TAKEI, H.H., CARRANZA, F.A. *Carranza´s Clinical Periodontology.* 9th edition. W.B. Saunders Company, 2002.

OKUDA, A., HARVEY, C.E. Etiopathogenesis of Feline Dental Resorptive Lesions. Veterinary Clinics of North America: Small Animal Practice, 1992, 22; pp. 1385-1404.

PETERS, E., LAU, M. Histopathologic examination to confirm diagnosis of periapical lesions: a review. Journal of the Canadian Dental Association, 2003, 69(9); pp. 598-600.

PETTERSSON, A., MANNERFEL,T. Prevalence of Dental Resorptive Lesions in Swedish Cats. Journal of Veterinary Dentistry, 2003, 20 (3); pp. 140-142.

POPOVSKY, J.V., CAMISA, C. New and emerging therapies for diseases of the oral cavity. Dermatologic Clinics, 2000, 18(1); pp. 113-125.

POULET, H., BRUNET, S., SOULIER, M., LEORY, V., GOUTEBROZE, S., CHAPPUIS, S. Comparison between acute oral/respiratory and chronic stomatitis/gingivitis isolates of feline calicivirus: pathogenicity, antigenic profile and cross-neutralisation studies. Archives of Virology, 2000, 145(2); pp. 243-261.

REGEZI, J.A., SCIUBBA, J.J., JORDAN, R.C.K. *Oral Pathology: Clinical Pathologic Correlations.* 4th edition. St. Louis: Saunders, 2003.

REITER, A.M., MENDOZA, K.A. Feline odontoclastic resorptive lesions: An unsolved enigma in veterinary dentistry. Veterinary Clinics of North America: Small Animal Practice, 2002, 32; pp. 791-837.

REUBEL, G.H., HOFFMANN, D.E., PEDERSEN, N.C. Acute and chronic faucitis of domestic cats; a feline calicivirus-induced disease. Veterinary Clinics of North America: Small Animal Practice, 1992, Nov 22(6); pp. 1347-1360.

ROUX, P., BERGER, M., STOFFEL, M., STICH, H., DOHERR, M.G., BOSSHARD, D., SCHAWALDER, P. Observations of the Periodontal Ligament and Cementum in Cats with Dental Resorptive Lesions. Journal of Veterinary Dentistry, 2005, 22(2); pp. 74-85.

SALYER, K.E, BARDACH, J. *Atlas of Craniofacial Surgery.* Philadelphia: Lippincott-Raven Publishers, 1999.

SAN ROMÁN, F. *Atlas de Odontología en Pequeños Animales.* GRASS Editions, 1998.

SLATTER, D. *Tratado de Cirugía en Pequeños Animales.* 3ª Edición. Intermedica, 2007.

THONGUDOMPORN, U., FREER, T.J. Prevalence of dental anomalies in orthodontic patients. Australian Dental Journal, 1998, 43(6); pp. 395-398.

TUTT, C., DEEPROSE, J. AND CROSSLEY, D. *BSAVA Manual of Canine and Feline Dentistry*. 3rd edition. London: Blackwell Publishing, 2007.

VERSTRAETE, F.J.M. *Self-Assessment Colour Review Of Veterinary Dentistry.* London: Manson Publishing, 1999.

VERSTRAETE, F.J.M., TERPAK, C.H. Anatomical Variations in the Dentition of the Domestic Cat. Journal of Veterinary Dentistry, 1997,14(4); pp. 137-140.

WIGGS, R.B., LOBPRISE, H.B. *Veterinary Dentistry: Principles and Practice.* Lippincott - Raven, 1997.

WOLF, H.F., RATEITSCHAK-PLUSS, E.M., RATEITSCHAK, K.H. *Color atlas of dental medicine. Periodontology.* 3rd edition. Georg Thieme Verlag, 2005.